超宽带天线设计、方法和性能

Ultra Wideband Antennas Design, Methodologies and Performance

[墨] 吉塞尔·M. 加尔万-特哈达 (Giselle M. Galvan-Tejada)
马尔科·A. 佩罗-索利斯 (Marco A. Peyrot-Solis)
伊尔德贝托·雅尔东-阿吉拉尔 (Hildeberto Jardón-Aguilar) 著

李 蕊 徐 乐 胡 伟 译

国防工业出版社

·北京·

著作权合同登记　图字：军 - 2016 - 128 号

图书在版编目(CIP)数据

超宽带天线：设计、方法和性能/(墨)吉塞尔·M. 加尔万特哈达,(墨)马尔科·A. 佩罗索利斯,(墨)伊尔德贝托·雅尔东阿吉拉尔著；李蕊，徐乐，胡伟译. —北京：国防工业出版社，2022. 3

书名原文：Ultra Wideband Antennas：Design, Methodologies and Performance

ISBN 978 - 7 - 118 - 12487 - 3

Ⅰ. ①超…　Ⅱ. ①吉… ②马… ③伊… ④李… ⑤徐… ⑥胡…　Ⅲ. ①超宽带天线 - 研究　Ⅳ. ①TN82

中国版本图书馆 CIP 数据核字(2022)第 044445 号

※

国防工业出版社出版发行

(北京市海淀区紫竹院南路 23 号　邮政编码 100048)

三河市腾飞印务有限公司印刷

新华书店经售

*

开本 710 × 1000　1/16　印张 13¾　字数 236 千字

2022 年 3 月第 1 版第 1 次印刷　印数 1 - 2000 册　定价 99. 00 元

国防书店：(010)88540777　　书店传真：(010)88540776

发行业务：(010)88540717　　发行传真：(010)88540762

致我深爱的丈夫奥尔多·古斯塔沃和年幼的孩子们，感谢他们一直以来的爱、支持和鼓励。

你一直在我的脑海和心里。

感谢我的母亲给了我温暖的空间，感谢我的父亲给了我工程师的血液。

感谢我的兄弟姐妹们，在我写这本书的过程中，你们一直都很支持我。

吉塞尔

这本书献给我的妻子辛西娅，我的儿子和女儿马尔科·安东尼奥·塞萨尔和辛西娅·卡罗来纳，感谢他们在工作完成后的漫漫长夜中所给予的耐心和支持。

马尔科·安东尼

致　谢

非常感谢 Ruben Flores – Leal 硕士对天线结构的仿真工作，感谢 Eva Ojeda Sanchez 夫人为本书提供了大量的插图。感谢以上两位对本书的大力支持，是他们的辛勤工作才使得我们的想法转化为图书。

本书得到了墨西哥 SEMAR – CONACYT – 2003 – C02 – 11873 项目的支持。

我们感到非常荣幸，能够在詹姆斯·克拉克·麦克斯韦（James Clerk Maxwell）博士论文发表 150 周年之际撰写本书。麦克斯韦的《电磁场的动力学理论》，一直为我们天线工作提供着学术指导和灵感。

Giselle M. Galvan – Tejada

Marco A. Peyrot – Solis

Hildeberto Jardón – Aguilar

墨西哥

原作者简介

Giselle M. Galvan – Tejada 出生于墨西哥的墨西哥城。于 1994 年在墨西哥国立理工学院获得通信和电子工程理学学士学位,1996 年在墨西哥 IPN 高级研究中心获得电气工程理学硕士学位,2000 年在英国布拉德福德大学获得电子与通信工程博士学位。目前在墨西哥 IPN 高级研究中心电气工程系通信科工作,担任讲师和全职研究员。她是 IEEE 成员和墨西哥国家研究人员委员会的国家研究员,研究方向包括无线电通信系统、无线传感器网络、无线电传播、天线阵列技术、超宽带天线、WiMAX、空分多址以及有效利用频谱的技术。

Marco A. Peyrot – Solis 出生于墨西哥的韦拉克鲁斯。他分别于 1989 年、2003 年和 2009 年在墨西哥海军学院获得海军科学工程学士学位、美国海军研究生院获得电气工程硕士学位和墨西哥城国家理工学院高级研究中心获得通信博士学位。目前,他在墨西哥海军工作,他的研究方向是超宽带天线和电磁兼容。

Hildeberto Jardón – Aguilar 出生于墨西哥的 Tenancingo。他在 ESME – IPN 获得了电气工程学士学位,并获得了莫斯科电信和信息技术大学无线电系统的博士学位。自 1985 年以来,他一直担任 IPN 高级研究中心的全职教授。他的研究方向包括射频和微波电路的非线性分析、电磁兼容、天线和光子系统。他著有五本专著,在期刊和会议上发表了 100 多篇技术论文。

前　言

由于超宽带天线具有极其广泛的应用，如体域网、雷达、影像、频谱监测、电子对抗和无线传感器网络等，在过去的几十年，超宽带天线已经引起了科学界的注意，导致世界各地的学者发表大量的论文以介绍其研究成果。尽管如此，为了解决目前的各种挑战，有必要探讨超宽带天线设计的其他可能性。

因此，本书的目的是成为超宽带天线发展的参考资料。本书介绍了超宽带天线不同方面的内容，从最近会议论坛所报道的超宽带天线设计，辐射体分析理论，到全向和定向超宽带天线的设计准则。

目前的趋势是，根据天线的结构可将其划分为平面化天线和平板天线两种类型，其区别为平面辐射体是否嵌入在面板上。这里使用了立体－平面等效的重要概念，也就是说立体结构天线可以用平面结构实现。正是这一原理使得小型低剖面辐射体可以集成到可穿戴设备上，从而实现了近年来的便携式超宽带天线设备和体域网技术。

应用超宽带天线的时域分析，可以通过群延迟和相位线性度建模分析并处理失真现象。与传统的窄带或宽带天线不同，这种方法没有考虑其中的瞬态响应。因此，本书特别回顾了与超宽带天线脉冲响应相关的一些重要参量。

本书论述了全向和定向天线的设计方法，并就其针对不同因素（地平面、辐射体边缘处理、高/宽比、反射器等）的影响进行了深入研究。本书主要考虑了阻抗匹配、相位线性度和辐射体形状的变化，并且讨论了不同超宽带天线设计的性能比较。

在超宽带天线领域还存在悬而未解的难题。本书最后部分简要阐述了电磁学数值分析方法，包括经典有限差分法、有限元法、矩量法，并且采用具体的天线模型来阐明这些方法的具体概念。

作　者

目　　录

第1章 概　　述

1.1 天线在现代生活中的重要性

目前,无线应用已成为人们生活的重要组成部分。例如,在电信领域,无论年龄、地点,大部分人在日常生活中都至少携带一个日常使用的无线设备。无线技术的发展使人们可以在自由移动的同时查找信息、通信和控制不同的设备。而无线技术为实现这一系列功能提供了方便灵活的选择。

天线是无线设备的重要组成部分,通过天线才能接收和发送信号。从本质上讲,天线能够引导能量从传输线转换成辐射能量,辐射能量能够传输从几厘米到几百千米的距离。人们研究并设计这些器件并将它们广泛应用于各个领域已有超过100年的历史。每个应用需要特定的信号特征,带宽是其中最重要的一个。因此,根据带宽,可以定义窄带、宽带和超宽带三种类型系统。

1.2 超宽带系统

对许多现代雷达,成像和电信应用的需求越来越大,推动了新技术的探索和发展。几个新兴研究领域正在寻求新的挑战,并且在世界各地进行了关于在非常大的频率范围内产生特殊辐射信号的不同方法的讨论。超宽带(UWB)概念在1989年被美国国防部采用,此项概念涉及一系列术语,如脉冲、无载波和大相对带宽信号[1]。1992年,美国联邦通信委员会(FCC)对三种类型的超宽带系统规定了不同的技术标准和操作限制,并将其频率范围从3.1GHz提高到10.6GHz[2]。FCC还规定超宽带天线(或超宽带系统)必须具有大于500MHz的带宽[3]。

基于超宽带技术的系统可以传输极短的(约10~10000ps[4])脉冲信号,信号可以通过很宽的频率范围传播。超宽带系统的一个显著的优势是其具有携带大量信息数据的可能性,并且基于该信号的传播方式使其对干扰具有稳健性。另一个重要的特征是安全性,超宽带短脉冲发生堵塞的可能性很小。

然而,在系统层面上,超宽带网络的最主要的缺点是其传输范围是有限的(约10~20m),无法实现中型或大规模部署。事实上,超宽带技术最初是为个人区域网络(PAN)而设计的。这意味着它们只能在集中式或分布式无线模式(如PAN、无线传感器网络等)中进行短距离网络传输,所以它更适用于家庭。例如,超宽带系统可以与有限范围的技术(如蓝牙)竞争,并可以作为 WiFi 网络的补充。因此,通过超宽带访问可以共享大量的信息(视频、照片、音乐、演示文稿等),而且不需要通过电缆。当然,超宽带也适用于其他室内场景,如办公室、医务室、学术实验室和工业区等。

超宽带系统超大带宽的传播特性使得其在系统性能方面具有很多特殊之处,它具有更多样化的多径现象。因为功率分布在更大的带宽上(许多路径分量上),所以每个路径上的能量可能太低以至于不能用传统技术区分。此外,这些多路径可能会遭受不同的频率选择性失真,这可能会影响脉冲形状,因此需要新的同步方案。另一个重要课题是与超宽带信号到达时间估计有关,这个课题对于像医学成像或雷达这样需要高时间分辨率的应用来说是至关重要的。

因此,频谱调节肯定是超宽带系统的另一个重要课题。基本上,这些系统分配的频率范围与其他许可和未授权系统重合,根据当地法规,某些光谱屏蔽有时不均匀。一般来说,信号的光谱形状由脉冲的类型决定传输和调制格式[5]。所以对于超宽带系统,脉冲的设计也是一个重要的设计主题。在这个问题上,可以参考有关更详细的超宽带脉冲设计的内容[6]。

1.3 超宽带天线

如 1.2 节所述,超宽带天线的研究很重要,超宽带系统发射和接收超短电磁脉冲,这意味着系统的带宽很宽而功率很低,这给信号检测带来了非常大的困难。为了克服这个困难,超宽带天线需要以相同的效率接收信号频谱的所有分量,并且不能在这些频率分量的相位中引入明显的失真。虽然我们可以通过补偿来减少失真效应[7],但是更好的解决方法是在天线设计时尽可能减小相位特性失真,使得整个系统设计更简单。

因此,超宽带天线的性能必须在整个运行带宽内保持一致和可预测性,这意味着:天线辐射方向图应该在整个工作带宽内尽可能不变,必须有良好的匹配(由反射系数评估),并且信号波形不得有失真。此外,除了描述窄带天线的传统参数(如增益、阻抗匹配、极化等),还必须考虑其他参数。例如,在频率范围内的相位线性度和辐射方向图变化,这对于应用于现代超宽带系统的天线设计来说是至关重要的。

与传统天线理论相比,超宽带天线理论提出了一个额外的挑战。传统天线理论发展是基于天线的主谐振频率以及频率所确定的波长;然而,超宽带天线的主要共振频率是不可确定的,因为在其非常宽的带宽中有不止一个谐振频率。因此,这种特性导致其截止频率的上限、下限以及“中心”频率具有不确定性。

在目前公开的文献中有超过6000篇文章与超宽带天线相关,事实上主题相关性很高。特别是,由于其在移动应用中的使用导致全向天线的开发成为研究重点。然而,具有定向辐射特征的超宽带天线也引起了研究人员和制造商的关注,因为这些天线对于军事环境具有特殊意义。

1.4　本书的研究范围

本书旨在为有兴趣的读者提供参考资料,第1章为研究范围概述,第2章中介绍了与经典天线理论和设计相关的一般概念,并简要介绍了多年来"常规"天线的主要参数。

第3章是在不同论坛报道的超宽带天线近期发展情况的汇编,这些发展根据其结构的不同进行了分组。一般而言,定义了两种类型的结构,即平面天线和平面化天线(文献中通常不使用"平面化"这个术语,但为了区分地平面嵌入式和非嵌入式平板式天线,这里使用这一术语)。本章还介绍了旨在实现更广泛的工作频率范围的一些早期工作,为超宽带天线的基本原理提供了许多指导。

第4章讨论了超宽带天线设计的理论发展,其中定义的第一个参数就是带宽。正如本章所指出的,虽然可以直接制定单一的带宽定义,但是背后有许多基础理论。超宽带天线的基本概念是品质因数,由Wheeler以小天线为背景进行相关研究[8-9],并由Schantz进行了进一步的探索,分析了该因数对带宽的依赖性[10]。这个品质因数与带宽成反比关系,这意味着超宽带天线必须具有较低的品质因数以便存储尽可能少的能量从而实现较宽的带宽。另一个重要的概念是立体结构等价,从而实现天线的平面化结构,取代立体天线。这一概念对于便携式设备中的超宽带天线的发展以及将小型低剖面天线集成在最近的小范围身体局域网络中的可穿戴设备上显得至关重要。

超宽带天线的另一个特殊方向涉及时域信号分析。由于超宽带脉冲的持续时间相对较短,瞬态响应不可忽视,因为它提供了测量色散(失真现象)的方法。测量这种现象的重要性在于它对传输的数据速率施加了一定的约束。这些问题,连同性能测量,如群时延和相位线性度,将在第5章中予以介绍。第5章还给出了色散与非色散天线的示例。

第6章介绍了超宽带全向天线的设计指南,其中的难点是在整个带宽上保持天线辐射方向图形状不变。第6章描述了一种设计方法,主要考虑三个目标:阻抗匹配,通过反射系数大小来评估;相位线性度,通过反射系数的相位来确定;辐射方向图形状的变化。本质上,与天线辐射贴片尺寸相关的4个参数是变量。第6章还介绍了参考文献中研究超宽带全向天线设计的各种方法,并对它们进行了性能比较。

第7章中介绍了定向超宽带天线设计的相关内容。基于第6章关于全向天线的设计理论,第7章提出了一种具体的设计方法。区别在于引入了一个关于辐射贴片倾斜角度的新的变量。这种辐射贴片的倾斜可以实现天线的定向辐射。第7章还讨论了一种基于立体平面对应原理的不同设计方法,该方法设计的结构可以实现任意低的截止频率。本章比较了一些作者设计的超宽带定向天线的仿真结果,并评估了它们的性能。

值得注意的是,本书中提出的所有仿真结果都使用CST Microwave Studio软件进行仿真分析。第6章和第7章的测量结果是使用安捷伦网络分析仪E8362B进行测量得到的。

第8章讨论了超宽带天线领域的一些当前趋势和未解决的问题。特别的是较近的身体局域网络,并为其设计了各种各样的天线。医学成像是第8章中包含的另一个主题,主要面向乳腺癌检测,此项技术要求必须实现高时间分辨率。第8章还介绍了为此目的而设计的一些天线的主要特性。

第9章讨论的是超宽带天线的分析和设计涵盖的一个重要主题:电磁学中的数值方法。麦克斯韦方程的复杂性以及如何解决是多年来不同学者一直感兴趣的问题。在这一领域已经开发了具有不同方法的数值工具。第8章讨论了三种常用方法:有限差分法、有限元法和矩量法。第8章还分析了一些用于天线仿真设计的商业软件和它们的性能。

参考文献

[1] T. W. Barret. History of ultra wideband (UWB) radar & communications: pioneers and innovators. In *Progress in Electromagnetics Symposium 2000 (PIERS2000)*, 2000.

[2] FCC. First report and order, revision of part 15 of the commission's rules regarding ultra-wideband transmission systems. Technical report, Federal Communications Commission, 2002.

[3] FCC. US 47 CFR part 15 subpart F §15.503d ultra-wideband operation. Technical report, Federal Communications Commission, 2003.

[4] E. K. I. Hamad and A. H. Radwan. Compact UWB antenna for wireless personal area networks. In *2013 Saudi International Electronics, Communications and Photonics Conference*, pages 1–4, 2013.

[5] J. G. Proakis. *Digital Communications.* Mc-Graw Hill, Boston, MA, 3rd edition, 1995.

[6] Z. Tian, T. N. Davidson, X. Luo, X. Wu, and G. B. Giannakis. *Ultra Wideband Wireless Communication*, Chapter 5, pages 103–130. John Wiley & Sons, 2006.

[7] T. W. Hertel and G. S. Smith. On the dispersive properties of the conical spiral antenna and its use for pulsed radiation. *IEEE Transactions on Antennas and Propagation*, 51(7):1426–1433, 2003.

[8] H. A. Wheeler. Fundamental limitations of small antennas. *Proceedings of the IRE*, 35(12):1479–1484, 1947.

[9] H. A. Wheeler. The radiansphere around a small antenna. *Proceedings of the IRE*, 47(8):1325–1331, 1959.

[10] H. Schantz. *The Art and Science of Ultra Wideband Antennas.* Artech House, Norwood, MA, 2005.

第2章 天 线

2.1 引 言

本章介绍一些与天线有关的概念,这些概念对窄带及非窄带天线都是适用的。然而,本书的目的不是在天线领域中提出详细的理论,在公开的文献[1-5]中我们可以找到多种关于传统窄带天线和宽带天线的理论与应用。超宽带天线的特殊性将会在第4章中进行说明。为了叙述这些设备的基本原理,下面将简要阐述最具代表性的传统窄带天线。

2.2 传统窄带天线

2.2.1 线天线

线天线是产生电磁辐射所需的基本单元之一,是有一定电流通过的单根导线[1]。为了实现特定强度的辐射,学者们设计了不同的单个或复杂的天线结构。下面几小节会简要描述这些基本天线。

2.2.1.1 偶极子

当传输线的导线相对于其轴线打开90°并且每个导线处于对称方向时,就形成了偶极子天线(图2.1)。在传输线中通过这种变化实现的辐射现象及其相关理论在文献[1]中进行了详细描述。实际上,偶极子天线被设计为"独立"结构,即独立于馈送它的传输线。

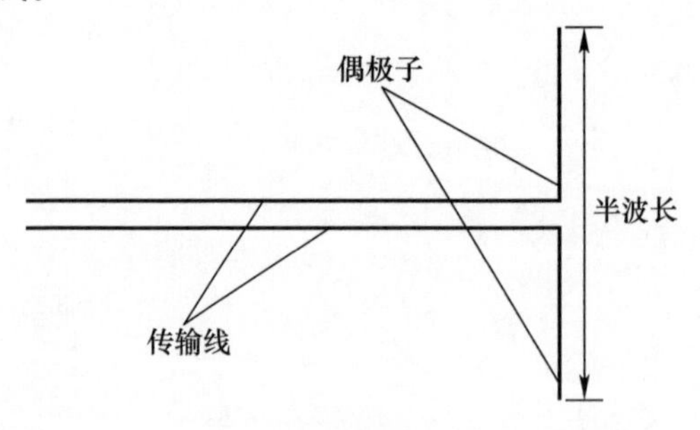

图2.1 偶极子天线

2.2.1.2　赫兹单极子

有一种仅考虑偶极子天线一个分支的单线辐射器，称为赫兹单极子天线，该天线通过接地平面与辐射器单元形成镜像以形成偶极子天线，这种天线类型的几何形状如图2.2所示。围绕这个基本结构已经发展出了许多理论[1]，由于结构较简单（见2.5节）因而得到了广泛应用。

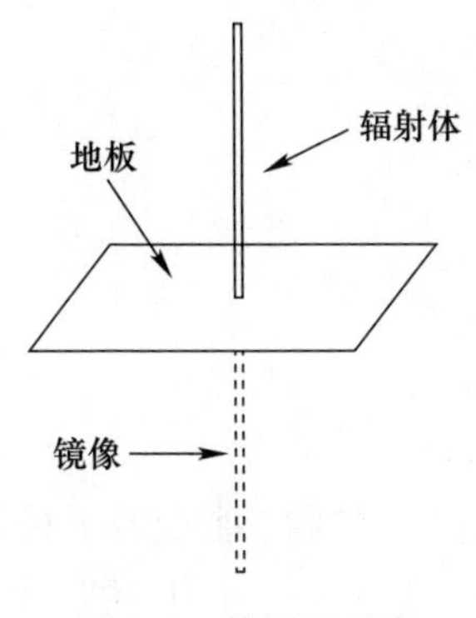

图2.2　单极子天线

2.2.1.3　环形天线

环形天线可通过折叠一根导线的方式制造，如图2.3所示，图中描绘了环形天线的两种可能的结构。这种天线也称为折叠偶极子天线，可作为辐射器单元，应用于电视广播中的八木天线中，同时也可用于磁传感器。

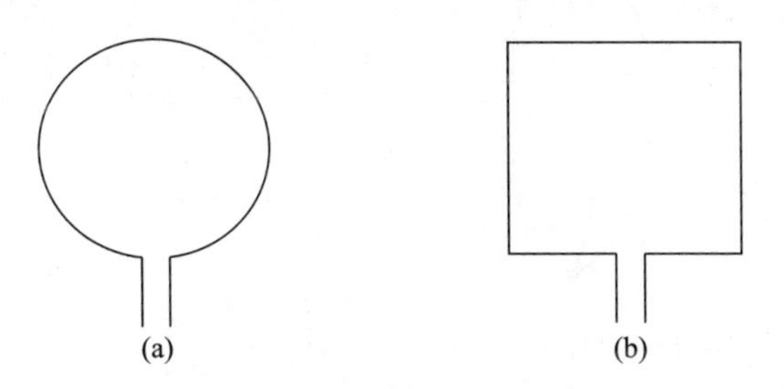

图2.3　两种环天线结构
（a）圆环结构；（b）方环结构。

2.2.2　孔径天线

孔径天线的工作原理是基于电磁场分布在腔的表面上，这也是电磁场在波导中传输时的典型情况。就天线而言，假设以这样的方式（在垂直于波导轴线的平面中）锯切波导，使电磁波传播终止于一个特定的“口”，称为孔径。孔径边缘可产生辐射。由于能量集中在这个结构（截断的波导，也称为喇叭）中，天线可在特定的方向辐射能量。这种类型的辐射器主要用于微波频率，其基本结构是方锥形喇叭和圆锥形喇叭,如图 2. 4 所示。

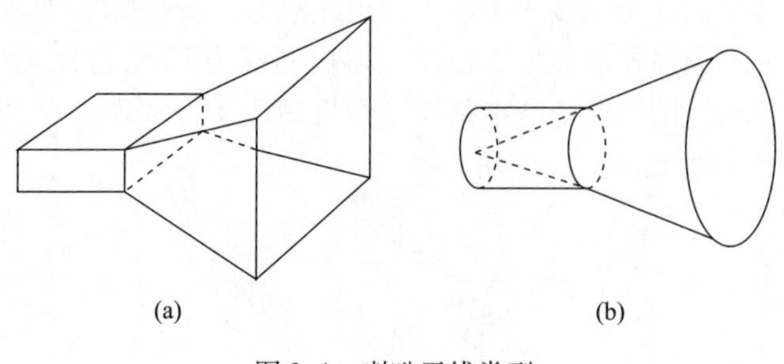

图 2. 4　喇叭天线类型
(a) 方锥形; (b) 圆锥形。

2. 2. 3　反射面天线

反射器和透镜是集中辐射(或接收)能量的一种有效方式。假设有这样一种抛物面反射器,如图 2. 5 所示。如果一个诸如喇叭或偶极子(通常称为馈源)的基本辐射器单元被放置在抛物面的焦点处,则其辐射的能量将沿着抛物线轴向定向集中在反射器孔径中。反射器和透镜有多种类型。例如,圆柱形、角形和切割抛物面形等,其中全抛物面形是应用最广泛的。

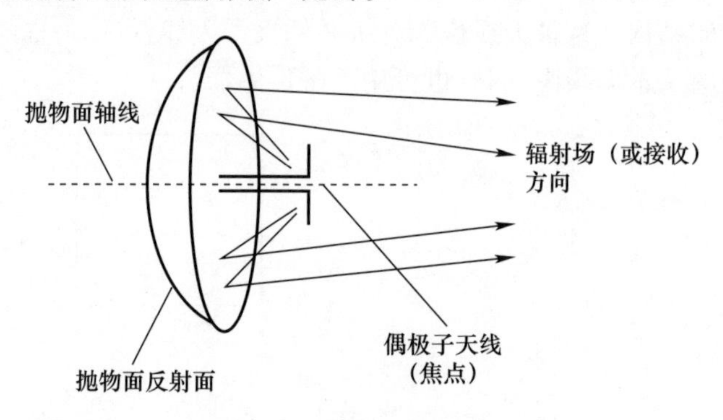

图 2. 5　抛物面反射面天线

2. 2. 4　微带天线

微带天线是无线电子设备小型化过程中的产物。它们通常可通过印刷在介质表面(具有某种相对介电常数 ε_r)的金属贴片来实现。图 2. 6 所示为矩形微带天线(也被称为贴片天线)的示例。虽然不同的形状都是可行的(三角形、椭圆形、矩形、圆环等),但是最流行的形状还是矩形和圆形贴片,这归功于其相对简单的设计和较好的性能。除了辐射贴片和电介质,这类天线还需要一个地平面,这是一个位于电介质下面平行于贴片的薄金属表面,如图 2. 6 所示。

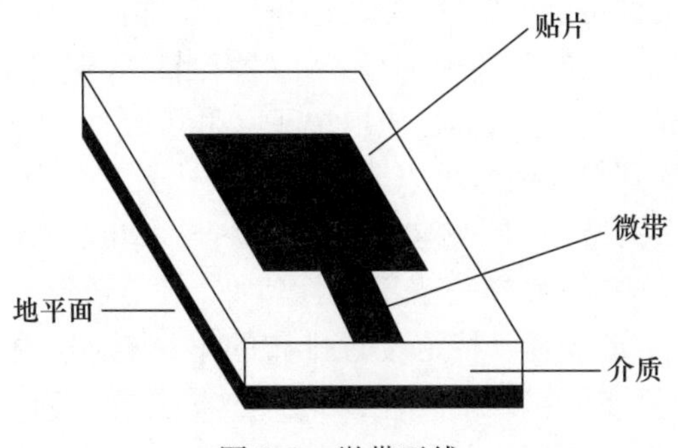

图2.6 微带天线

这类天线被广泛应用于空间受限的设备中,如飞机、移动设备、汽车和可穿戴终端,通常工作于微波及更高频率。然而,它们原则上是窄带器件(见2.8节),因此很难运用于宽带应用。

2.2.5 阵列天线

阵列天线可将接收或发射的能量集中在特定方向,并实现高于单元天线的增益和方向性(关于增益和方向性的概念,见2.4节)。阵列天线由多个按照特定位置排布的天线单元组成。值得注意的是,这些单元可以是2.2.1节、2.2.2节和2.2.4节中给出的任何天线。

阵列的辐射特性遵循以下事实:每个天线单元的响应以一种特定的方式结合,使天线阵列可以实现能量的集中(方向图乘积定理[3])。因此,阵列对其辐射能量的响应取决于相邻单元之间的距离 d、每个单元上的电流幅度和相位及每个单元的辐射特性。图2.7所示的是有 N 个单元的线性天线阵列。在任何类型的阵列设计中,总有一个单元(在图2.7的阵列的情况下,单元1)可以在一个特定观察点 P 上,确定每个天线单元对阵列的影响。

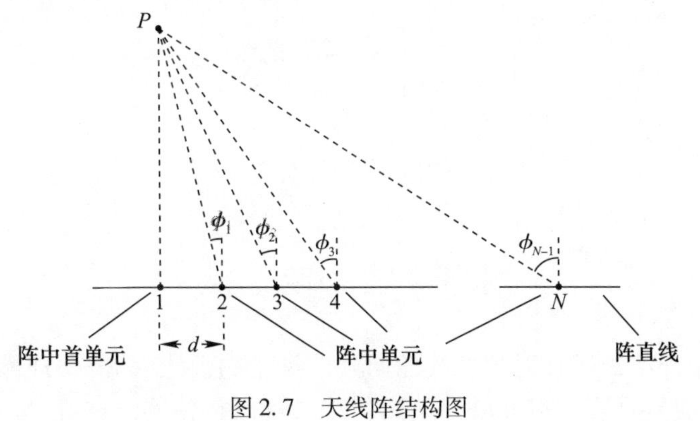

图2.7 天线阵结构图

阵列能够产生两种可能的辐射方式:第一种,在垂直于阵列线的方向上发生最大辐射,在这种情况下,天线为边射类型;第二种,当最大辐射集中在阵列线的方向上时,该阵列为端射阵列。它们的性质取决于 d 和阵列每个单元相位 α 的相对差异。这些变量以及阵列单元数量可以通过数学表达式表示其对天线阵列的影响,这些内容超出了本书的范围,有兴趣的读者可以查阅文献[1,6]。

到目前为止,对阵列的解释是基于线性排布,但是还存在其他的几何排布形式,如圆形、三角形、矩形或者以特定位置排布的单元矩阵。还有一种并不常见的做法,即在单元之间存在不同的距离,但是使用这种拓扑排布。当单元被布置在单个线上并且它们呈均匀分布时,该阵列被称为均匀线性阵列(ULA),基于均匀线性阵列天线的不同研究成果可参考公开文献。另一个非常流行的阵列是用于广播的八木天线,下面将简要介绍这一内容。

八木宇田天线(名字取自创作者宇田,“八木”为天线的英译)是端射型阵列,但是它并非直接给每个单元馈电,而是通过激励一个单元产生对应的辐射场,从而对其他单元产生寄生激励效应(因此这些元件被称为寄生元件)。根据寄生单元(通常数量为 5 或 6[7])之间的空间大小,将造成被激励单元的辐射场的增加,从而在与该单元相反的方向上集中能量。因此,寄生单元也被称为引向器。

此外,八木天线还有一个位于引向器的另一侧并且与激励单元相邻的单元(图 2.8)。根据单元本身的设计(相对于寄生单元的尺寸和位置),它将加强朝向引向器的辐射能量。因此,该单元被称为反射器。

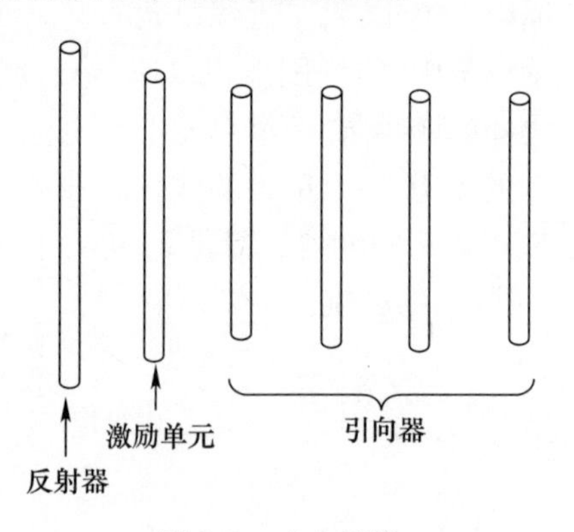

图 2.8 八木天线

2.3 馈电点

2.2 节中介绍的所有天线以及任何其他类型的天线,都需要连接到射频发生器(发射器)或接收器。两个单元之间的接口可以是传输线或波导。在任何情况下,都有一个可将传输线和天线进行物理连接的连接点,这个点称为馈电点(图2.9),根据其设计,可以获得不同的天线响应。

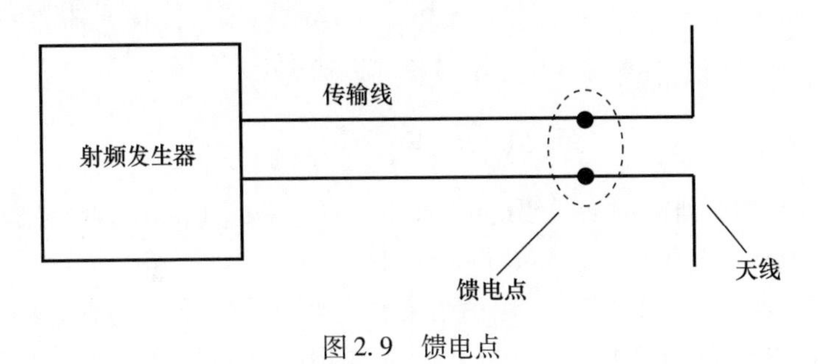

图2.9　馈电点

2.4　增益和方向性

天线增益是与天线相关联的最重要的概念之一,为无线系统的设计者和运营商所需使用的天线类型提供参考。在一般语境中,增益通常基于两个量的比较。就天线而言,增益表示一个增益需要被确定的天线(将其称为正在研究的天线)和参考天线进行比较。因此,在继续学习天线增益的概念之前先解释一个术语:各向同性天线。各向同性天线或各向同性源是一种非物理可实现的理想辐射器,由该天线“发射”的能量均匀地分布在半径为 r 的假想球面上。换句话说,场强度在球面表面的任何点是相同的,因此各向同性天线被用作参考天线。图2.10描述了辐射球的几何形状,其中假设各向同性天线在球形坐标系的原点。从该图可以看出,任意点 P 处的辐射能量是两个角度 φ 和 θ 的函数。

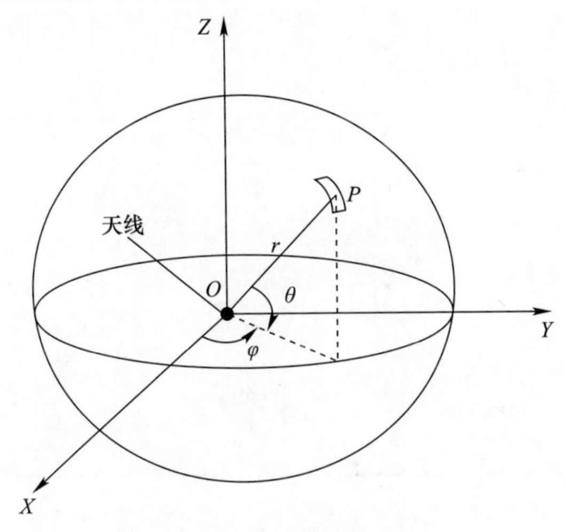

图2.10　各向同性天线的辐射球

由任何其他天线产生的功率与相应的各向同性辐射器的功率进行比较(获得由两个天线产生的辐射功率的差异),可确定研究中的天线产生的增益。假设各向同性天线被用作参考,则称其具有在线性坐标中等于1的增益或对数坐标等于0的增益。一般来说,在数学上,天线增益可表示为

$$G(\varphi,\theta)=\frac{P_t(\varphi,\theta)}{P_i(\varphi,\theta)} \tag{2.1}$$

式中:$P_t(\varphi,\theta)$为所研究的天线辐射(或接收)的功率;$P_i(\varphi,\theta)$为由各向同性辐射器"辐射"(或接收)的功率,φ和θ是一对确定的对角。

注意,在球面坐标系中,还应包括距离r的变量。然而,只有在相同的r值下,针对所有φ和θ的可能情形,才可获得天线增益。满足这一条件,式(2.1)才有效。

关于方向性,这个术语有时容易与上面增益的解释概念混淆。这种混淆经常会发生是因为商用天线数据表中除了其他参数之外,还提供了参考天线的增益值,但是其符合由天线实现的最大增益。该值实际上就是天线的方向性。

2.5 辐射方向图

辐射方向图是在特定距离处天线周围能量分布的图形表示。原则上,任何天线都可在三维空间中辐射能量。最简单的情况是各向同性天线,其辐射方向图是一个球体,如2.4节所述。实际中,商用天线规格通常仅在水平或方位平面以及垂直平面(分别当$\varphi=\pi/2$和$\varphi=0$时)中显示出辐射图案。例如,图2.11显示的是使用CST Microwave Studio仿真软件通过仿真获得的$\lambda/4$单极子的三维辐射图。

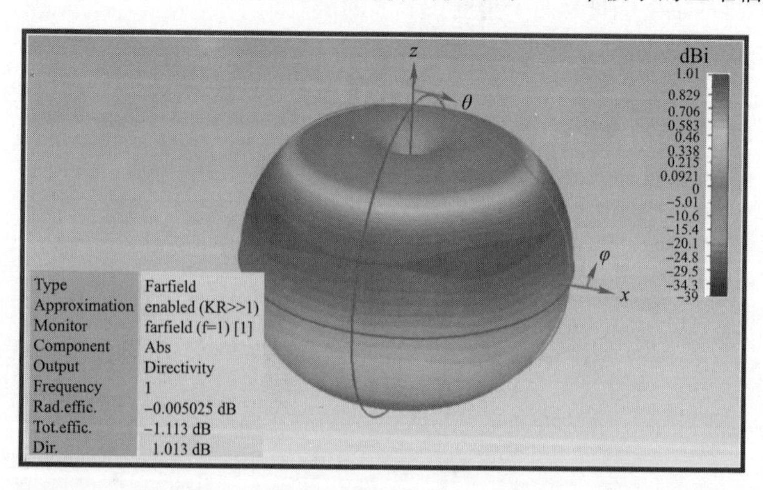

图2.11 单极子天线的三维辐射方向图仿真结果

到目前为止,增益和辐射方向图的概念都是通过辐射的概念来解释(实际上,天线的能量分布可以用辐射方向图来表示)。同时,由于天线的互易原理,在辐射时,天线能够在特定方向上接收具有相同增益和效率的能量。因此,如果天线正在产生辐射或接收能量,这些概念同样适用。这也同样适用于以下各节中介绍的参数。

2.6 极 化

众所周知,辐射的电磁波由彼此垂直的电场分量(向量 $\boldsymbol{E}$)和磁场分量(向量 $\boldsymbol{H}$)组成。垂直于由向量 $\boldsymbol{E}$ 和 $\boldsymbol{H}$ 形成平面的向量(坡印廷向量)指示电磁波的传播方向。

波的极化对应于向量 $\boldsymbol{E}$ 的方向,因此如果该向量位于垂直平面中,则波被垂直极化,而如果波是水平的或者位于水平面中,则产生水平极化。这些情况中的每一种都取决于天线辐射单元的取向(垂直或水平)。

在任何情况下,当向量 $\boldsymbol{E}$ 对于电磁波的传播方向的所有值具有特定极化时,说明它具有线极化(因此,可以理解信号来自同样也是线极化的天线)。

此外,还存在另一种类型的极化,两个正交线极化波被组合并由同一天线同时辐射时发生的极化。如果 $\boldsymbol{E}$ 的两个分量的幅度相等,则为圆极化,否则极化为椭圆形。

极化是一个参数,用来指示如何设计天线以匹配发射器 - 接收器的信号。换句话说,如果发射天线具有垂直极化,则接收其信号的天线也必须具有垂直极化。事实上,通过利用该属性(即不同类型的极化),可以有效地使用频谱并提供分集机制。

2.7 阻 抗

如2.3节所述,任何天线都由其信号发生器通过传输线馈电,传输线连接在天线的馈电点。在这一点上,天线可以看作传输线的端接阻抗。如果从传输线向天线方向看是负载阻抗 Z_L,如果从天线向传输线方向看是输入阻抗 Z_i。用 Z_0 表示传输线的特性阻抗,当 $Z_L = Z_0$ 时能够实现最大能量传输,并且此时传输线上为非驻波。而 $Z_L \neq Z_0$ 时阻抗不匹配。

我们将在馈电点(在天线输入端)处的电压和电流,分别用 V_i 和 I_i 表示。因此,输入阻抗可表示为

$$Z_t = \frac{V_i}{I_i} \tag{2.2}$$

众所周知,一般来说,Z_i是由电阻和电抗分量组成的复数量。如果无功分量是主导的并且具有大值,则天线输入的电压 V_i也必须大,以使天线可以产生足够的辐射功率。因此,Z_i的值越大,则 V_i的电平越大,使得天线允许更大的电流 I_i流动。因此,天线的 Z_i需要尽可能低。

2.8 反射系数

如上所述,天线要具有足够的输入阻抗,以使在天线连接到传输线时避免产生驻波。根据天线和传输线之间(在馈电点处)的阻抗匹配情况,从发射机行进到天线的能量会被反射,导致天线的辐射能量减少。在馈电点处反射波的幅度 V_r 与入射波的幅度 V_i 的比率称为反射系数 Γ①,即

$$\Gamma = \frac{V_r}{V_i} \tag{2.3}$$

根据式(2.3),可以取最大值为 1,这将在 $V_r = V_i$即全反射时发生。因此,期望 Γ 尽可能小。

现在解决天线和传输线之间阻抗匹配方面的一些问题。根据天线负载阻抗 Z_{L}和线路的特性阻抗 Z_0的关系,可以完全确定该值。这种关系可在文献[3]中得到,并可由下式得出:

$$\Gamma = \frac{Z_{\mathrm{L}} - Z_0}{Z_{\mathrm{L}} + Z_0} \tag{2.4}$$

从式(2.4)可以看出,当 $Z_{\mathrm{L}} = Z_0$,即 $\Gamma = 0$ 时,天线端可以获得所传输的所有能量,如 2.7 节所示。式(2.4)是阻抗关系,很明显,Γ 必须是复数。因此,Γ 可以表示为

$$\Gamma = |\Gamma| \mathrm{e}^{\mathrm{j}\phi} \tag{2.5}$$

式中:$|\Gamma|$ 和 ϕ 分别为反射系数的幅度和相位角。

式(2.3)的物理意义对应于 $|\Gamma|$,即严格地说,式(2.3)必须重写为

$$|\Gamma| = \frac{V_r}{V_i} \tag{2.6}$$

需要注意的是,应使用式(2.6)而不是式(2.3)。

关于相位角,它表示入射波和反射波相位之间的差异,即

$$\phi = \phi_i - \phi_r \tag{2.7}$$

当负载与传输线不完全匹配时,负载处的反射引起行波以与入射波相反的方向传播。通过这种方式,在传输线中产生驻波,其影响可以通过行波的最大和最小

---

① 值得一提的是,这个系数用散射参数或 S 参数理论可表示为 S_{11}。

幅度的比来表示,分别是 V_{max} 和 V_{min},称为电压驻波比(VSWR),可表示为[3]

$$\mathrm{VSWR}=\frac{V_{max}}{V_{min}}=\frac{1+|\Gamma|}{1-|\Gamma|} \tag{2.8}$$

良好阻抗匹配的最大 VSWR 值为 2,所以 VSWR <2 的情况都可以接受。

2.9 品质因数

在电路理论中,RLC(电阻器、电感器、电容器)谐振电路中呈现了所谓的品质因数或简单的 Q 值,其表示存储能量与电路消耗能量的比例。因此,期望电路泄漏尽可能少的能量,这可以通过增加其电抗部分来实现。然而,天线(也可以描述为谐振 RLC 电路)的物理功能要求该设备必须能够辐射或耗散其能量。这意味着天线的 Q 值越高,其输入阻抗的反应越强,因此辐射能量集中在较窄的带宽中。同时,由于在频率跨度中分布的辐射能量的增加,因此 Q 值越低,带宽越宽。

Q 值的表达式被称为天线的基本性能极限,可看出 Q 值限制天线带宽[8],可由文献[9]给出:

$$Q=\frac{1+2(kR)^2}{(kR)^3[1+(kR)^2]} \tag{2.9}$$

式中:R 为包含天线的虚部球的半径;k 为波数($k=2\pi/\lambda_c$,λ_c 为中心频率的波长)。

2.10 带宽

天线的带宽对应于天线在其中正常工作的频率间隔。在这个意义上,与该参数相关的第一个概念是必须有限制带宽的最大和最小频率。两个频率之间的差(通常称为截止频率)表征带宽。

其中,最重要的概念是满足天线正常工作的频率条件,因此必须有一个参数,该参数是频率的函数,从而可以定义截止频率的上限和下限。

有很多天线参数是频率的函数。如 2.8 节所述,反射系数一定程度上表征了天线匹配。因此,该参数对于确定天线带宽有一定作用,商用天线通过反射系数的幅度大小来规定设备的带宽。值得注意的是,当带宽与 Γ 相关时,被称为阻抗带宽。有一些天线参数与阻抗带宽有关,如输入阻抗、辐射电阻和效率[3]。

天线的带宽可以是窄带,宽带或超宽带,如在第 3 章中展示的那些。此外,根据带宽的狭窄或宽度,它被分别指定为中心频率(工作频率)的百分比或最大与最小频率的比率。

当该比率为 2∶1 或更小时,天线是窄带的,带宽可以给定为中心频率的百分比。否则,天线是宽带型的,带宽一般不由百分比(也是中心频率)给出,而是由频率的比率规定,第 4 章将会阐释这些内容。

为了得到天线的带宽,通常在反射系数的幅度(或者等效为 VSWR <2)中建立 -10dB 的阈值。为了更好地说明,图 2.12 展示了在 1GHz 频带工作的线单极子天线和微带天线的仿真结果。通过确定 $|\Gamma| = -10\text{dB}$ 可以看出,微带天线的带宽比线单极天线的带宽窄。

通过特定频率范围的辐射方向图的特性决定了天线带宽;具体来说,辐射方向图保持其形状或几乎不变的频率区间,即为天线的工作带宽。当辐射方向图响应被作为依据来评估带宽时,其被称为模式带宽。与该带宽相关的参数是增益、波束宽度、旁瓣电平和极化[3]。

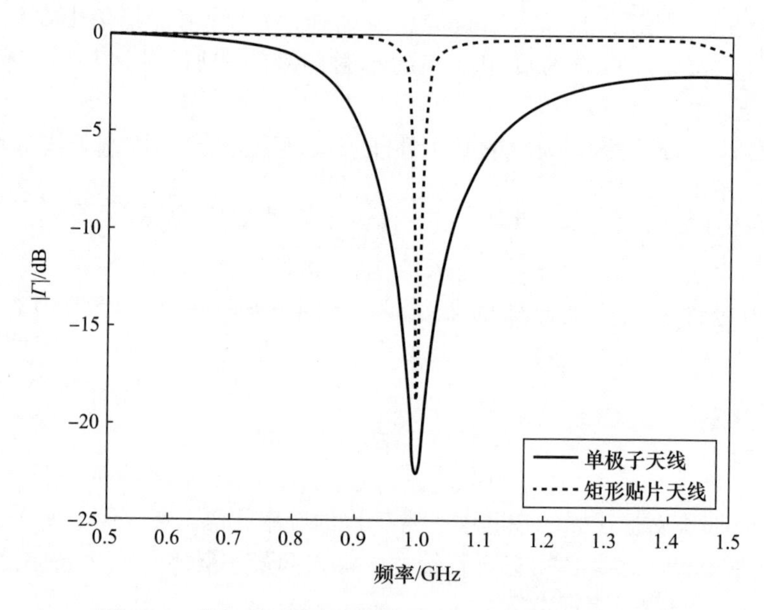

图 2.12 单极子天线和矩形贴片天线 Γ 的幅度仿真结果

参考文献

[1] C. A. Balanis. *Antenna Theory: Analysis and Design.* John Wiley & Sons, 3rd edition, 2005.

[2] W. L. Stutzman and G. A. Thiele. *Antenna Theory and Design.* John Wiley & Sons, 1998.

[3] L. V. Blake. *Antennas.* Artech House, 1984.

[4] R. S. Elliot. *Antenna Theory and Design.* Prentice-Hall, New Jersey, 1981.

[5] R. E. Collin and F. J. Zucker. *Antenna Theory.* McGraw-Hill, New York, 1969.

[6] M. T. Ma. *Theory and Application of Antenna Arrays.* John Wiley & Sons, 1974.

[7] American Radio Relay League. *The ARRL Antenna Handbook*, 1991.

[8] R. C. Hansen. Fundamental limitations in antennas. *Proceedings of the IEEE*, 69(2):170–182, 1981.

[9] H. Schantz. *The Art and Science of Ultra Wideband Antennas.* Artech House, Norwood, MA, 2005.

第3章　超宽带天线的最新发展

3.1　引　　言

近年来，相关技术的发展大大提升了无线通信的地位，这使得越来越多的用户能够通过携带一个或多个无线设备来进行一系列无线通信活动。在这些系统中，天线无疑是一个关键因素。

第2章已经指出：从广义上讲，天线可以作为换能器，能将传输线上传输的电磁能转换为辐射电磁能[1]。大多数天线是双向作用的设备，以相同的方式进行发送和接收，具体选择发送还是接收根据系统状态。在接收模式中，天线充当到达电磁波的收集器，这些电磁波被接收后送入后端进行处理。在某些情况下，天线聚焦无线电波与眼镜聚焦光波的方式相同[2]。

这些一般性的定义适用于窄带和宽带天线。然而，对于超宽带天线更加具体的定义是建立在这些天线在低品质因数 Q 情况下的非谐振状态（其中 Q 与谐振结构有关，见第2章）上的，它的输入阻抗在很宽的工作频段内仍然是准恒定的[3]。当然，像其他类型的天线，超宽带天线需要辐射尽可能多的能量，从而在工作频带内避免电磁波反射回传输线。

冷战结束使得先前只能用在军事上的技术转移到商业应用中（例如，通过代码划分的扩频通信系统，如直接序列和超宽带系统）。2002年，美国的联邦通信委员会为三种类型的超宽带系统指定不同的技术标准和工作限制（车辆雷达、通信系统，以及测量成像系统），同时规定超宽带系统的频率为3.1～10.6GHz[4]。

这种超宽的带宽给超宽带系统增加了一些运行条件。基本上，这些系统可以传输和接收超短电磁脉冲，也就是说系统中的信号带宽很宽而且发射功率很低。根据通信原理相关理论，这个特点使信号检测和拦截更加困难，这就是为什么超宽带技术自20世纪60年代以来已经广泛应用在军事应用中（如第1章中介绍，这项技术还有其他名字）。因此，超宽带系统需要天线能够有效接收到信号谱的各个细节同时在相位上不会引入较为严重的失真。所以，在整个工作波段中天线的性能和特征应该是一致和可预测的。这就意味着，理想情况下，在整个带宽中它们的辐射方向图和匹配特性应是稳定的。而且，超宽带天线应尽可能减小脉冲畸变，如果可以计算波形色散那么可以对它进行相应补偿①。

超宽带技术的发展表明,用来描述天线的传统参数,如增益、阻抗匹配、极化等,只能够精确分析窄带天线。而要描述超宽带天线则需要引入一些新的参数,如相位线性度、辐射方向图的稳定性等,这些特性对于超宽带天线在现代通信系统中的应用来说都是重要因素[5]。

在本书中提到的超宽带天线最重要的一个特征是方向性。众所周知,与全向天线相比,定向天线可以在一个窄立体角中聚焦能量。换句话说,天线辐射电磁能量的强度根据角度进行变化[2]。通常,定向天线比全向天线尺寸更大。

基于前面的介绍,超宽带天线可以分为定向天线与全向天线两类,从而提供一个初步的方法来区分他们的现状。然而,由于最新的研究已经集中在超宽带的全向天线上(随着无线通信产业的发展,更需要具有全向辐射方向图的移动设备),在当前现状下天线更好的分类是基于上天线结构的不同,分为立体型和平面型。

在20世纪90年代以前,几乎所有的超宽带天线,都是立体型结构。从1992年起,平面型超宽带天线已经被广泛使用(如印刷天线、槽天线和平面单极子天线)。因此,基于这种分类方法和超宽带天线的历史发展进程,首先,分析立体型天线,其发展为目前的超宽带天线提供背景;然后,研究者们提出了各种各样的平面天线。双脊波导喇叭天线值得特别注意,因为它代表了标准超宽带天线,这对于描述新天线设计的辐射方向图是很有必要的,本书将用独立的章节对它进行介绍。

3.2 超宽带天线

超宽带的概念起源于火花隙发射器,它是微波传播技术的先行者。然而,在19世纪末期的超宽带天线设计并没有得到适当发展,它们中的许多都被人遗忘,直到20世纪的中期才被人们重新发现。

有关超宽带天线设计的第一个文献可以追溯到1898年,当时授予英国公民Oliver Lodge的北美609154号专利提到赫兹波电报中使用的一些电容性区域[6]。尽管在该专利中天线形状为矩形和圆形,但实际应用中天线形状建议使用三角形。Lodge在这项专利中提出的设计是领结天线的前身,类似于下面讨论的双锥形天线。

随着通信系统工作频率的不断增加,Lodge的设计被能提供更好性能的$\lambda/4$磁单极子所替换。然而,电视的到来产生了新的需求,需要设计能够在宽带带宽上工作的天线,这种需求成为宽带天线新的支持。最后,由P. S. Carter重新提出双锥

① 周期性对数天线是“色散”天线的一个很好的例子,将在第5章中解释。[1]

形天线,他在 1939 年获得了北美 2175252 号专利[7]。在这个专利中Carter提到,这种天线是短波类型,能在极宽的频带中显示被忽视的电抗。因此,它可以用于电视信号传输系统[8]。

除了重新发现双锥形天线外,P. S. Carter 是在馈线和辐射元件之间使用宽带过渡的先行者,他提出传输线可逐渐增加其尺寸,直到连接到圆锥体,这实际上是对 Lodge 原始设计的改进,如图 3. 1[7,9] 所示。

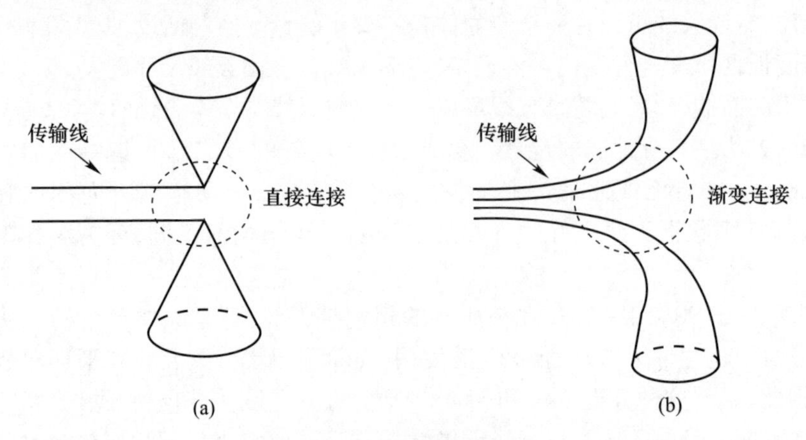

图 3. 1 传输线连接
(a) Lodge 设计; (b) Carter 设计。

1940 年,Sergei A. Schelkunoff 提出了一种由圆锥形波导、电源结构以及球形偶极子组成的天线。这种结构的尺寸相对较小,故空气阻力较小,这使得这种类型的天线非常适合应用在飞行器上[10]。然而,由于其结构的复杂性(见文献[7]中的图 1. 13),该发明最终并不是非常成功。

在这段时间有人倾向于构建复杂的超宽带天线。1941 年,Lindenbland 提出一种以水平极化的同轴喇叭为单元的天线。Lindenbland 认为这个天线是传输高质量电视信号的最佳选择,因此被美国无线电公司(RCA)选中进行实验电视传输。RCA 选择这种天线是因为他们看到一个从中央电视台发射几个不同的电视频道的可能性,这需要一个具有这些功能的宽带天线[7,11]。

基于这个想法,其他研究人员同样建立了基于同轴传输的几种天线。例如,L. N. Brillouin 在 1948 年获得专利的两个具有垂直极化的同轴喇叭天线,一个定向,另一个全向,显示出与自由空间相似的终端阻抗。定向天线在宽频带内保持恒定增益[7,12]。

在这 10 年中,其他研究人员也开发了不同的喇叭设计。例如,M. Katzin,于 1946 年在美国获得了一项电磁喇叭辐射器的专利,该辐射器增加了增益,并通过使用喇叭阵列获得了较大的有效孔径和对畸变的补偿。在这种情况下,1942 年,

A. P. King 获得了锥形喇叭天线的专利,它的效率提高,而方向性保持不变[7,13]。虽然,以前存在的设计性能也很优越,但是天线设计中的其他因素开始越来越重要。例如,当宽带接收机变得常见时,需要在设计时考虑新的天线要更加便宜以及易于制造。由于这些新的要求,1898 年,Lodge 提出的领结天线再次被 G. H. Brown 和 O. M. Woodward 在 1952 年所研究[7]。另一个天线设计由 R. W. Masters 在 1947 年获得专利。最近的分析表明,这是一个简单的菱形偶极子与反射器。它的主要特点是在非常宽的带宽内保持恒定的输入阻抗,并且其结构简单、使用方便,它是一种为特定应用所设计的天线。在图 3. 2 中,可以看到该天线的透视图[7,14]。

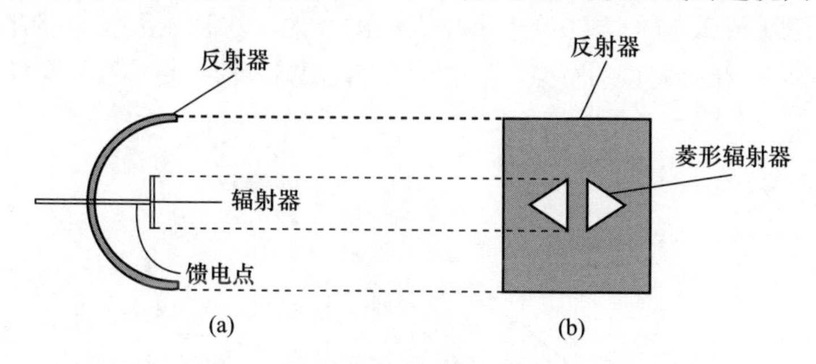

图 3. 2　1947 年 R. W. Masters 提出的菱形偶极天线的设计图
(a) 侧面视图; (b) 正面视图。

到 20 世纪 60 年代,越来越复杂的天线被设计出来,如 W. Stohr 提出的天线,这些天线是由单极子和圆形或椭圆形偶极子形成的[7,15]。1962 年,G. Robert Pierre Mari′e[16]开发了一种超宽带槽天线,这种天线通过改变槽的宽度来实现宽带性能。一小部分辐射体工作在高频频段;一大部分则工作在低频频段。因此,采用了锥形馈电方法来实现更宽的天线带宽(图 3. 3)。Mari′e 还研究了这种单槽天线的一些变化。例如,在同一个导电面板上使用两个槽,并且在其中心有一个开口,以便在低频下获得一定的响应。这里值得注意的是,正如第 5 章所述,由于天线相位中心随频率变化的强相关性会引入色散[17]。

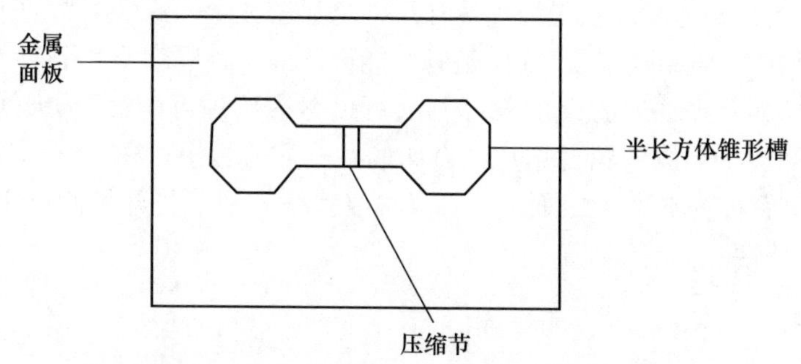

图 3. 3　宽频带缝隙天线(改编自文献[16])

在20世纪80年代,其他天线种类也在不断发展,主要是设计出一些易于制造的天线。这其中突出的是F. Lalezari发明的采用开槽技术的宽带天线,由于这种天线剖面低,不会影响空气阻力,这项技术可以应用于导弹和飞机。这种天线同时具有与频率无关的辐射特性[18]。近10年来,M. Thomas设计了另一种天线,该专利以宽带阵列式平面天线命名,由于其简单、低剖面、低雷达截面和极化分集,使得它在雷达和电子战中起着有效的作用。在这两种设计中,Thomas天线具有更好的性能[7,19]。

下面,总结超宽带天线的背景。值得一提的是,在1985年H. Harmuth通过引进电流辐射器(图3.4)的方法改进了磁天线的性能。这种磁天线能够在有效地辐射电磁波同时有着低失真的特点,这种天线在电磁脉冲形式下辐射能量是尤其有用的[7,20]。

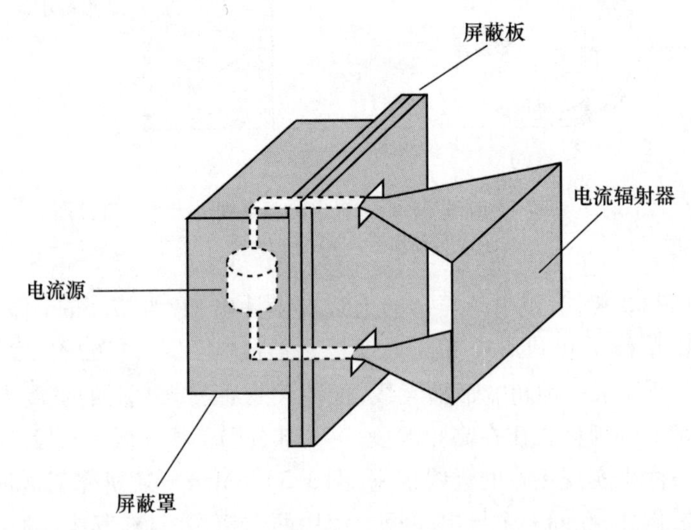

图3.4　1985年H. Harmuth提出的电流辐射器的设计(改编自文献[20])

正如之前已经提到过的,自20世纪90年代以来科学界在设计平面超宽带天线所付出的巨大努力表现在天线重量和尺寸的显著减少。这些类型的天线称为平面天线,因此从立体结构来说,它们是有可能设计成一种厚度与其他尺寸相比非常小的新天线(如几乎平坦的天线)。因此,可以考虑两种可能性:①天线可以印刷在介质基板上;②天线的辐射贴片没有印刷在介质基板上(图3.5)。为了使它们区别开来,前者称为平面天线而后者称为面天线①。下节将开始测试平面超宽带天线的一些特性。

---

① 值得注意的是,有些作者并不对它们进行区分,并交替使用这两个术语。

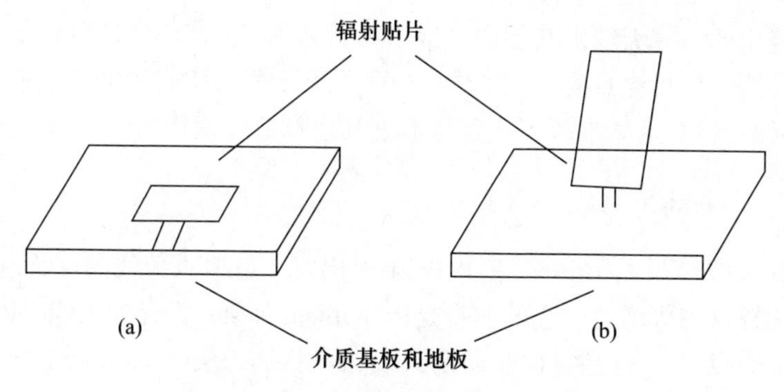

图3.5　平面天线和面天线
(a) 平面天线；(b) 面天线。

3.3　平面超宽带天线

在过去的时间里，平面馈线的一个严重问题是其会减少1% ~10%的带宽（这是和偶极子和波导喇叭等类型的天线相比较的，它们的带宽通常为15% ~50%）。然而，这种限制是通过在单独的天线中获得高达90%的阻抗匹配和高达70%的带宽增益来解决的。为了增加平面化馈源天线的阻抗带宽，有必要增加天线的尺寸、高度和馈源点数目，并开发一些匹配技术[21]。

在这种分类方法下，超宽带天线可分为平衡和非平衡天线。然而，因为在设计平衡超宽带天线时存在诸多困难，所以科学界主要集中于研究非平衡天线。

最具代表性的平面超宽带天线如下：

(1) Vivaldi 天线；

(2) 矩形贴片平面天线；

(3) 共面波导馈电具有频带陷波功能的平面超宽带天线；

(4) 基于预烧陶瓷技术的槽天线；

(5) 火山烟雾型槽天线；

(6) 印刷圆盘单极子天线；

(7) 具有分形调谐短截线的微带槽天线；

(8) 平面小型锥形槽馈电的环形槽天线；

(9) 郁金香形单极子天线；

(10) 气球形单极子天线；

(11) 半圆盘超宽带天线；

(12) 平面超宽带天线阵列；

(13) 八角形超宽带天线。

这里使用的这些天线由其创造者给出原始名称，但是正如所看到的一样，它们都是平面天线。值得注意的是（在3.4节的平面天线），我们还提供了原始变量来描述一些天线参数，这些参数不一定与本书其他章节中使用的参数对应。

3.3.1 Vivaldi 天线

Vivaldi 天线最早由 Gibson 于 1979 年提出[22]，是喇叭天线的平面化版本，以低成本结构提供中等增益。它的前身是由 William Nester 设计的天线，涉及微带传输线和槽传输线[17]。这是一种非周期天线，辐射贴片逐渐弯曲，在不同频率下天线的不同部分会辐射能量。事实上，它的形状与图3.1(b)中的形状相似，并提供柔和的过渡。这个柔和曲线遵循以下由 Gibson 提出的指数关系[22]：

$$y = \pm A\exp(px) \tag{3.1}$$

式中：y 为分离距离的1/2；x 为长度参数；A 为常数；p 为一个决定波束宽度的参数叫作放大因子。

图3.6显示了一个示例，$A=0.125$ 和 $p=0.052$。图3.7描述了印制在印制电路板上的 Vivaldi 天线。从理论上讲，该天线具有无限带宽而它的限制来源于其物理尺寸和在制造时的复杂性。一般来说，馈线决定截止频率上限，而孔径的大小决定了截止频率下限。

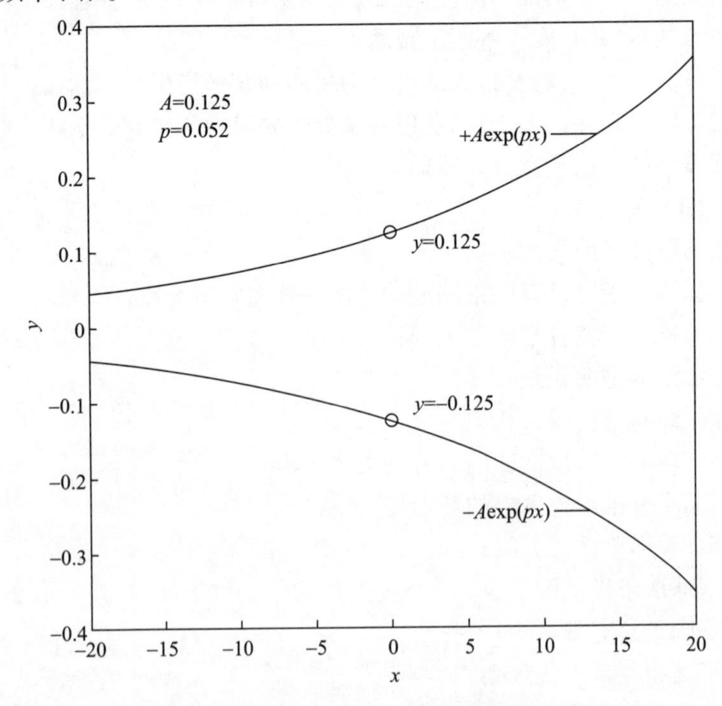

图3.6 用于设计 Vivaldi 天线的指数示例

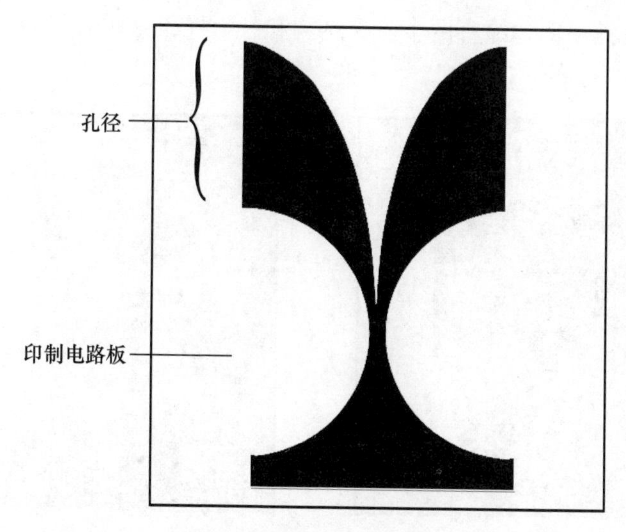

图3.7 印制在电路板上的超宽带 Vivaldi 天线

为了使 Vivaldi 天线能在微波区正常工作，其中有两个关键因素必须考虑在内：①从主传输线到直接馈入天线的传输线的转换应具有非常宽的带宽和较低的反射系数；②天线的尺寸和形状应根据在整个选定的频率范围内获得较小的横向和背面波瓣的原则进行选择[24]。迄今为止，提供这种平衡天线的解决方案是：超宽带的平衡不平衡变压器或印制电路两侧的带槽微带传输线[25]。

天线 E 面和 H 面上的辐射方向图增益大于 10dBi，主瓣的半功率波束宽度约为 60°。然而，在某些设计中，这种天线不利于呈现相对较大的后瓣，尤其是在 H 面上。

对于反射系数，这种类型的天线在大频率范围内显示了比十年以来更低的匹配损耗，10 年前，天线的截止频率上限和下限取决于辐射器的大小。从反射系数观察到的另一个特征是大量的谐振频率，其中许多频率间隔为 1000MHz[24]。

Vivaldi 天线除了超宽带特性外，还有其他的优点，其还具有定向辐射方向图（典型增益系数 10dBi[24-25]）以及相对较小的尺寸和平面化的结构。然而，其主要限制是需要一个超宽带巴伦（事实上它是在这本书中唯一涉及的平衡天线），因为巴伦的带宽通常限制天线的工作带宽，它的平面结构限制了它在相对低功率系统中的应用。由于这些原因，世界各地都对开发具有方向性和相对较小尺寸的超宽带平面单极子天线非常感兴趣，这种天线不需要平衡变压器，因此解决了这种天线的主要局限性[24]。

3.3.2 矩形贴片平面天线

矩形贴片平面天线被设计工作在 3.2～12GHz 的频率范围内，它由印制电路辐射体组成,在其下部边缘有两个阶梯结构和一个槽,在基板后部有一个部分接地平面(图 3.8)[26]。

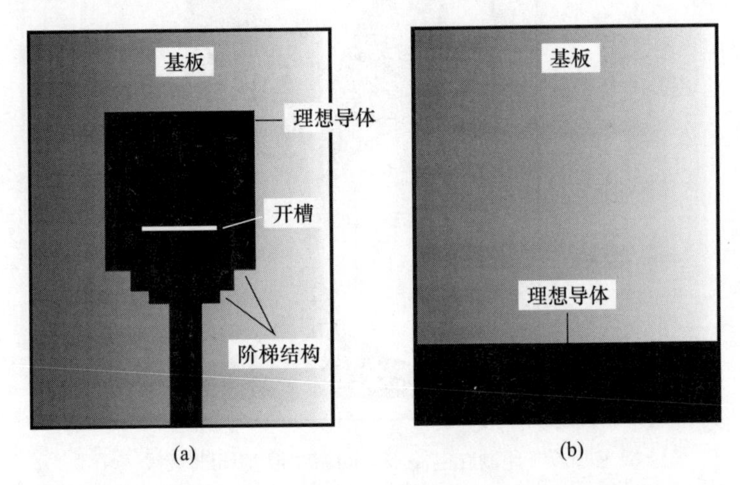

图 3.8 矩形贴片平面天线的几何结构(修改自文献[26])
(a) 正面视图;(b) 后视图。

天线辐射贴片面积为 15mm × 14.5mm,是理想的电导体(PEC),基板为 FR4,厚度为 1.6mm,相对介电常数为 4.4。采用 50Ω 微带线馈电,该天线尺寸的细节可参见文献[26]。群时延小于 0.5ns,这是一个重要参数,用来表示由天线捕获或辐射的脉冲信号波形的失真程度(见第 5 章注释)。

矩形辐射贴片平面天线的辐射方向图显示其在 3GHz、5GHz 和 7GHz 的 *XOY* 平面内具有准全向辐射特性。然而,这种天线的方向图随频率的变化非常明显。关于该天线的测量和仿真反射系数,有文献称,仿真得到的反射系数是稳定的,并且比测量得到的反射系数匹配更好,这在许多情况下归因于天线结构的机械缺陷。

平面天线和矩形辐射贴片如图 3.8 所示,由于其平面特征故具有相对较小的尺寸和低剖面的主要优点,但是它具有在 FCC① 分配频带之外的操作带宽限制。另外,前文已指出这个天线的另一个重要限制是其不稳定的辐射方向图。

3.3.3 共面波导馈电具有频带陷波功能的平面超宽带天线

当 FCC 将频带 3.1 ~ 10.6GHz 分配给超宽带通信时,考虑了它们在诸如全球定位系统(GPS)或无线局域网(WLAN)之类的通信系统附近引起电磁干扰的可能性。出于这个原因,业内已经通过研究提出了利用超宽带天线设计的特点,在需要

① 对于超宽带通信来说,存在一种需要超宽带平面天线,其反射系数模值低于 -10dB,并且它的工作频带至少在 FCC 为超宽带通信分配的频带内。

的频率插入一个保护带。这种类型的典型天线是2004年4月[27]提出的带有V形槽的天线，它的体积小，在5.25GHz处有一个保护带，以避免无线局域网中的干扰。Kim和Kwon声称，可以通过改变V形槽的长度调节保护频带频率[27]。

该天线辐射贴片为一个面积为22mm×31mm的1mm厚的薄片，使用FR4基板，介电常数$\varepsilon=4.4$，采用共面波导(CPW)馈电[27]。该天线在工作频段2.8~10.6GHz内VSWR小于2。据设计者介绍，V形槽的引入产生了幅度为10~12dB的缺口，其中心频率为5.25GHz左右[27]。这种天线的辐射方向图中在主瓣方向平均增益为2.3dBi。

共面波导馈电的有频带陷波功能的平面超宽带天线具有体积小、工作频带与FCC分配的超宽带通信频率相一致的优点。然而，其增益在主瓣方向低于2.5dBi是该天线的一个缺点。

3.3.4　基于预烧陶瓷技术的槽天线

目前，超宽带天线很大一部分是为便携式系统设计的，在这方面基于预烧陶瓷的槽天线与其他超宽带平面天线设计相比较，优势明显。

这种天线是在2004年5月作为超宽带系统的解决方案所设计并提出的，因为它的接地面可以由其他无线电电路共享，从而节省空间。这种天线需要制造一个低温预烧陶瓷①。天线的辐射单元是椭圆形状，长轴为17mm，短轴为11mm(图3.9)，通过长为41mm、宽为3mm、输入阻抗为50Ω的微带线进行馈电。天线带宽为3.1~10.6GHz，反射系数不大于-10dB。

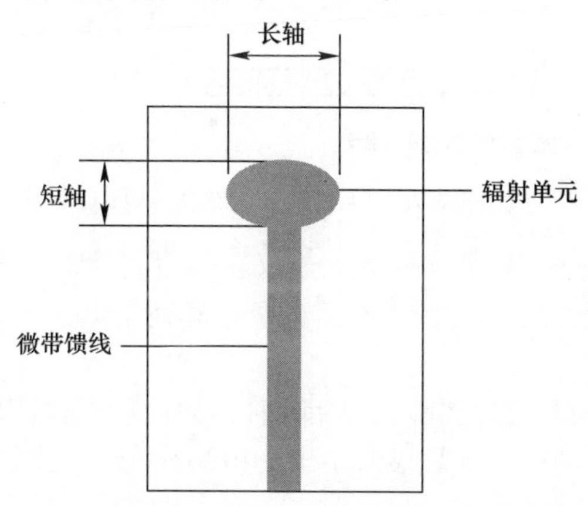

图3.9　基于预烧陶瓷技术的缝隙天线(改编自文献[28])

① 低温预烧陶瓷技术是近年来发展起来的一种用于封装型微处理机的技术，但由于其优良的性能，目前已被用于射频和微波模块的研制[28]。

此天线工作在 10.1GHz，在水平面上实现准全向辐射，还可以在 3.5 ~ 6.85GHz 的频带上实现同样的辐射方向图[28]。值得强调的是，基于预烧陶瓷的槽天线在反射系数低于 -10dB 的工作频带（3.1 ~ 10.6GHz）覆盖了 FCC 与超宽带的通信频带。除此之外，该天线尺寸较小而且为平面结构。但是相对于全向辐射，它在工作频带内工作时辐射方向图会有大于 20dB 的变化。

3.3.5　火山烟雾型槽天线

火山烟雾型天线由 Yeo 等提出，2004 年 8 月在宽带无线通信应用中使用。这是一个火山烟雾型的平面天线设计（图 3.10）。该天线由一个火山烟雾状贴片、一个内岛、一个接地导体和一个同轴电缆安装到共面波导转换器。这个同轴电缆共面波导的特性对于获得宽带特性至关重要。这种形式的槽提供从馈线到辐射元件的渐变和软过渡。

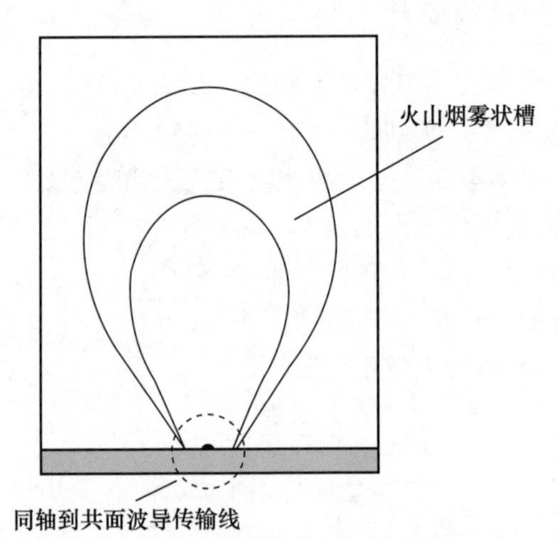

图 3.10　火山烟雾型槽天线的几何结构（改编自文献[29]）

为了获得 50Ω 输入阻抗，Yeo 等人建议在共面波导中引入一个槽，其宽度为 0.5mm，通过逐渐增大这个宽度，当共面波导的宽度达到 18.5mm 时获得了 50Ω 的输入阻抗。

天线的反射系数是通过实验和使用两种不同的仿真软件得到的[29]。结果表明，通过矩量法测得的反射系数幅值小于 -10dB 的频率范围为 0.8 ~ 7.5GHz，而采用 HFSS（High Frequency Structure Simulator）①的仿真结果为 0.6 ~ 7.5GHz。最后，实验测量显示了电压驻波比低于 2.3 的工作带宽为 0.8 ~ 6.7GHz。

关于辐射方向图，其工作在 0.8GHz 准全向模式，随着频率的增加而变化，呈

① 见第 9 章。

现高达30dB的零点。然而,在5GHz频点上,辐射方向图不仅显示零点,而且产生了很大的变化[29]。为此,作者研究了一种改变部分辐射方向图的方法,通过减小方向图副瓣的方法以增强其方向性。为此,作者进行了实验,在天线后面插入一个25mm宽的FGM-40吸收器,得到了预期的结果[29]。

与类似的超宽带天线相比,这个天线具有尺寸相对较小,且在工作带宽内反射系数幅值小于-10dB的优点。然而,对比3.3.4节提出的天线,它的缺点是工作频带只与FCC为超宽带通信分配的频段部分重合。

3.3.6 印制圆盘单极子天线

印制圆盘单极子天线于2004年9月被提出[30],其具有结构简单、实现方便的优点,形状为圆形、矩形、椭圆、五边形和六边形,可以替换超宽带平面单极子天线,它有着良好的辐射和带宽性能。但是,不适合用在印制集成电路中,因为这些平面天线对应的地平面与辐射体垂直。

这种印制圆盘单极子天线通过微带线馈电。基于Liand等对它的优化设计,在整个频带内,其他天线可以被开发成具有非常宽的带宽,具有准全向模式[30]。

就像简单的单极子天线,这个天线在工作频段的反射系数取决于隔离度,以及地平面的宽度W,因此对这两个参数的优化能得到最大的带宽。在该天线的设计中,发现辐射体的馈电点和接地平面的距离$h=0.3$mm时能得到最佳的隔离,而地平面的最佳宽度为$W=42$mm。

通过对印制圆盘单极子天线的仿真分析与实际测量,得到该天线的实际测量带宽为2.78~9.78GHz,而仿真模拟出的带宽为2.69~10.16GHz。虽然这种天线没有完全覆盖由FCC指定的带宽,但是明确提供了超宽带特性。

关于辐射方向图,在H面为整个工作频带为准全向辐射。此外,测量和仿真辐射方向图可见文献[30]。

同其他天线一样,印制圆盘单极型天线的主要优点在于它是一个在其工作带宽内反射系数小于-10dB的平面天线,并且它的尺寸也类似于其他设计。然而,其切实存在的一个主要缺点是它仅仅具有7GHz的工作频段,工作频率波段小于FCC分配超宽带通信(2.78GHz而不是3.1GHz),它不会覆盖整个频段,由于其带宽最高到9.78GHz而不是10.6GHz。此外,还没有关于辐射方向图、增益和相位线性度等频率响应的信息。

3.3.7 具有分形调谐短截线的微带槽天线

这种紧凑型天线,由Lui等于2005年3月提出[31]。设计本质上基于传统的缝隙天线,而分形调谐短截线在4.95~5.85GHz之间添加了一个保护带,以避免通信系统干扰无线局域网(与3.3.3节介绍的共面波导馈电的超宽带天线同理,虽然它的保护带更宽)。该天线获得的工作带宽为2.66~10.76GHz,在超宽带通信系统中非常有用。它的全向辐射方向图是准稳定的,在其整个工作频带内性能良好。

这个天线在工作带宽内的反射系数是-10dB,位于约5GHz的保护带外。对于截止频率而言,仿真得到的结果值低于实测的频率值。与此相反,上限实测与模拟仿真结果基本相同。

对于辐射方向图,结果是3GHz、7GHz和10GHz三种不同频率。可以在全部带宽内实现准全向辐射。然而,与本章中考虑的其他天线一样,该天线的辐射方向图如预期的那样与频率有关。

具有分形调谐短截线的微带槽天线的主要优势为较小尺寸,在其工作带宽内反射系数小于-10dB,分形调谐短截线可以形成一个频率保护带,并且符合FCC分配的超宽带无线通信的频谱工作波段。虽然辐射方向图是准全向的,但是它们在整个频带内呈现出约20dB的波动。

3.3.8 平面小型锥形槽馈电的环形槽天线

该天线的设计是由Ma和Jeng在2005年3月提出的,是唯一一个采用环形槽结构馈电,VSWR<2和具有近似全向且在FCC分配超宽带应用全波段频率稳定的辐射方向图[32]。

该天线的几何形状如图3.11所示。由图可以看出,辐射体是设计在正面的基板,而微带线及其开口槽开于背面。该基板的厚度$t=1.57$mm,相对介电常数为2.2。Ma和Jeng解释说,这种天线的能量从微带线馈入,通过宽带转换器转移到锥形槽中。这种锥形槽起一个阻抗变换器的功能,可引导波向辐射槽传输而不产生反射。可以认为,辐射槽是弯曲的,以便向孔径馈线的另一侧分配部分能量[32]。

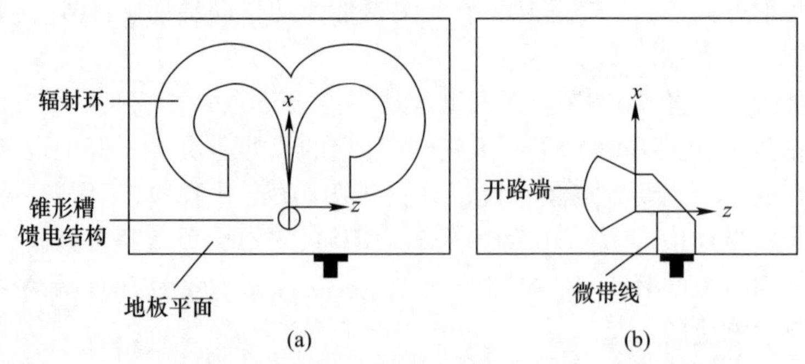

图3.11 平面小型锥形槽馈电的环形槽天线的几何结构(修改自文献[32])
(a)正面;(b)背面。

Ma和Jeng从设计考虑,制造了两个模型:一个是小型化模型;另一个作为参考。优化后的最终尺寸前者为35.6mm×40.3mm,后者为46.5mm×66.3mm[32]。从两个模型获得的测量结果来看,参考天线的工作频带(VSWR<2)几乎完全涵盖

了超宽带频段,而小型化天线工作频段为4.8~10.2GHz[32]。

关于辐射方向图,只给出了参考天线在E面和H面在6.5GHz处的方向图。H面的辐射方向图样是均匀的,但是E面上的辐射方向图样呈现出双极化的性质,参考天线的增益在3.1~9GHz频带内为4~6dBi。

平面小型锥形槽馈电的环形槽天线的优点类似于先前分析的天线;需要指出的是,虽然该天线的参考天线工作的频带几乎涵盖了FCC分配超宽带通信频率整个频段,但其明显的不足是没有实现天线的小型化。

3.3.9 郁金香形单极子天线

这种类型的天线由Chang等在2006提出,为郁金香形结构。该型天线以合理使用花瓣辐射器作为基础,在宽频带上提供一个准全向辐射方向图,工作频段比FCC为超宽带分配的频带更宽[33]。这种天线的主要结构如图3.12所示,郁金香的形状很容易观察到。这种结构包括两部分:一个半径为R_1半环基座和一个花冠,花冠的内曲线是半径为R_4的圆。

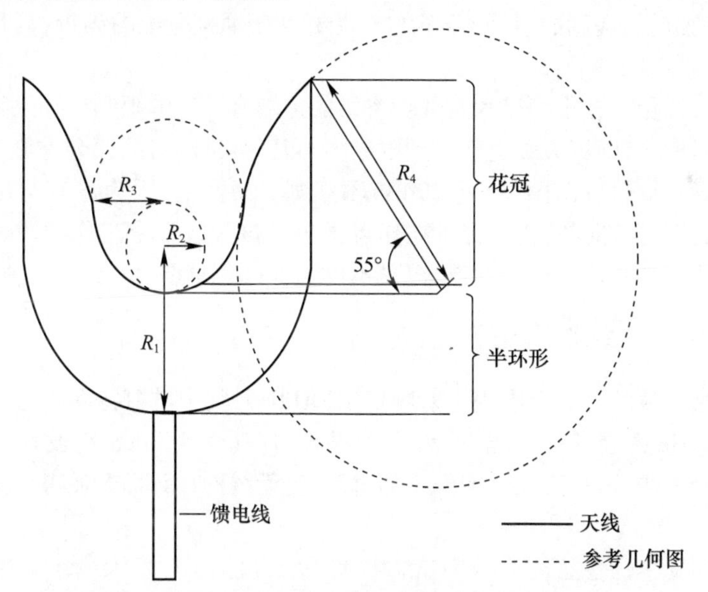

图3.12 郁金香形单极子天线的结构(修改自文献[33])

根据Chang等的说明,这个天线有两个主要的结构特点[33]。首先对半环模式电流分布的仿真,从仿真结果可以看出谐振频率可以表示为

$$f_s = \frac{nc}{\pi R_1 \sqrt{\varepsilon_{\text{eff}}}} \quad \forall n = 1,2,\cdots \tag{3.2}$$

式中:ε_{eff}为有效介电常数;c为自由空间中的光速。

因此,郁金香形结构的其余部分是通过模拟花萼模式和花冠模式电流分布完成,直到达到可接受的结果。设计模型的技术指标为 R_1 = 12.7mm、R_2 = 0.25R_1(3.175mm)、R_3 = 0.5R_1(6.35mm)和 R_4 = 4/3R_1(16.93mm)。基板宽度为 0.8mm,介质基板是相对介电常数为 4.4 的 FR4,宽度为 0.8mm[33]。

Chang 等指出的一个重要结果是这种天线可以在带宽比为 1:16 的频段上实现宽带匹配[33],这是不常见的超宽带天线,天线通常是小于 1:10 的带宽比(事实上,作者列举的天线设计中只有两个带宽比高于 1:10)。因此,通过适当的调整郁金香形结构,该天线在工作频段 2.55 ~ 32.5GHz 上反射系数测量值小于 -10dB,可以完全覆盖 FCC 分配的超宽带频段,所以它可以用于频谱监测。

在辐射方向图方面,给出了在 3.1GHz、7.1GHz 和 10.6GHz 的平面 *XOY*、*XOZ* 和 *YOZ* 的结果。仿真得到的辐射方向图与一个典型的单极子天线一样,尤其是在准全向辐射方向图的 *XOZ* 平面。在实测时,3.1GHz 时不变,而 7.1GHz 和 10.6GHz 时在同一个 *XOZ* 平面出现了一些零陷。在 3GHz 增益值为 0.2dBi,在 10.5GHz 增益值达到 4dBi。

郁金香形单极子天线性能优越,优点在于其体积较小(33.4mm × 37.1mm 总面积)。正如前面提到的,它涵盖了 FCC 为超宽带通信分配的频带,且具有相对简单的结构。

这种天线相对较小的尺寸对低功率级的传输有一定的限制。如果特定应用需要定向辐射模式,则该天线也将受到限制。与其他设计一样,郁金香形天线在频率增加时会导致辐射方向图(高达 20dB)不规则。事实上,因为没有给出频率高于 10.6GHz 的辐射方向图,所以很难在作者提出的该天线整个工作频段内分析该参数。所有这些都是该设计的缺点,但是不仅限于这些缺点。

3.3.10 气球形单极子天线

超宽带天线的另一个应用是射频识别(RFID),其中散射特性成为考虑的一个重要方面。Hu 等在这种情况下,为了实现 RFID 功能于 2008 年设计了超宽带气球型单极子天线,这种天线是无源型的,标志着天线的设计已开始考虑无电池和无芯片的情况了[34]。

作者为设计这种超宽带 RFID 无源标签天线,提出了可变天线终端的思路,通过这种方法,所有具有可比振幅的超宽带脉冲可以进行反向散射。为了实现这个目标,该天线具有一个不同长度的馈线,它允许控制脉冲超宽带之间的时间间隔。

天线的尺寸紧凑,因为气球只有 18mm 的短轴和 22mm 的长轴,整个天线印制(包括气球状的辐射器和馈线)在 23mm × 31mm 的基板上。该装置采用 0.508mm 厚 Rogers RO4003C 基板制造。具有所有上述特征(以及基板的规格以及文献[34]中详述的所有尺寸),天线实现了模拟和测量的阻抗带宽分别为 3.6 ~ 12.4GHz 和 3.4 ~ 11.3GHz。

这个气球形单极子天线达到准平坦增益响应(3GHz 和 9GHz 之间近似约 4.7dBi),虽然文献中没有给出辐射方向图,但是根据其介绍,方向图可以实现准全向模式。

对于散射的结果,作者简要介绍了雷达散射截面(RCS)的定义:什么是结构模式和天线模式,前者对应于“从匹配负载天线产生的早期脉冲散射”,后者是“由终端失配和再辐射产生的晚期时间响应”[34]。根据这些定义,以及源于一个理论框架和他们的观察,认为该天线适用于无源 RFID 的应用。

3.3.11 半圆盘超宽带天线

在超宽带平面天线的范畴,那些设计用于无线通用串行总线(USB)的应用已经引起了研究界的广泛关注。在这样的背景下,一个关键的方面是天线的尺寸应尽量紧凑,它可以集成到 USB 接口。由 Liu 和 Chun 在 2009 年提出了解决这一问题的方法[35],他们探索如何减小众所周知的超宽带圆盘天线(见 3.3.6 节)的尺寸。

基本上,他们的建议是对称的将天线减小 1/2,这显然减小了天线的尺寸,但是引入了不匹配问题。为了解决这个问题,首先在地板上使用了一种斜切方式,顺利地从一个谐振模式过渡到另一个谐振模式;其次还实现了锥形共面波导馈电带和梯度间隙。这样,就可以达到很好的匹配。该天线的整体尺寸为 11mm × 29.3mm × 1.6mm。共面波导传输线被设计为一个超小型连接器(SMA)。另一个重要因素是辐射体和馈电结构都是在同一个平面上实现的,它允许单面金属只在一层衬底上,因此制造成本较低。测量的阻抗带宽为 2.42 ~ 13.62GHz,覆盖整个超宽带频带。关于辐射方向图,它是准全向的,在超宽带频率范围内稳定增益为 1.67 ~ 5.88dB。因此,这种圆锥共面波导半圆盘天线是一种很好的无线 USB 实现方案。

3.3.12 平面超宽带天线阵列

近年来,微波天线在医疗领域的广泛应用得到了大家的极大关注。超宽带天线也不例外。例如,由 Sugitani 等在 2012 年为乳腺癌癌症检测开发了一种天线[36]。然而它不是单个单元,而是天线阵列。如果形成天线阵列的开槽印制在基板上的同一侧,可以认为它是本节中的平面超宽带天线。因此,研究者的主要目的在这些开放的文献中找到一种更小的天线同时还能保有探测能力。在这一方向上,他们提出了一种矩形的尺寸为 44mm × 52.4mm 的 4 × 4 个单元的天线阵列,它们可以在 3.5 ~ 15GHz 上实现阻抗匹配。这里,没有给出关于辐射方向图的信息,但是根据研究者的测量,这种天线也可以在癌症检测时表现出色,这是因为有两个位于人体深度为 20mm,大小为 20mm 的人类乳腺肿瘤可以被检测到。关于他们如何模拟身体的条件将在第 8 章节进行详细的叙说。

3.3.13 八角形超宽带天线

下面,用近年来的一些设计进行总结。学者在 2013 年提出了一种八角形分形超宽带天线[37]。这种结构的中心思想是采用分形理论来减少整个天线大小。然而,它同时也造成带宽减少,因此采用了一些技术来增加带宽,如在地平面上加入馈带缝隙和多个开槽,用这样的方式使得阻抗带宽涵盖了超宽带范围。

同时,选择 Rogers DT/Duroid 5880 作为介质基板,尺寸为 13.5mm × 16.5mm,介电常数为 2.2,在此基础上,印制了已知的 Monkowski 样分形和八角形基础的组合。在这些条件下,包括一些在文献[37]给定的细节,在 UWB 频段 14.2GHz 和 9.4GHz 内的几个频率上实现了几乎全向的辐射方向图。

从文献中的结果来看,这种天线存在尺寸较小的优势,在反射系数和辐射方向图两方面有较好的表现,同时它的成本相对较低。正如 Tripathi 等指出的,这种全向辐射的功能使得它具有能够应用在需要短波范围内的无线网络的可能性,如身体网络等。

3.4 超宽带平面单极子天线

这种类型的天线研究主要为满足军事和民事应用对超宽带天线的全向辐射方向图的需求。传统获得全向辐射方向图的解决方案是使用具有地平面的偶极子或单极子天线。然而,偶极子和单极子天线具有带宽很窄的缺点。可以使用扁平金属结构而不是细线来增加带宽[2]。事实上,探索不同结构的多种扁平金属散辐射体的方法是超宽带单极子面天线的基础。目前,这些天线引起了科学界的兴趣,因为它们具有简单的几何结构,而且易于加工。因此,本书选择了五种最具有代表性的设计来说明超宽带面天线当前状况:①平面倒锥天线(PICA);②卷筒形双臂单极子天线;③带凹口的矩形平面单极子天线;④叶形平面定向单极子天线;⑤紧凑型超宽带天线。

3.4.1 平面倒锥天线

Suh、Stutzman 和 Davids 在 2004 年提出了这种天线,可以改善其他天线在阻抗匹配的高频段出现的辐射方向图畸变问题[38]。这种天线由倒锥形的平面辐射元件组成,它垂直安装在接地平面上,如图 3.13 所示。作者介绍,尽管天线的几何形状非常简单,但是在带宽大于十倍频的阻抗匹配和辐射方向图方面,它的性能非常出色。

图 3.13 所示的平面倒锥天线当 $W_1=0$ 时变为其基本结构。通过改变尺寸 W_1,改变了天线的形状和尺寸,从而可以实现不同的性能以满足特定应用。作者

指出,虽然采用圆形、椭圆形和指数形状都可以提供准全向辐射方向图和超宽带的工作频段[38],但是改变 W_2 的尺寸会影响带宽和辐射方向图。

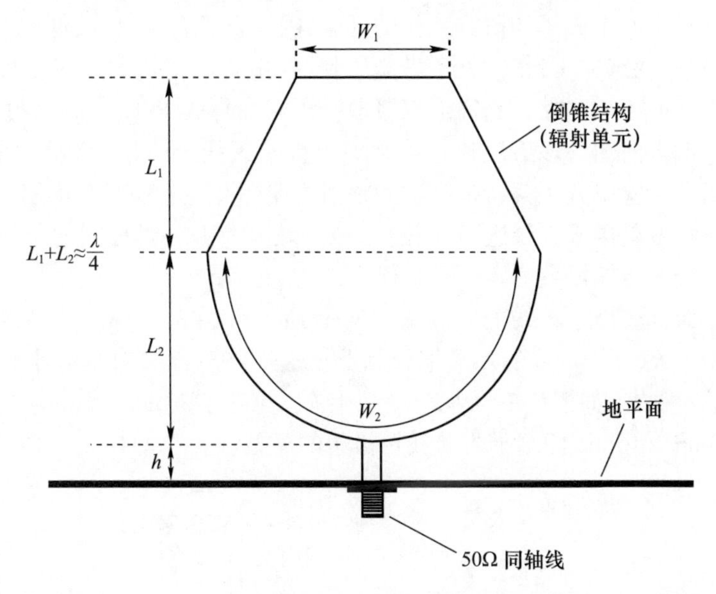

图 3.13　平面倒锥天线的结构(修改自文献[38])

此外,Suh 等提出了扩大平面倒锥天线工作带宽的可能性,其中包括在辐射单元上添加两个圆孔。根据文献[38]中的结果,添加了辐射单元中的两个穿孔改善了带宽高频部分的阻抗匹配,在大于十倍频程的频带中实现了 VSWR <2,而辐射方向图没有显著影响。通过分析给出的具有和不具有穿孔的平面倒锥天线的辐射方向图,可以观察到频率在 1GHz 时有一个超过 30dB 的零陷,其在 7GHz 时下降至约 20dB。尽管方向图变得更不规则,然而在加上两个圆形孔的平面倒锥天线的辐射方向图的变化相对较少。

文献中的辐射方向图是在 1GHz、3GHz 和 7GHz 处测量的。随着频率的增加,辐射方向图逐渐恶化,使得 Suh 等考虑到根据应用,这种恶化会产生截止频率上限。增益也随频率而增加,从 1GHz 的 5dBi 增加到 7GHz 和 10GHz 时的 8dBi[38]。

平面倒锥形天线的主要优点在于它与其他设计给出的增益水平相比较高[33],它能够辐射的功率电平也比其他平面化天线提供的功率电平更高。此外,其辐射体尺寸相对其他能实现 1 ~ 10GHz 的十倍频程的工作频段的天线较小。不过这个天线具有以下缺点:与辐射体相比,地平面相对较大(几乎为 1 : 10 的关系);其工作频带不符合 FCC 为超宽带通信分配的频率,因为文献中给出的最高频率为 10GHz 而没有达到 10.6GHz(10GHz 的辐射方向图未给出)。以上问题可以归因于在高频下方向图的变化会增加。

3.4.2 卷筒形双臂单极子天线

这是针对平面单极子的研究工作的延续，因为它具有小尺寸、低成本和宽带特性。然而，它的缺点在于，在它处于高频工作时，由于其结构的不对称性使得它的辐射方向图趋向于方向性。卷筒形双臂单极子天线是在2005年提出的，其具有全向和宽带辐射方向图。该天线通过将平面单极子天线上半平面(沿着中心线)对称卷曲而成。实验研究了其特征阻抗和辐射方向图并将它们与平面矩形单极子天线和窄带带状线单极子天线进行比较。另外，提出了由一对相同的单极子天线形成的天线系统的传输函数[39]。

卷筒形双臂单极子天线的高度为16mm，最大直径为3mm。轧制的单极子通过对称轧制13mm×16mm的矩形铜板制造。这样制造出一对具有半圆形截面和平面内部的对称臂，如图3.14所示。为了比较，建立了13mm×16mm的平面矩形单极子和3mm×16mm的窄带带状线单极子的原型。

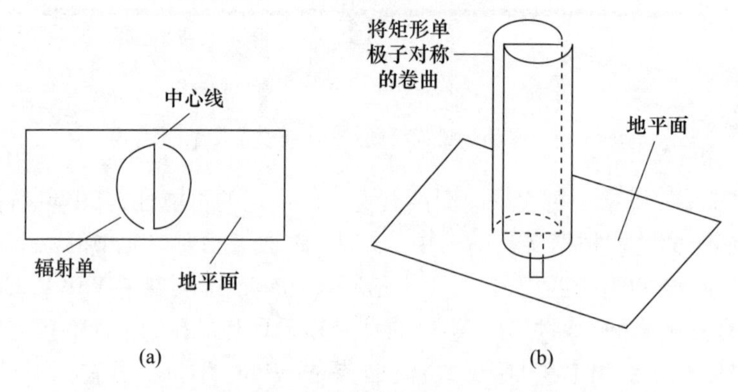

图3.14 卷筒形双臂单极子的结构
(a)俯视图；(b)三维视图。

在三个单极子对中，矩形单极子具有最宽的带宽(3.4~10.2GHz)。卷筒形双臂单极子具有类似于矩形单极子的阻抗，但是它们的阻抗匹配在较小带宽(5.3~9.5GHz)中实现，而从窄带单极获得3.8~5.3GHz之间的阻带宽[39]。

与平面矩形单极子相比，卷筒形双臂单极子天线的优点是在水平面全向上具有完美的辐射方向图[39]，因此可以认为是需要此功能的超宽带无线通信应用的一个很好的选择。

卷筒形双臂单极子天线的主要优点是它具有传输高于平面天线功率电平的能力，其辐射贴片是本章中包含的所有天线中最小的天线，并且其辐射方向图在水平面完全是全向的。然而，这种天线并没有完全覆盖FCC分配的超宽带通信频段，因为它只具有5.3~9.5GHz的阻带宽。

3.4.3　带凹口的矩形平面单极子天线

矩形平面单极子天线具有简单的几何形状，并且易于从简单的金属板开始构造。如上所述，这种类型的天线具有带宽小的缺点。

为了将阻抗匹配提高到更宽的带宽和使这种天线适用于无线局域通信，2004 年 9 月提出了一种具有开槽技术的平面单极子天线[40]。通过使用这种技术，将单极子的两个下角切成适当的尺寸，与传统的矩形平面单极子相比，将阻抗匹配增加了 4 倍(从原来的的 2.5GHz 提高到约 10.7GHz)。

图 3.15 给出了下角具有两个切口的矩形平面单极子天线的结构。这种尺寸为 $W \times L$ 的矩形单极子天线在 0.2mm 厚的金属铜板上制造，安装在 100mm × 100mm 的接地面上方。在单极子底部的中心，宽度为 2mm，长度为 h 的短截线通过接地平面上的点 A 处(馈电点)，以连接到 50 Ω 的 SMA 连接器[40]。

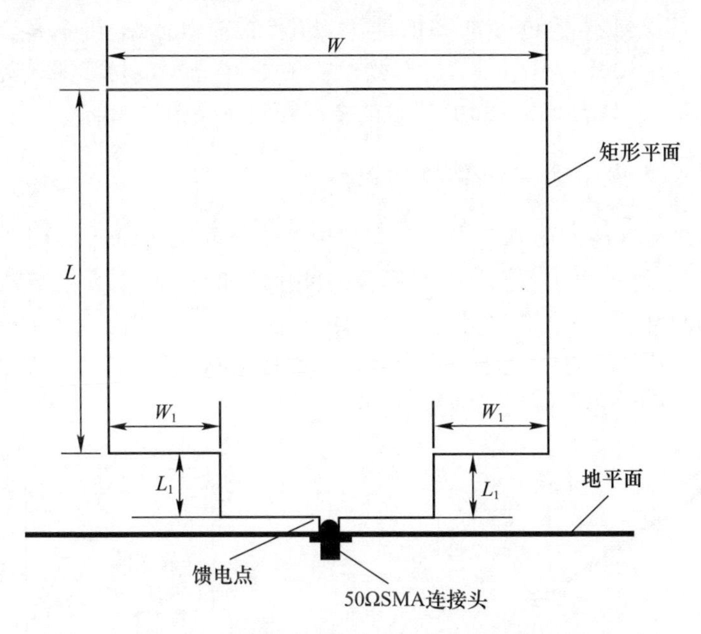

图 3.15　超宽带的平面单极子天线的结构(修改自文献[40])

对于常规矩形平面单极子(在图 3.15 中的 $W_1 = L_1 = 0$)，通过调整 h 的值(h 的最佳值为 2.5 ~ 3.0mm[40])，L 的尺寸从 25mm 变化到 55mm，实现最大阻抗匹配。根据不同平面单极子的尺寸，使用该最佳值可以获得 1 ~ 3GHz 的带宽。Suetal 认为对于这种类型的天线通过前面提到的削减适当的尺寸($W_1 \times L_1$)，可以实现阻抗匹配的改善，并且这种现象主要是因为切割平面单极子会影响和接地平面之间的匹配[40]。

尺寸为 $L=30\mathrm{mm}$, $W_1=7\mathrm{mm}$, $L_1=3\mathrm{mm}$, $h=1.5\mathrm{mm}$ 的矩形平面单极子天线的仿真和测量结果显示,它可以在 1.9 ~ 12.7GHz 的频带实现反射系数幅值小于 -10dB的阻抗匹配。值得指出的是尺寸选择 $L=30\mathrm{mm}$, $h=1.5\mathrm{mm}$,得到的较低截止频率,低于 2GHz。实验确定了最佳参数 W_1、L_1 和 h,并用仿真软件进行了验证[40]。

根据 7.5GHz 给出的测量和仿真辐射方向图,结果显示仿真和测量值之间吻合良好[40]。与以前的情况一样,辐射方向图主要取决于工作频率。

为了提高辐射方向图根据频率变化的响应函数,特别是在方位面(*XOY* 平面),Su 等采用了使用两个正交的平面单极子天线的方法,作者称它可以改善矩形平面单极子天线的全向特性[40]。这也影响到增益,随着天线工作频率的增加,其增益从 2.8dBi 增加到 8dBi[40]。

与以前的单极子一样,具有凹口技术的矩形平面单极子天线的主要优点包括其具有比平面天线传输更多功率的能力,以及其辐射体结构简单,其允许 2 ~ 11GHz 的小于 -10dB 的阻抗匹配,因此覆盖了 FCC 分配的用于超宽带无线通信的频带。最后,它具有 2.8 ~ 8dBi 增益的全向辐射方向图。

3.4.4 叶形平面定向单极子天线

Yao 等在文献[41]中基于以下事实提出了这种天线的设计:为了提高微带天线的带宽,最实际的解决方案之一是简单地使用诸如空气的低介电常数材料,或者是扩大基板尺寸,只要不增加制造成本。因此,文献作者提出了他们的设计基础的三个要素[41]:叶形辐射体、地板平面,以及辐射体和接地板之间的空气介质,并且叶形辐射体以一定角度倾斜于地板 $\alpha\neq0°$(图 3.16)。

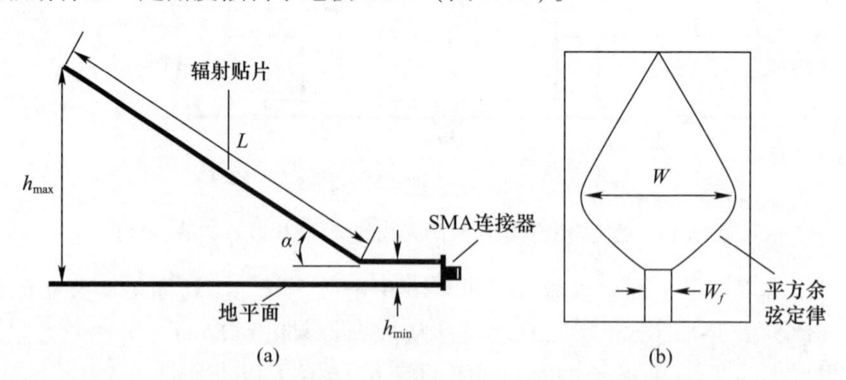

图 3.16 叶形平面定向单极子天线的横向及正面视图(修改自文献[41])
(a) 横向视图;(b) 正面视图。

尺寸为 $W\times L$ 的叶形辐射体的底部边缘遵循平方余弦定律。辐射体和接地面之间的最小和最大距离分别为 h_{min} 和 h_{max},其中 $h_{min}=1\mathrm{mm}$, h_{max} 约为工作频带的低频截止频率波长的1/2。可以改变辐射体和接地平面之间的角度 α 以获得最佳性能。在辐射体的底部连接有微带线馈线,平行于接地平面并以辐射体的中心线为中心。微带线的宽 w_f为4.91mm,可以实现50 Ω 的阻抗[41]。

对于 $\alpha=30°$的最佳角度,该文献给出的结果为可以实现3.05~26.87GHz的频率范围反射系数幅值小于-10dB的阻抗匹配,带宽比为8.8:1[41]。关于辐射方向图,给出了在6GHz和18GHz处的测量结果,其中E平面中呈现相对稳定的窄波束宽度,而在H平面中辐射方向图不太稳定。叶形平面方向单极子天线的主要优点在于其尺寸较小,覆盖由FCC用于超宽带的工作频段以及在整个工作频带内几乎恒定的定向辐射方向图。

3.4.5 紧凑型超宽带天线

超宽带天线的相对较新的应用是体域网(这将在第8章中解释),这需要具有高时域分辨率的低剖面全向天线。许多学者在此领域上进行了若干研究,其中我们选取Chahat等的工作[42]作为示例来说明天线的特性和能力。这里主要针对体域网,其中相互组成通信网络的设备用于特定应用(如医疗保健),因此在身体表面的传播状况必须尽可能好。

在对不同槽结构和接地面尺寸在自由空间中的阻抗匹配进行仿真之后,设计出的紧凑微带馈电印制单极子天线印制在尺寸为25mm×10mm×1.6mm的1.6mm厚的AR350衬底上,介电常数为3.5(见文献[42]中的图1(a))。该天线的一个重要特征是垂直于人体表面的极化(电场)类型。正如作者解释的那样,这种极化允许电磁波在体内具有更好的传播条件。因此,使用肢体模型进行仿真和测量,其目的是引入身体的介电特性(作者特别关注手臂肌肉),因为紧凑型天线垂直安装在其上面。

利用所有上述已知尺寸、衬底和天线极化,给出如下的肢体模型仿真和测量结果。反射系数的仿真和测量结果相对较好,并且显示出可以在几乎覆盖了超宽带系统的3.1~10.6GHz范围内实现较好的阻抗匹配。对于辐射方向图,它呈现出准全方位的形状,其在较高频率(10GHz)下会有轻微改变。

3.5 双脊喇叭天线

如3.1节所述,该天线在单独的章节中讨论,因为它可以用作标准天线表征其他天线。

ANSI标准C63.4建议的典型标准天线对于高于1GHz的频率是标准增益喇叭。此外,如Botello-Perez等所述[43],标准Mil-Std-461-E的最后一个版本确定了1~18GHz范围内使用的天线之一是双脊波导喇叭(DRGH)天线。这种类型的天线最重要的特征之一是 DRGH 可以在较高的功率水平下工作，其工作频带的大部分辐射方向图形的特性几乎保持不变，其反射系数小，结构比较简单[44]。

双脊喇叭天线（图 3.17），具有较宽的工作频带，且在带内满足两个要求：一是其整个工作频带的辐射特性必须保持不变；二是该天线可由波导馈电，同时保持其输入阻抗恒定。辐射方向图的恒定性由天线孔径的大小和通过孔径的电磁场的相位偏差确定。孔径尺寸是角锥形部分口的宽度和高度的函数。孔径越大，增益越大，直到相位偏差使增益开始减小。相位偏差是锥体截面的扩展角度和长度两者的函数，所以当角锥非常长且扩张角小时，或者角锥非常短且扩张角为很大时，相位偏差会很小[44]。

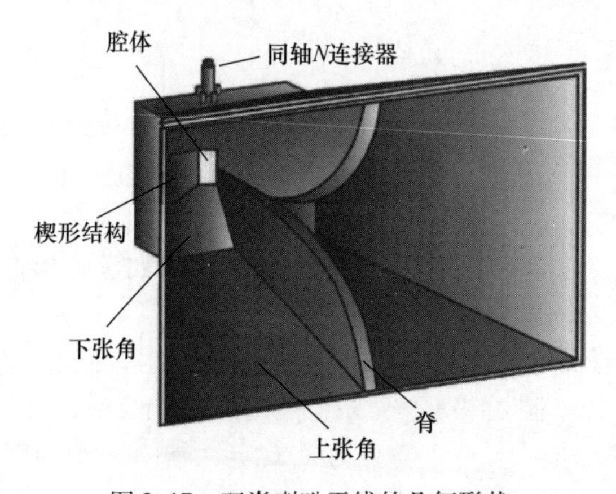

图 3.17　双脊喇叭天线的几何形状

在文献[44]中开发的天线在 2.5 ~ 16GHz 的频率跨度中显示出 VSWR <2，因此第 6 章和第 7 章要解决的不同设计的辐射方向图的测量将被限制在这个频率范围内。

3.6　不同类型的超宽带天线

本节介绍了不同类型的超宽带天线的比较。表 3.1 和表 3.2 显示了这些天线的最重要特性，以便进行比较[23]。

表 3.1　超宽带天线比较表（第 1 部分）

天线类型	单位/dBi	馈线	尺寸/mm
Vivaldi 天线	≈10	平衡	150 × 120
矩形贴片平面天线	<5	不平衡	15 × 14.5
共面波导馈电具有频带陷波功能的平面超宽带天线	<5	不平衡	22 × 31
基于预烧陶瓷技术的槽天线		不平衡	11 × 17

续表

天线类型	单位/dBi	馈线	尺寸/mm
火山烟雾型槽天线		不平衡	130×130
印刷圆盘单极子天线		不平衡	42×50
具有分形调谐短截线的微带槽天线	<5	不平衡	48×41
平面小型锥形槽馈电的环形槽天线	4~6	不平衡	46.5×66.3
郁金香形单极子天线	0.2~4	不平衡	33.4×37.1
气球形单极子天线	≈4.7	不平衡	23×31
半圆盘超宽带天线	1.6~5.8	不平衡	11×29.3
平面超宽带天线阵列		不平衡	44×52.4
八角形分形超宽带天线		不平衡	16.5×13.5
平面倒锥天线	<9	不平衡	76.2×76.2
卷筒形双臂单极子天线	<9	不平衡	16×3
带凹口的矩形平面单极子天线	4~6	不平衡	30×30
叶形平面定向单极子天线		不平衡	
紧凑型超宽带天线	1~1.6	不平衡	25×10
双脊喇叭天线	11~16	磁探头	240×142×152

总而言之,科学界的努力集中在不平衡天线上,因为宽带平衡-不平衡转换器的制造代表了超宽带天线设计的扩展领域。另外,由于联邦通信委员会在UWB分配的频段内为无线移动通信系统提供天线的必要性,与定向设计相比,人们对缩小尺寸的全向天线(主要是槽天线和微带天线)更感兴趣。

表3.2 超宽带天线比较表(第2部分)

天线类型	带宽/GHz	注 释
Vivaldi天线	无限*	宽带巴伦
矩形贴片平面天线	3.2~12	
共面波导馈电具有频带陷波功能的平面超宽带天线	2.8~10.6	零陷频段5.15~5.36GHz
基于预烧陶瓷技术的槽天线	3~10.6	LTCC技术
火山烟雾型槽天线	0.8~7.5	
印刷圆盘单极子天线	2.78~9.78	
具有分形调谐短截线的微带槽天线	2.66~10.76	零陷频段4.95~5.85GHz
平面小型锥形槽馈电的环形槽天线	3.1~10.6	
郁金香形单极子天线	2.5~40.5	最大的带宽
气球形单极子天线	3.4~11.3	
半圆盘超宽带天线	2.42~13.62	

续表

天线类型	带宽/GHz	注　释
平面超宽带天线阵列	3.5 ~ 15	
八角形分形超宽带天线	3.1 ~ 10.6	
平面倒锥天线	1 ~ 10	
卷筒形双臂单极子天线	3.1 ~ 10.6	最小的天线
带凹口的矩形平面单极子天线	1.979 ~ 12.738	
叶形平面定向单极子天线	3.05 ~ 26.87	定向方向图
紧凑型超宽带天线	3.1 ~ 10.6	
双脊喇叭天线	2.5 ~ 16	标准天线

*:理论值。

3.7 结　　论

对超宽带天线近期发展的研究使我们能够认识到科学界的努力是以具有高移动性和便携性的面天线或平面天线为中心的事实,特别关注那些在 FCC 为超宽带通信分配的频带中具有稳定的全向辐射方向图的天线。

为了能够处理全向和平面化单极子超宽带天线的设计,第 4 章简单地介绍了与超宽带天线相关的理论,除了与这种设计相关的各种定义和参数外,还给出了不同作者为超宽带天线的发展提出的公式。

参 考 文 献

[1] H. Schantz. Introduction to ultra-wideband antennas. In IEEE, editor, *EEE Conference on Ultra Wideband Systems and Technologies*, 2003.

[2] W. L. Stutzman and G. A. Thiele. *Antenna Theory and Design.* John Wiley & Sons, 1998.

[3] J. D. Kraus and R. J. Marhefka. *Antennas for all Applications.* McGraw-Hill, 2002.

[4] FCC. First report and order, revision of part 15 of the commission's rules regarding ultra-wideband transmission systems. Technical report, Federal Communications Commission, 2002.

[5] X. H. Wu, Z. N. Chen, and M. Y. W. Chia. Note on antenna design in UWB wireless communication systems. In *2003 IEEE Conference on Ultra Wideband Systems and Technologies*, pages 503–507, 2003.

[6] O. J. Lodge. Electric telegraphy, 1898.

[7] H. Schantz. A brief history of UWB antennas. *IEEE Aerospace and Electronic Systems Magazine*, 19(4):22–26, 2004.

[8] P. S. Carter. Short wave antenna, 1939.

[9] P. S. Carter. Wide band, short wave antenna and transmission line system, 1939.

[10] S. A. Schelkunoff. Ultra short wave radio system, 1941.

[11] N. E. Lindemblad. Wide band antenna, 1941.

[12] L. N. Brillouin. Broad band antenna, 1948.

[13] A. P. King. Transmission, radiation and reception of electromagnetic waves, 1946.

[14] R. W. Masters. Antenna, 1947.

[15] W. Stohr. Broadband ellipsoidal dipole antenna, 1968.

[16] G. Robert-Pierre Marié. Wide band slot antenna, 1962.

[17] H. Schantz. *The Art and Science of Ultra Wideband Antennas*. Artech House, Norwood, MA, 2005.

[18] F. Lalezari. Broadband notch antenna, 1989.

[19] M. Thomas. Wideband arrayable planar radiator, 1994.

[20] H. F. Harmuth. Frequency independent shielded loop antenna, 1985.

[21] R. Garg, P. Bhartia, I. Bahl, and A. Ittipiboon. *Microstrip Antenna Design Handbook*. Artech House, 2001.

[22] P. J. Gibson. The Vivaldi aerial. In *Proceedings 9th European Microwave Conference*, pages 101–105, 1979.

[23] M. A. Peyrot-Solis, G. M. Galvan-Tejada, and H. Jardón-Aguliar. State of the art in ultra-wideband antennas. In *II International Conference on Electrical and Electronics Engineering (ICEEE)*, pages 101–105, 2005.

[24] E. Gazit. Improved design of the Vivaldi antenna. *IEE Proceedings*, 135(2):89–92, 1988.

[25] J. P. Weem, B. V. Notaros, and Z. Popovic. Broadband element array considerations for SKA. *Perspectives on Radio Astronomy Technologies for Large Antenna Arrays, Netherlands Foundation for Research in Astronomy*, pages 59–67, 1999.

[26] S. H. Choi, J. K. Park, S. K. Kim, and J. Y. Park. A new ultra-wideband antenna for UWB applications. *Microwave and Optical Letters*,

40(5):399–401, 2004.

[27] Y. Kim and D. H. Kwon. CPW-fed planar ultra wideband antenna having a frequency band notch function. *Electronics Letters*, 40(7):403–405, 2004.

[28] C. Ying and Y. P. Zhang. Integration of ultra-wideband slot antenna on LTCC substrate. *Electronics Letters*, 40(11):645–646, 2004.

[29] J. Yeo, Y. Lee, and R. Mittra. Wideband slot antennas for wireless communications. *IEE Proceedings Microwave and Antennas Propagation*, 151(4):351–355, 2004.

[30] J. Liang, C. C. Chiau, X. Chen, and C. G. Parini. Printed circular disc monopole antenna for ultra-wideband applications. *Electronics Letters*, 40(20):1246–1247, 2004.

[31] W. J. Lui, C. H. Cheng, Y. Cheng, and H. Zhu. Frequency notched ultra-wideband microstrip slot antenna with fractal tuning stub. *Electronics Letters*, 41(6):9–10, 2005.

[32] T. G. Ma and S. K. Jeng. Planar miniature tapered-slot-fed annular slot antennas for ultrawide-band radios. *IEEE Transactions on Antennas and Propagation*, 53(3):1194–1202, 2005.

[33] D. C. Chang, J. C. Liu, and M. Y. Liu. A novel tulip-shaped monopole antenna for UWB applications. *Microwave and Optical Technology Letters*, 48(2):307–312, 2006.

[34] S. Hu, C. L. Law, and W. Dou. A balloon-shaped monopole antenna for passive UWB-RFID tag applications. *IEEE Antennas and Wireless Propagation Letters*, 7:366–368, 2008.

[35] W.-J. Liu and Q.-X. Chu. A tapered CPW structure half cut disc UWB antenna for USB applications. In *Asia Pacific Microwave Conference*, pages 778–781. IEEE, 2009.

[36] T. Sugitani, S. Kubota, A. Toya, and T. Kikkawa. Compact planar UWB antenna array for breast cancer detection. In *2012 IEEE Antennas and Propagation Society International Symposium*, pages 1–2, 2012.

[37] S. Tripathi, S. Yadav, V. Vijay, A. Dixit, and A. Mohan. A novel multi band notched octagonal sshape fractal UWB antenna. In *2013 International Conference on Signal Processing and Communication*, pages 167–169, 2013.

[38] S. Y. Suh, W. L. Stutzman, and W. A. Davis. A new ultrawideband printed monopole antenna: the planar inverted cone antenna (PICA). *IEEE Transactions on Antennas and Propagation*, 52(5):1361–1365, 2004.

[39] Z. N. Chen. Novel bi-arm rolled monopole for UWB applications. *IEEE Transactions on Antennas and Propagation*, 53(2):672–677, 2005.

[40] S. W. Su, K. L. Wong, and C. L. Tang. Ultra-wideband square planar monopole antenna for IEEE 802.16a operation in the 2–11 GHz band. *Microwave and Optical Technology Letters*, 42(6):463–465, 2004.

[41] F. W. Yao, S. S. Zhong, and X. X. L. Liang. Experimental study of ultra-broadband patch antenna using a wedge-shaped air substrate. *Microwave and Optical Technology Letters*, 48(2):218–220, 2006.

[42] N. Chahat, M. Zhadobov, R. Sauleau, and K. Ito. A compact UWB antenna for on-body applications. *IEEE Transactions on Antennas and Propagation*, 59(4):1123–1131, 2011.

[43] M. Botello-Perez, I. Garcia-Ruiz, and H. Jardón-Aguilar. Design and simulation of a 1 to 14 GHz broadband electromagnetic compatibility DRGH antenna. In *II International Conference on Electrical and Electronics Engineering (ICEEE)*, pages 118–121, 2005.

[44] M. Botello Pérez. Desarrollo de una antena de UWB para compatibilidad electromagnética y para el monitoreo del espectro radioeléctrico (in spanish). Master's thesis, Center for Research and Advanced Studies of IPN, Department of Electrical Engineering, Communications Section, 2005.

第 4 章　超宽带天线理论的发展

4.1　引　　言

正如前面所述,本书介绍了设计超宽带天线的多种方法。本书针对从无线移动通信和身体区域网络到频谱监测的不同应用提出了特定的方法来设计超宽带天线。在所有的这些超宽带天线中,有些天线因其性能良好并且结构紧凑而越来越受欢迎。

为了讨论超宽带天线的理论研究,必须找到一个起点。在经典的窄带天线理论中,起点是以无穷小偶极子为中心,其直径 $l < \lambda$, λ 为谐振频率下的波长。从麦克斯韦方程组对辐射单元的解出发,导出了一种确定描述辐射单元参数的分析方法。在这种情况,谐振频率自然成为一个中心参数。然而,这并不能适用于超宽带的情况,因为宽频带意味着存在多个谐振频率。

研究最多的宽带天线是圆柱形偶极子天线和双锥天线,因为它们的几何形状很简单,并且能够在传输线和自由空间之间进行平滑的过渡。这两个天线的关系是非常紧密的,因为根据分析,这两个天线可以相互转化。例如,为了增加圆柱偶极子天线的带宽,对其导体的直径进行均匀的扩展,从而可将其转化成一个双锥天线。另外,当双锥天线的孔径角为 $\alpha = 0°$ 时,它被转换成一个圆柱形偶极子天线。因此,下面将重点讨论双锥天线,以便介绍有关超宽带天线辐射理论概念的背景。

最后,超宽带理论中需要考虑的另一个重要领域是超宽带天线的时域响应。事实上,与超宽带天线理论有关的正是这个领域,在公开的文献中可以见到许多与其相关的论文。因为时域和频域的响应都会影响超宽带天线脉冲失真,进而会影响超宽带天线通信系统的传输速率,所以在第 5 章将会讨论如何解决这个问题,并且会更广泛、更深入地讨论更多的细节,特别是与相位线性有关的问题。

4.2　超宽带带宽

显然,超宽带天线最重要的参数之一是它们的带宽,因为不同的参数(辐射方向图、增益、阻抗、偏振等)会随频率而变化。例如,图 4.1 显示了在三个不同的频率下,1GHz 贴片天线辐射方向图的变化。

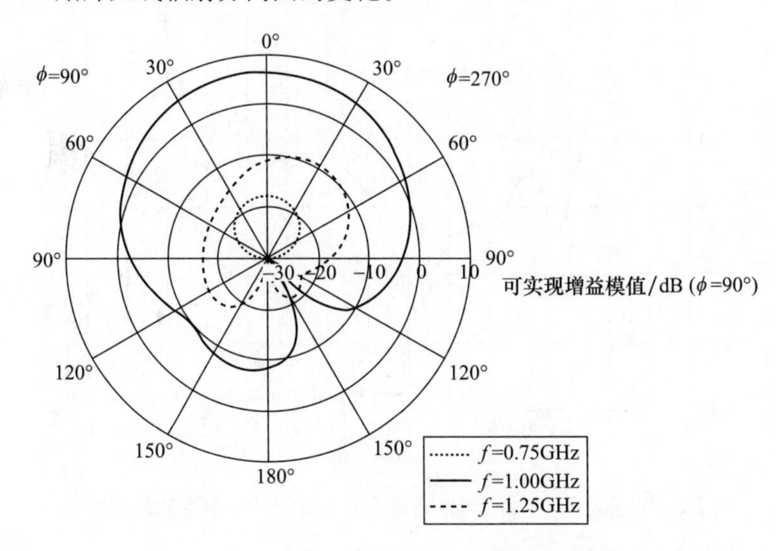

图 4.1 1GHz 贴片天线辐射方向图随频率的变化

一般而言,天线是一个谐振装置,因此即使它的馈线阻抗保持不变,其阻抗也会随频率变化。如 2.10 节所述,天线与馈线相匹配的频率区间称为"阻抗带宽"。通常,如果天线相对于它的输入信号呈现 10% 或更少的反射,则人们认为此天线匹配良好。为了确定阻抗匹配,最重要的是通过想要的频率带考虑天线的驻波比和反射损耗特性。这两个参数都取决于在第 2 章中定义的反射系数 Γ 的值。

正如 2.10 节中所述,任何天线的经典带宽的定义是上、下限截止频率之间的差值(分别为 f_H 和 f_L),即

$$\mathrm{BW} = f_H - f_L \tag{4.1}$$

如果考虑匹配带宽,则 f_H 和 f_L 可以作为 $|\Gamma|$ 的 −10dB 的交叉点。值得一提的是,通常将式(4.1)给出的频率差表示为 $f_H:f_L$,这种形式的频率差意味着 f_H 比 f_L 高数倍(如 2∶1、10∶1 等)。当然,在天线设计中,这个带宽比率不适用于具体限定的频率。例如,5∶1 的带宽比率可以代表范围为 200MHz ~ 1GHz,同样地也可以表示带宽的范围为 2 ~ 10GHz。

另外,可以用品质因数分析超宽带天线,Schantz 导出了 Q 值和 BW 之间的关系[1]为

$$Q = \frac{f_0}{\mathrm{BW}} \tag{4.2}$$

式(4.2)中 f_0 对应于天线谐振频率(对于超宽带天线,$f_0 = f_c$,f_c 为中心频率)。当 $f_0 = f_c$ 时,式(4.2)可以和在 Schantz 的超宽带 Q 限制分析中由文献[2-4]推导出的 Q 值关系进行比较。这些比较可以用于证明在超宽带限制中 f_c、f_H 和

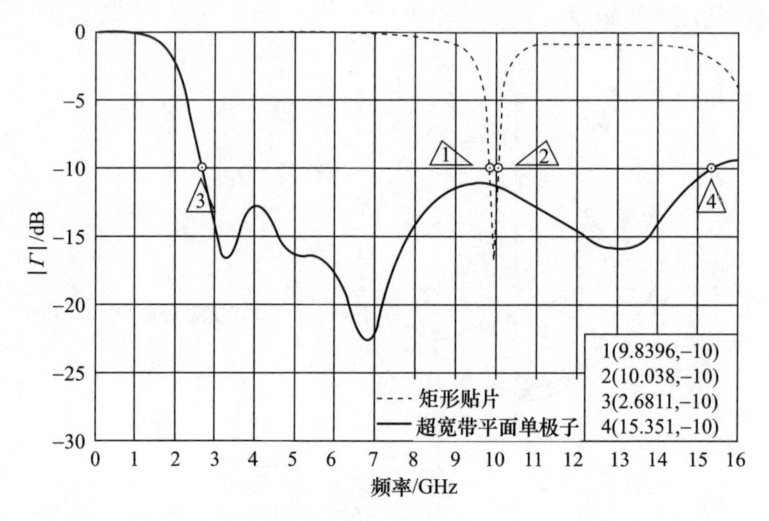

图 4.2 矩形贴片(窄带)和超宽带平面单极子的反射系数幅度曲线

f_L 之间的差异。因此,确定超宽带天线的 f_c 可能会很复杂。传统上,可以简单地通过算术平均获得这个频率:

$$f_{c_\mu} = \frac{f_L + f_H}{2} \tag{4.3}$$

式(4.3)在窄带框架中是非常有用的。然而,当频带被扩展并且 f_L 和 f_H 之间相差 10 倍或更多时,因为此时频率跨度是在对数标度下的,所以 f_c 的几何平均值更合适于宽频带。此平均值为

$$f_{c_g} = \sqrt{f_L f_H} \tag{4.4}$$

文献[1]中 Schantz 还证明了对应的谐振频率。为了阐述式(4.3)和式(4.4)之间的差异,可以用两个窄带矩形贴片天线和一个超宽带平面单极进行说明,其反射系数幅度曲线如图 4.2 所示。表 4.1 给出了从这些曲线的 -10dB 交叉点获得的频率 f_H 和 f_L。在该表中,BW、f_{c_μ} 和 f_{c_g} 的值分别由式(4.1),式(4.3)和式(4.4)确定。

表 4.1 从式(4.3)和式(4.4)确定的中心频率的比较

天线	f_L /GHz	f_H /GHz	f_{c_μ} /GHz	f_{c_g} /GHz	BW/GHz
矩形贴片	9.8396	10.038	9.9388	9.9383	0.1984
超宽带单极子	2.6811	15.351	9.0160	6.4514	12.6699

从表 4.1 的结果可以看出,窄带天线上、下截止频率非常相似,因而呈现了一个窄带宽。这些频率的相似性意味着 f_{c_g} 与 f_{c_μ} 之间相差不大,因此中心频率可以使用它们中任何一个来确定。相比之下,超宽带单极子的结果则大不相同。可以看出,超宽带天线的带宽比对应的窄带天线大一个数量级,这是由于 f_L 和 f_H 之间存

在较大的间隔。当然,这个间隔会影响由式(4.3)或式(4.4)确定的中心频率值。因此,f_{c_g} 与 f_{c_μ} 出现了较大变化(2.6006GHz 和 500kHz(窄带情况下))。

在讨论了为何将 f_c 确定为几何平均值之后,现在考虑式(4.2)中给出的 Q 值和 BW 之间的关系。这个公式表示了随着天线带宽的增加,品质因数是如何降低的。就像在2.9节中所说的,这种反比关系的物理解释是,当 Q 值较低时(并且因此带宽较大),存储在天线中的电抗性能量较少,辐射能量较多。

值得注意的是,当 Q 值较低时,必须小心。因为正如 Chu 在其对天线基本极限的工作中所说的,虽然品质因数显示出天线的频率依赖性(或者电路依赖性),但是低 Q 值仍不能提供精确的解释。这一问题随后被 Schantz 解决[1],他提出了一些有关低 Q 值的建议,即当 Q 值接近1或更小时,必须基于较低的截止频率来评估超宽带天线的性能。

因此,为了理解超宽带天线品质因数的概念,需要考虑两个条件[1]。

一方面,频率 f_L 和 f_H 是由半功率或归一化的阻抗响应的 -3dB 点定义;另一方面,中心频率 f_c 必须被确定为它的几何平均,在式(4.4)中给出。

这里,提出与带宽相关的另一个重要概念,称为相对带宽(bw)。严格地说,该术语并不对应于带宽定义,而是对应于总带宽相对于其中心频率的一小部分,则

$$\mathrm{bw} = \frac{\mathrm{BW}}{f_c} = \frac{f_H - f_L}{\sqrt{f_L f_H}} \tag{4.5}$$

正如第1章中所提到的,为了在超宽带类别中考虑某个特定的带宽,如 FCC 所述,它的带宽应该大于 500MHz 或者相对带宽大于 0.2[5]。

4.3 基础概念

在19世纪末,人们发现旋转表面辐射器元件由于其对电抗性能量的高阻抗特性而呈现宽频带。如第2章所述,如果电抗性能量存储在天线周围,则能量被反射,从而增加了失配损耗,也增加了天线阻抗的电抗部分。另外,如式(4.2)所规定的,存储的能量越大,带宽越窄。换言之,一个低的电抗性能量意味着"更好的匹配"和更宽的带宽[1]。在辐射球内天线效率和带宽之间的这种直接关系初步解释了为什么如果电偶极子的高/宽比更接近统一,则增加其在辐射球内的体积可以增加其带宽。

如上所述,如果天线以其几何结构有效地利用了辐射球内尽可能大的体积,则可以增加天线带宽(可被包含在半径为 R 的球体中)[6]。Harold Wheeler 提出了"胖"天线之所以具有宽频带,是因为它能将储存的能量减至最小这一观点[7],他在20世纪50年代末提出了辐射球的概念,辐射球是一个半径为 $R = \lambda/2\pi$ 的球形边界,其中心是一个小偶极子。这正是辐射场分量或远场与近场或电抗分量在幅

度上相等的径向距离。实际上，Wheeler 说：“在物理上，它标志着内部的“近场”和外部的“远场”之间的过渡。”[8]

由 Wheeler 确定的天线的辐射效率与天线在辐射球所占体积有关这一个概念，是基于两条判据，而这两条判据被已被 Schantz 证明在概念上是错误的[1]。

(1)“……Wheeler 的思维假设电抗性能量均匀分布在辐射球体内。”

(2)“……Wheeler 认为排除电抗性能量的唯一方法是扩大天线以占据更多的体积。”

这些前提是为什么在最开始寻找宽带天线时最先考虑基于表面旋转结构的辐射源的原因，同时也解释了为什么双锥天线是当时研究得最多的天线之一。然而，Wheeler 的前提后来被证明是有限制的，而且大多数最新设计的超宽带天线只占据辐射球体积的一小部分。

在 Wheeler 推广其体积设计思想来增加天线带宽的几年中，根据双锥天线和偶极子天线之间的等效性制定了一个重要的原则。如 4.1 节所述：增大偶极子的横截面可以使其呈现更宽的带宽。一般来说，有三种方法来处理导体的有限厚度，以便确定导体的辐射特性。第一种方法将其作为一个边界问题来处理，但这种方法仅适用于具有理想对称几何图形（如球体）的辐射器，而不能用于相对“更复杂”的几何图形，如圆柱体、圆锥体等。第二种方法由 Schelkunoff[9] 提出，是基于一个双锥天线的设计，但是这个方法并不能应用于非双锥的几何形状。在这个方法中，Schelkunoff 将天线表示为由两条直径减小的锥形线组成的传输线，从而形成如图 4.3 所示的双锥天线。因此，他的解决方案是通过传输线理论实现的。第三种方法不存在其他方法的局限性。它与从积分方程中获得的导线中的电流分布有关，通过矩量法（见第 9 章）求解，矩量法是仿真高频电磁结构的几种软件的基础[6]。

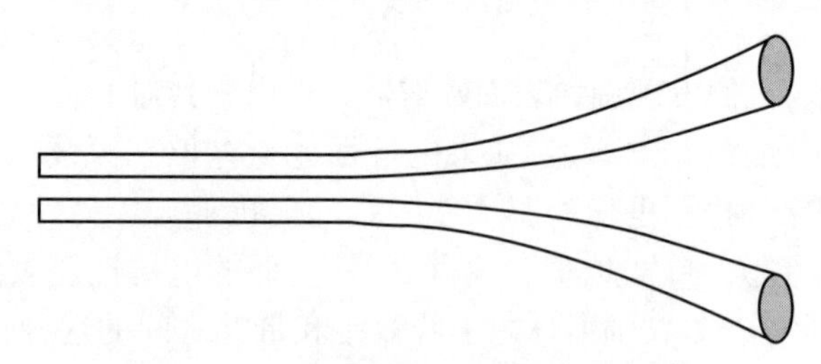

图 4.3　传输线到双锥天线的过渡示意图

多年后，大家都认为平面结构是拓宽天线带宽的可行方案。基于平面结构的器件如果至少有一个是大尺寸，就可以实现宽带的目标[1]。Chen 和 Chia[10] 总结了可用于拓宽天线带宽的技术，并将它们分为以下三种。

(1) 降低 Q 值。通过改变辐射器的形状、加厚基板、减小介电常数或增加损耗。

(2) 采用阻抗匹配。通过插入一个匹配网络，增加调谐元件，或者用开槽和开槽补丁。

(3) 引入多重谐振。通过使用寄生元件,开槽贴片,阻抗网络或使用孔径趋近耦合。

到目前为止,双锥天线被人们认为是一种可以实现宽带宽的结构。因此,下面简要介绍与它最为相关的一些内容。

4.4 双锥形天线

如上所述,双锥形天线是一种典型的辐射器件,通过它可以对宽带天线进行理论分析[9]。因此,在讨论超宽带辐射源的相关理论之前,这里首先介绍一些与双锥形天线的相关内容。

分析双锥形天线基于传输线理论,正如 4.1 节和 4.2 节所介绍的,双锥形天线可视为均匀扩展的传输线。首先,大家都知道电流沿锥体表面分布,并且当分析辐射场时假设波为横向电磁(TEM)激励;然后,通过分析在距离原点(以原点作为两个圆锥的结合点)r 处产生的电压和锥体表面电流可以推导出的特征阻抗为[6]

$$Z_c = \frac{V(r)}{I(r)} = \frac{\eta}{\pi}\ln\left[\cot\left(\frac{\alpha}{4}\right)\right] \tag{4.6}$$

式中:η 为自由空间的阻抗。

从式(4.6)可以看出,特性阻抗与径向距离 r 是无关的,因此它也可以表示无限结构双锥形天线的特征阻抗。然而,式(4.6)显示了对天线几何尺寸的依赖性(通过孔径角 α)。我们必须记住,这些公式的推导是基于传输线理论和 TEM 场的假设。因此,很多不同的设计方法都是基于双锥理论的,如三角形、领结形和圆柱偶极等许多的早期理论方法。

然而,所有这些条件并不一定适用于第 3 章中所提出的关于超宽带天线的最新建议。如本章所述,许多超宽带辐射器的设计都是基于平面或平面化结构,幸运的是,这解决了现代应用中对紧凑性的需求。

4.5 平面单极子结构超宽带天线理论

近几十年来,不同的作者指出,“胖”天线并不是实现宽带宽的唯一途径,平面结构成为非常流行的超宽带辐射源。本章理论工作的基础为矩形平面单极天线,其几何形状如图 4.4 所示。这种天线最初是由 Dubost 和 Zisler 于 1976 年提出的[11],从那时起,它就被科学界广泛研究。研究发现,可以用以下两种方法对其进行理论解释。

(1) 一个平面单极天线可视为一个微带天线,它有一个非常厚的空气基板。

调整该天线(和由其派生的其他天线)的形状和尺寸可以实现一定的阻抗匹配。

(2)一个平面单极子天线可以与有效直径非常大的圆柱单极子天线相比较,并应用了立体-平面对应原理。传统的单极天线通常由安装在地平面上的细线构成,并且它的带宽会随着直径增大而拓宽。

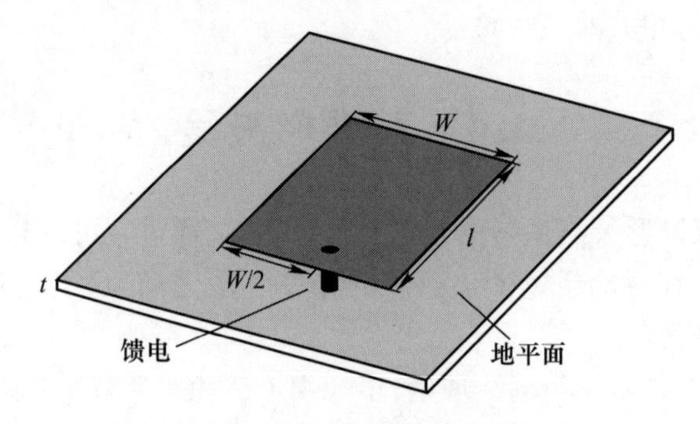

图4.4　矩形平面单极的几何形状图

立体-平面对应原理指出,对于任何表面旋转结构都有一个等效平面天线[1]。换句话说,一个辐射体等效为一个平面结构是有可能实现的。图4.5给出了具有相似性能的两个单极天线的示例。

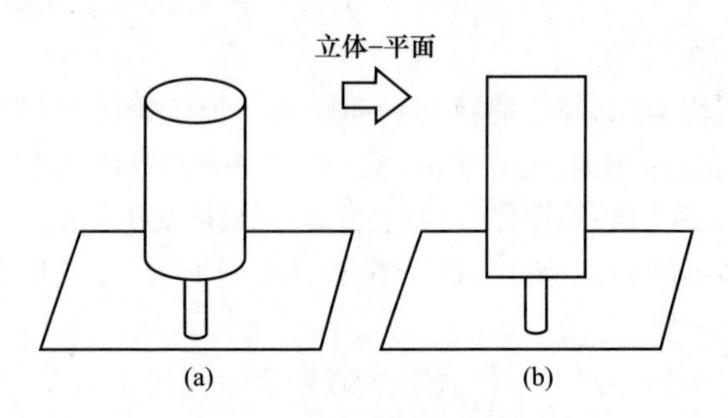

图4.5　立体-平面原理示例

(a)立体结构;(b)平面结构。

4.6　基于微带天线的平面单极子天线理论

4.6.1　微带天线

为了阐述平面单极子天线的理论,首先介绍一些关于微带天线的基本概念。这些概念和公式可以在不同的文献中找到[6,12]。

如第2章所述,微带天线的基本结构是由印刷在电介质基片上的金属导电薄贴片组成的。这个贴片是天线的辐射单元,其接地平面位于电介质基板下方。基板厚度小于信号的波长。通常,贴片的尺寸等于工作频率对应波长的 1/2。天线特性取决于激励的工作模式、辐射单元的尺寸和形状、基板的厚度、介电常数以及馈电方式。

微带天线理论主要基于传输线模型(TLM)或腔体模型(CV)[13]。而本章的方程是基于 TLM 模型的,在此模型中,天线是一段具有长度 L、宽度 W 和基板厚度 t 的开放传输线。因此,可通过其横磁模式 (TM_{m0})① 表达式得到此模型中的谐振频率[14]:

$$f_{rm} = \frac{mc}{2(l + \Delta l)\sqrt{\varepsilon_{\text{eff}}}} \tag{4.7}$$

式中:c 为光速;m 为一个不为零的整数;l 为贴片天线的长度;Δl 为考虑到 TLM 开路端边缘场效应后的等效长度;ε_{eff} 为有效相对介电常数,可表示为

$$\varepsilon_{\text{eff}} = \frac{\varepsilon_r + 1}{2} + \frac{\varepsilon_r - 1}{2}\left(1 + 10\frac{t}{W}\right)^{-\gamma\sigma} \tag{4.8}$$

式中:ε_r 为基片的相对介电常数。

指数 γ 和 σ 可表示为

$$\gamma = 1 + \frac{1}{49}\lg\left\{\frac{\left(\frac{W}{t}\right)^4 + \left(\frac{1}{52}\frac{W}{t}\right)^2}{\left(\frac{W}{t}\right)^4 + 0.432}\right\} + \frac{1}{18.7}\lg\left\{1 + \left(\frac{1}{18.1}\frac{W}{t}\right)^3\right\} \tag{4.9}$$

$$\sigma = 0.564\left(\frac{\varepsilon_r - 0.9}{\varepsilon_r + 3}\right)^{0.053} \tag{4.10}$$

与 Δl 有关的表达式为

$$\frac{\Delta l}{t} = 0.412\frac{(\varepsilon_{\text{eff}} + 0.3)\left(\frac{W}{t} + 0.264\right)}{(\varepsilon_{\text{eff}} - 0.258)\left(\frac{W}{t} + 0.8\right)} \tag{4.11}$$

这种贴片天线通常是一种窄带天线,需要应用阻抗匹配技术来增加其带宽。本质上,这种带宽的增加可以归因于低品质因数或多谐振模式激励。在天线及其馈线之间插入宽频带匹配网络是降低微带贴片天线品质因数的一种方式。另外,如果同时有效激励两个或多个相邻的谐振模式,所得的带宽会比单一谐振点阻抗带宽增加 1 倍以上。

常用于降低微带中 Q 值的匹配技术包括调整辐射体的形状、增加基板的厚度、降低介电常数或引入更多损耗。也有其他阻抗匹配技术,例如,加入可调元件,或在贴片天线上增加槽和缺口。其中的一些在下面将会提及。

研究表明,即使尺寸相同,辐射器形状也会影响天线的阻抗带宽[12-13]。然而,

---

① 需要指出的是,微带天线的主模是 TM_{10} 模。

由于改变辐射器的形状会严重影响辐射特性，所以为了增加带宽而改变辐射器形状是有局限性的，在实际中很少使用。

无论是开缝隙或槽，还是在不影响辐射体形状的前提下插入匹配网络，都具有简化天线设计的优点（注意，辐射体形状没有改变）。但是，其缺点是总的尺寸增加，并且效率由于损耗增加而降低。

一些研究指出阻抗带宽会随着基板厚度增大而增加。然而，一旦基板厚度超过某一阈值[13]，带宽增加的趋势会出现变化，故这一方法无法广泛应用。例如，在一个垂直馈电微带天线中，基板厚度的增大导致连接器更大。因此，在输入端会出现更高的电感，从而对其阻抗匹配造成影响。

4.6.2　宽带平面单极子天线

宽带平面单极子天线可被视为一种改进的微带天线，现在分析微带天线理论如何能够适合于平面单极子天线（记住微带天线在原则上是谐振天线）。如上所强调的，微带天线的基板厚度增大会产生更宽的带宽。因此，如果矩形平面辐射体通过具有垂直地板的同轴线馈电，其基板（本例中的空气）将具有较大的厚度，而且有效介电常数等于单位介电常数。

在传统微带天线中，当基板厚度 t 增大（图 4.6（a）），同轴线的内导体的高度也增加。这个较长的内导体会产生更大的电感，因而难以实现阻抗匹配。当然，如果贴片天线用内导体长度 h 较短的同轴线馈电时，则可以消除这种高电感输入阻抗。在这种情况下，天线将通过侧馈的方式馈电，如图 4.6（b）所示。因此，需要额外的垂直接地层。如果距离 t 太大的话，就可以忽略原接地面的影响，并且可以将其移除，实现类似于一个矩形平面单极天线的结构（图 4.6（c））。

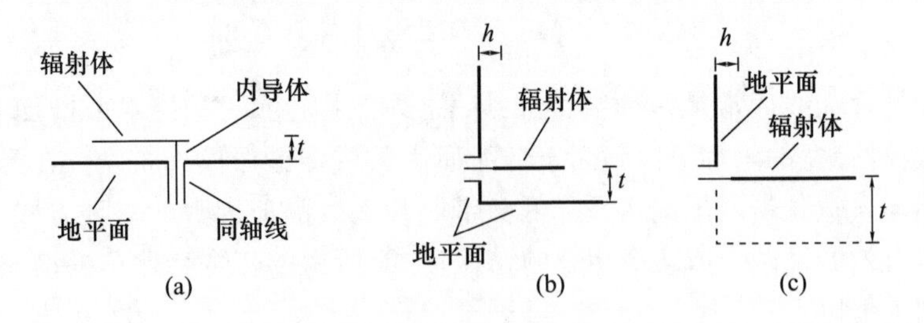

图 4.6　微带天线的形状
（a）空气介质；（b）横向进给和垂直接地平面；（c）平面单极天线。

如果将平面单极天线看作是空气基板和正交地平面的微带天线，可以对适用于微带天线的分析方法作一些修改。例如，确定一个矩形微带天线的谐振频率的公式可以应用于图 4.6（c）所示的天线实例。因此，基本传播模式的理论谐振频率 f（以 GHz 为单位）可以根据下式计算：

$$f = \frac{30}{2\,l_e\sqrt{\varepsilon_{eff}}} \tag{4.12}$$

式中：l_e为以cm为单位的有效长度[12]。

对于两个正交接地层，$l_e = l + \Delta l + h$，其中Δl仅仅与一侧的场分布有关，而在另一侧这个值为h（由于正交接地层的存在）。对于宽贴片辐射体（$W/t > 10$）介电常数$\varepsilon_r = 1$，$\Delta l \approx t$。t越大，带宽也越大，这与平面单极子天线类似。

4.7 由圆柱形平面单极子构成的平面单极子天线

4.7.1 谐振频率

如上所述，工作频率是天线设计的最重要参数之一，它可以用主谐振频率计算。窄带线形单极子天线的工作频率（谐振频率）[10]用下式计算：

$$f = \frac{c}{4l} \tag{4.13}$$

式中：l为辐射体的长度。

因此，根据这个中心频率可以获得天线的工作频率和带宽，据此可以对该天线进行初始设计。相反，对于超宽带平面单极天线，由于超宽带天线有多谐振点特性，需要计算的阻抗带宽的下限截止频率很难被确定。因此，考虑到单极子天线宽度，主频率不能用式（4.13）确定，因为它只是一个近似值，只对圆形横截面的薄单极子天线有效。对于宽频带平板单极子天线，主频的评估变得复杂。因为它取决于许多因素，如辐射器的形状和尺寸等。

如4.5节所述，平面单极子可以对比于圆筒形单极子天线（经典线单极子天线）如果应用立体平面原理，其直径非常大。因此，为了确定一个平面结构的下限截止频率，本章的分析介绍将以圆柱单极子为出发点，它是一种广泛研究的天线。

4.7.2 不同形状平面天线的下限截止频率

正方形平面单极子天线的带宽小于圆形单极子天线的带宽，但是前者的辐射模式在其工作频带[15]内较稳定。此外，在4.5节阐述的立体平面原理可以应用到有效半径r_d非常大的圆柱形单极子，从而获得方形单极子天线的计算公式。通过这种方式，用典型线单极子的几个理论表达式可以推广到一个平面方形天线，把前者的半径延伸，形成一个宽圆柱体，就可以应用固体平面原理。因此，一些简单的平面单极子的近似下限截止频率可以由实际输入阻抗的单极长度表达式确定[1]：

$$l = 0.24\lambda F \tag{4.14}$$

式中：F为长度半径等效因子，其变化范围从一个正方形平面单极子的0.86到一

个细线单极子的0.99,F 可表示为[16]

$$F = \frac{l}{r_d + l} \tag{4.15}$$

因此,设计过程中包括将平面单极子天线的几何面积设计成与高度为 l 的圆柱面积相等(圆柱线所考虑的面积是其侧面的面积,即 $2\pi r_d l$,前提是要将这种体积结构转换为一个平面)。推导出半径 r_d,并将其代入式(4.15)。最后,将计算出的 F 代入式(4.14),就可以计算出下限截止频率 f_L。

4.7.2.1　示例1

考虑具有外形尺寸如图4.7(b)所示的 $l \times l$ 方形平面单极。通过使其面积与基本圆柱形单极子对应的面积相等,即 $l^2 = 2\pi r_d l$, 则

$$r_d = \frac{l}{2\pi} \tag{4.16}$$

将式(4.16)代入式(4.15)直接得到 $F = 0.8626$。把 F 代入(4.14),其中 $\lambda = c/f_L$, 如果 l 单位为mm,f_L 单位为GHz,则

$$f_L = \frac{62.11}{l} \tag{4.17}$$

式(4.17)[16]由Ammann提出,适用于具有非常大接地平面的方形平面单极子。

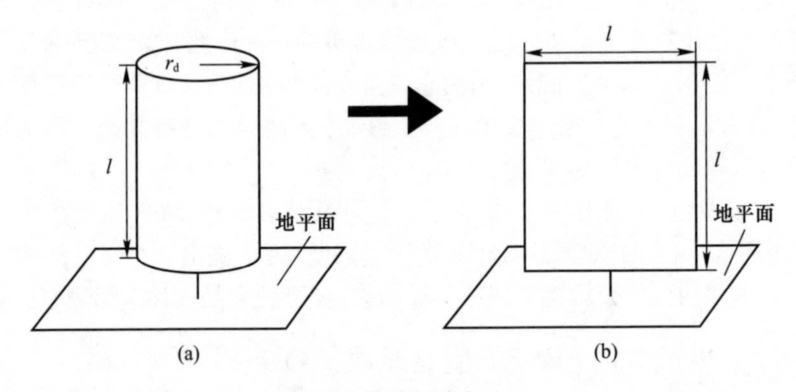

图4.7　等效区域表示法

(a) 具有非常大的有效半径基本圆柱形单极;(b) 方形平面单极子。

4.7.2.2　示例2

现在取一个椭圆形平面单极,它的半长轴为 a_1,半短轴为 b_1,如同在文献[17-18]中给出的那样,其几何形状在图4.8中示出了三种可能的情况。通过使得其面积等于圆柱形单极天线,可以很容易地推导出

$$r_d = \frac{a_1 b_1}{2l} \tag{4.18}$$

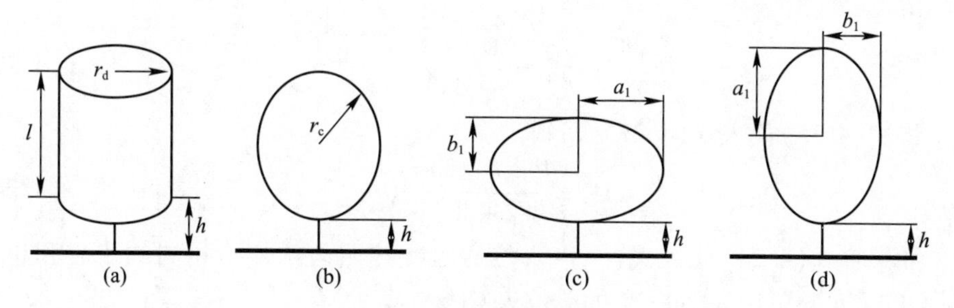

图 4.8　等效表示法

（a）具有非常大有效半径的基本圆柱单极子和半长轴为 a_1 半短轴为 b_1 的椭圆；（b）$r_c = a_1 = b_1$；（c）a_1 为水平轴；（d）a_1 为垂直轴。

将式(4.18)代入式(4.15)，可得

$$F = \frac{2l^2}{a_1 b_1 + 2l^2} \tag{4.19}$$

将式(4.19)代入式(4.14)，并按照与示例 1 相同的步骤和单位（a、b、l 的单位为 mm，f_L 的单位为 GHz），则

$$f_L = \frac{0.48l}{2l^2 + a_1 b_1} \tag{4.20}$$

文献[18]中并未给出式(4.20)；而是给出了 f_L 和 l 的关系为

$$f_L = \frac{72}{r_d + l} \tag{4.21}$$

式(4.21)含有 r_d，原则上它可以用 a_1 和 b_1 代替，如式(4.18)。在这种情况下，式(4.20)和式(4.21)分别除以常数 0.48 和 72。

4.7.2.3　示例 3

下面的示例是一个圆柱单极子的梯形辐射体，这里应用了固体平面原理，如图 4.9 所示。因此，通过均衡其面积，有

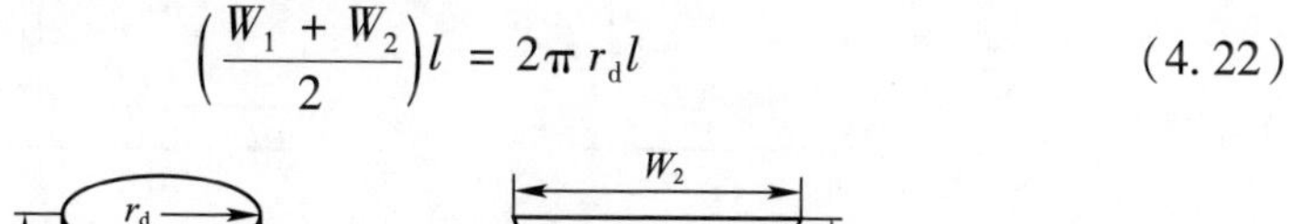

$$\left(\frac{W_1 + W_2}{2}\right) l = 2\pi r_d l \tag{4.22}$$

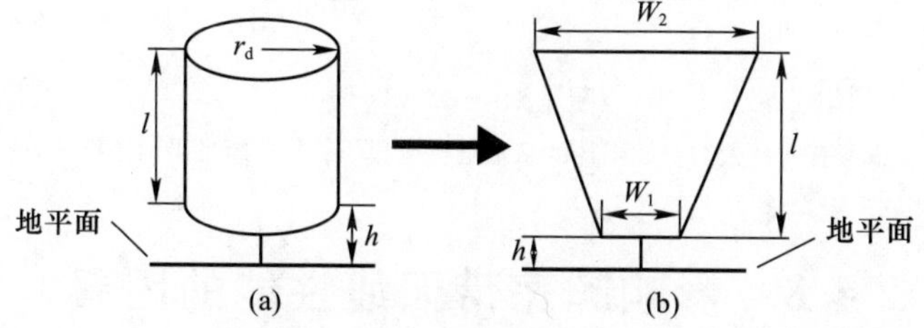

图 4.9　等效区域

（a）有非常大的有效半径的基本圆柱单极子；（b）梯形平面单极子。

由

$$r_{\mathrm{d}} = \frac{W_1 + W_2}{4\pi} \tag{4.23}$$

将式(4.15)代入式(4.23),可得

$$F = \frac{4\pi l}{W_1 + W_2 + 4\pi l} \tag{4.24}$$

如果将式(4.24)代入式(4.14),然后再次按照与示例 1 相同的步骤和单位(W_1、W_2、l、h 的单位为 mm,f_{L} 的单位为 GHz),有

$$f_{\mathrm{L}} = \frac{904.77}{W_1 + W_2 + 4\pi l} \tag{4.25}$$

其对应文献[19]中给出的高度为 l 的梯形单极子。

4.7.2.4 示例 4

最后一个示例将固体平面原理应用于圆柱单级子天线,以构成如图 4.10 所示的 $W \times l$ 矩形辐射体,则

$$r_{\mathrm{d}} = \frac{W}{2\pi} \tag{4.26}$$

将式(4.26)代入式(4.15),可得

$$F = \frac{2\pi l}{W + 2\pi l} \tag{4.27}$$

因此,通过将式(4.27)代入式(4.14),并做出与示例 1 相同的假设,可得

$$f_{\mathrm{L}} = \frac{144\pi}{W + 2\pi l} \tag{4.28}$$

式中:W 和 l 的单位为 mm,f_{L} 的单位为 GHz。

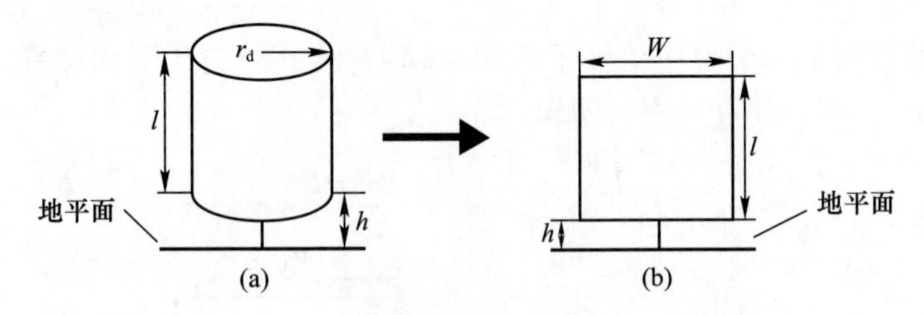

图 4.10 等效区域

(a) 有非常大的有效半径的基本圆柱单极子;(b) 矩形平面单极子。

4.8 影响超宽带天线性能的因素

现在已经讨论了与超宽带理论有关的各种的概念,接下来寻找影响天线性能的因素。

4.8.1　辐射体的影响

Ammann 研究了从辐射体馈点到接地板的距离 h,解释了 h 如何影响方形单极子带宽。此外,一些文献指出在 $h=25\text{mm}$ 的距离处,存在一个最佳的带宽。Ammann 也研究了 h 对 f_L 和 f_H 的影响,并发现尽管 f_L 与 h 无关,但 f_H 的确实对距离有很强的依赖性。

另一个有趣的研究集中在辐射体的倾斜角 β(图 4.11)对输入阻抗的影响上。根据 Chen 的研究结果[20],不同的形状的平面单极天线(正方形、光盘、菱形、三角形和领结状)。随着角度减小,f_L 移向较低的频带,使带宽增加。表 4.2 给出了不同的角度 β 下获得的频率范围。

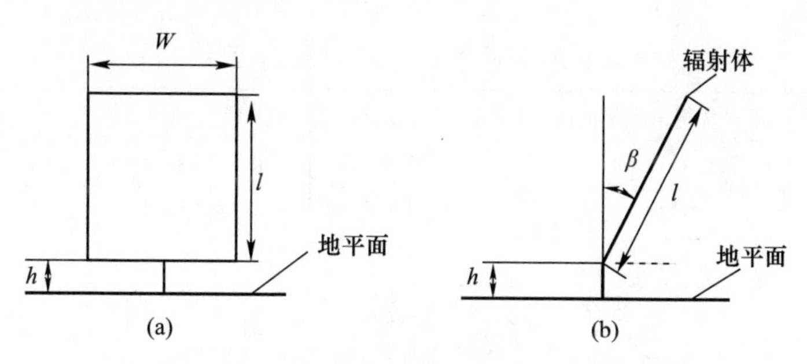

图 4.11　辐射贴片倾斜角 β 的正方形单极子
(a) 正视图; (b) 侧视图。

表 4.2　平面方形单极子带宽随倾斜角 β 的变化

倾斜角 β/(°)	频率/GHz*	带宽/GHz
0	1.50 ~ 3.10	1.60
22.5	1.52 ~ 3.10	1.58
45.0	2.25 ~ 3.10	0.85
67.5	2.60 ~ 3.25	0.65
90.0	3.25 ~ 3.50	0.25

* 根据文献[20]中的实测驻波比值近似得到。

至于频率 f_H,已知该参数依赖于平面元件靠近接地平面位置的几何形状和辐射体馈电点,因为这些地方的电流密度较高[16,21]。因此,可以利用这个特性设计天线。上述理论的示例是在一个正方形或矩形的平面单极子天线的辐射体的底部的切掉对称或不对称形式的切角(图 4.12),其中,角度 ψ 定义了辐射体的斜切的"坡度"(因此称为切角角度)[22]。

通过文献[21]中的技术,对两侧的方形单极天线应用不同的斜面,以此评估它对带宽的影响。表 4.3 所列为得到的结果,f_H 对 ψ 函数的依赖是显而易见的:ψ

越大，f_H 频率越高。

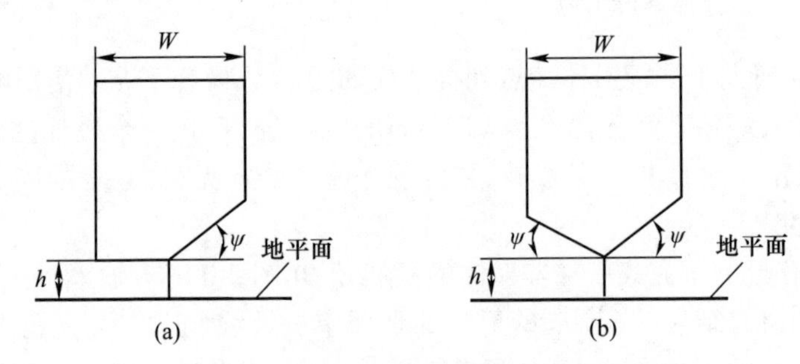

图 4.12　斜切技术在方形平面单极

(a) 非对称斜角；(b) 对称斜面。

表 4.3　正方形平面单极子不同斜角 Ψ 的测量带宽

斜角 Ψ/(°)	不对称斜角频率范围/GHz	带宽/GHz	对称斜角频率范围/GHz	带宽/GHz
0	2.35~4.95	2.60	2.35~4.95	2.60
10	2.20~5.30	3.10	2.12~5.95	3.83
20	2.19~5.75	3.56	2.11~6.75	4.64
30	2.17~5.97	3.80	2.10~7.25	5.15
40	2.17~6.00	3.83	2.10~12.50	10.4

4.8.2　地平面

到目前为止，辐射体这个术语一直模糊地用来代指天线。事实上，任何单极子天线由一个辐射体及其接地平面组成。严格来说，两者共同组成天线。这一点在此处提到是很重要的，因为在地平面上的电流会影响天线的性能。因此，这部分对整个天线的辐射是有贡献的，并由它来决定该天线的电尺寸。

Best[23] 在 2009 年做了一些有趣的研究，分析了地板和天线位置对经典无线通信频段上使用的单线、平面和平面化结构天线性能的影响。虽然，他的研究工作中分析的不同结构天线不一定是针对某些特殊应用进行的设计，但是其结果揭示了一些重要的规律。

(1) 天线接地平面的尺寸不对输入阻抗和带宽产生显著影响，但是却影响辐射特性。例如，接地平面的尺寸的减小会降低全向特性。

(2) 对于集成天线，像平面倒 F 天线(PIFA)，接地平面尺寸确实会影响天线带宽，前提是截止频率下限取决于这个尺寸。这与 4.7 节中的结论一致。

(3) 由于电流主要集中在辐射体附近工作，如果它位于接地平面的一角，在靠近辐射体天线边缘处会形成驻波，这会导致辐射模式的改变。由于这种位置的改变还会产生微小的频移，所以会影响天线的带宽。

（4）在平面天线的情况下，截止频率下限的微小变化可以表示为接地平面尺寸的函数。

（5）馈线类型也会影响平面天线的性能，前提是该电流分布会随馈线特征而改变。

参考文献

[1] H. Schantz. *The Art and Science of Ultra Wideband Antennas.* Artech House, Norwood, MA, 2005.

[2] L. J. Chu. Physical limitations of omni-directional antennas. *Journal of Applied Physics*, 10:1163–1175, 1948.

[3] R. F. Harrington. Effect of antenna size on gain, bandwidth, and efficiency. *Journal Res. NBS*, 64D:1–12, 1960.

[4] J. S. McLean. A re-examination of the fundamental limits on the radiation q of electrically small antennas. *IEEE Transactions on Antennas and Propagation*, 44(5):672–676, 1996.

[5] FCC. US 47 CFR part 15 subpart F §15.503d ultra-wideband operation. Technical report, Federal Communications Commission, 2003.

[6] C. A. Balanis. *Antenna Theory: Analysis and Design.* John Wiley & Sons, 3rd edition, 2005.

[7] H. A. Wheeler. Fundamental limitations of small antennas. *Proceedings of the IRE*, 35(12):1479–1484, 1947.

[8] H. A. Wheeler. The radiansphere around a small antenna. *Proceedings of the IRE*, 47(8):1325–1331, 1959.

[9] S. A. Schelkunoff. *Electromagnetic Waves.* D. van Nostrand Company, Inc., 1943.

[10] Z. N. Chen and M. Y. W. Chia. *Broadband Planar Antennas: Design and Applications.* Jonh Wiley & Sons, Sussex, England, 2006.

[11] G. Dubost and S. Zisler. *Antennas: A Large Band.* Masson, New York, 1976.

[12] R. Garg, P. Bhartia, I. Bahl, and A. Ittipiboon. *Microstrip Antenna Design Handbook.* Artech House, 2001.

[13] D. M. Pozar. *Microstrip Antennas: Analysis and Design.* IEEE-John Wiley & Sons, New York, 1995.

[14] G. Ramesh, B. Prakash, B. Inder, and I. Apisak. *Microstrip Antenna Design Handbook.* Artech House, 2001.

[15] M. Hammoud, P. Poey, and F. Colomel. Matching the input impedance of a broadband disc monopole. *Electronics Letters*, 29:406–407, 1993.

[16] M. J. Ammann. Square planar monopole anetnna. In *IEE National Conference on Antennas and Propagation*, pages 37–38, 1999.

[17] T. Y. Shih, C. L. Li, and C. S. Lai. Design of an UWB fully planar quasi-elliptic monopole antenna. In *Proc. Int. Conf. Electromagnetic Applications and Compatibility*, 2004.

[18] N. P. Agrawall, G. Kumar, and K. P. Ray. Wide-band planar monopole antennas. *IEEE Transactions on Antennas and Propagation*, 46(2):294–295, 1998.

[19] J. A. Evans and M. J. Ammann. Planar trapezoidal and pentagonal monopoles with impedance bandwidths in excess of 10:1. In *IEEE International Antennas and Propagation Symposium*, volume 3, pages 1558–1561, 1999.

[20] Z. N. Chen. Experiments on input impedance of tilted planar monopole antenna. *Microwave and Optical Technology Letters*, 26(3):202–204, 2000.

[21] M. J. Ammann. Control of impedance bandwidth of wideband planar monopole antennas using a beveling technique. *Microwave and Optical Technology Letters*, 30(4):229–232, 2001.

[22] M. A. Peyrot-Solis. *Investigación y Desarrollo de Antenas de Banda Ultra Ancha (in Spanish)*. PhD thesis, Center for Research and Advanced Studies of IPN, Department of Electrical Engineering, Communications Section, Mexico, 2009.

[23] S. R. Best. The significance of ground-plane size and antenna location in establishing the performance of ground-plane-dependent antennas. *IEEE Antennas and Propagation Magazine*, 51(6):29–43, 2009.

第5章 相位线性度

5.1 时域和频域

在窄带背景下,由于在工作频带内天线的参数变化很小,所以通常仅在频域中定义天线的概念。例如,回顾4.2节关于中心频率的讨论,我们发现对于矩形贴片天线,它的截止上限频率和截止下限频率非常接近。然而,当天线带宽变宽时,天线的响应可能会发生显著变化(图4.1)。所以,任何信号频率的变化都会对其在时间上产生影响。因此,不仅在频域中分析天线响应是重要的,在时域中也同样重要。

5.1.1 傅里叶变换

傅里叶分析是许多与信号处理相关领域的支柱之一,如电信、雷达、成像等。这是因为傅里叶变换通过信号的持续时间、形状(时域)及其频谱响应(频域)提供了分析模拟信号或数字信号特征的方法。众所周知,在两个域之间存在着对应关系,而这种关系可以通过傅里叶变换确定。因此,定义在时域中的确定信号 $f(t)$,它的频谱密度 $F(\mathrm{j}\omega)$ 可由傅里叶积分变换确定,其中 ω 为角频率,则

$$F(\mathrm{j}\omega) = \int_{-\infty}^{+\infty} f(t)\mathrm{e}^{-\mathrm{j}\omega t}\mathrm{d}t \tag{5.1}$$

另外,如果给定频谱密度函数 $F(\mathrm{j}\omega)$,那么就可以通过傅里叶逆变换的方法得到时域信号,有

$$f(t) = \frac{1}{2\pi}\int_{-\infty}^{+\infty} F(\mathrm{j}\omega)\mathrm{e}^{\mathrm{j}\omega t}\mathrm{d}\omega \tag{5.2}$$

一般地,将该变换对表示为 $f(t)\leftrightarrow F(\mathrm{j}\omega)$,在这方面有大量的优秀的公开文献可供参考[1-4]。本书的目标并不是在信号理论方面进行拓展讨论,而是为了介绍超宽带天线及其引入的与脉冲失真之间的关系。

5.1.2 短持续时间与宽频谱

这里,需要解释的一个重要概念是缩放性。缩放性表示如果时域 $f(t)$ 中的函数被缩小或放大 a 倍,即变为 $f(at)$,如果存在 $f(t)\leftrightarrow F(\mathrm{j}\omega)$,那么

$$f(at) \leftrightarrow \frac{1}{|a|}F\left(\frac{\mathrm{j}\omega}{a}\right) \tag{5.3}$$

式(5.3)表明,在一个域中压缩信号相当于在另一个域中扩大信号。换句话说,一个函数在时域中压缩确定的倍数相当于这个函数以与相同因子相关的速率更快地变化,因此频率分量成比例地增加。

图5.1和图5.2显示了将该属性应用于宽度或持续时间(以时间为单位)分别为$\tau=1$和$\tau=0.3$的矩形脉冲。从图中可以看出,当脉冲宽度减小(更快)时,相应的频谱密度的幅度和第一零点都受到影响。就后者而言,与$\tau=1$的情况相比,当矩形脉冲的频谱的持续时间$\tau=0.3$个时间单位时,主频谱脉冲更宽,正如傅里叶变换的缩放性所预期的那样。

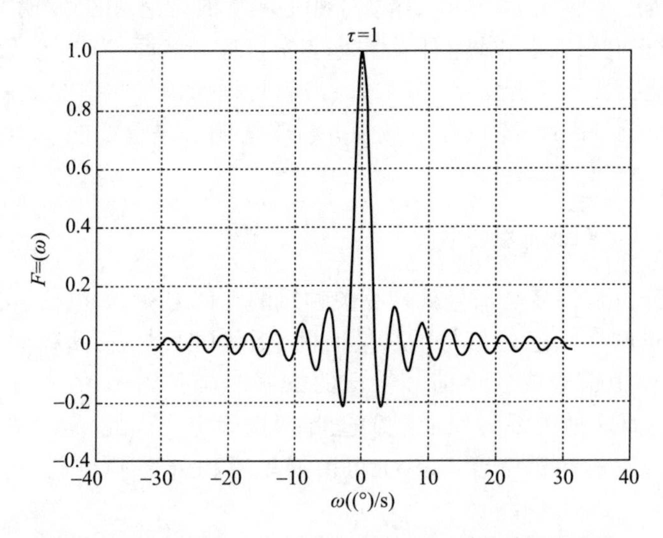

图5.1　持续时间$\tau=1$个时间单位时矩形脉冲频谱曲线

因此,如果带宽被扩展了几兆赫(对于超宽带的应用要大于500MHz),需要短脉冲。在各种工程中,已经解释了对于超宽带系统应当考虑几纳秒量级的脉冲持续时间的原因(FCC指出持续时间为0.1~2ns[5]),因此它们通常被称为脉冲或超短脉冲。

5.1.3　脉冲响应与传递函数

当信号通过系统并且分析基于线性或准线性系统理论时,系统的状态可由脉冲响应(时域)或传递函数(频域)表示。在这种情况下,天线对应的系统会对要传输的信号产生一定的影响,这就是脉冲响应$h(t)$与传递函数$H(\mathrm{j}\omega)$(考虑图5.3的图形描述)。事实上,在窄带天线中,如果它们的特征不随着频率变化,那么这种类型的分析通常被忽略。

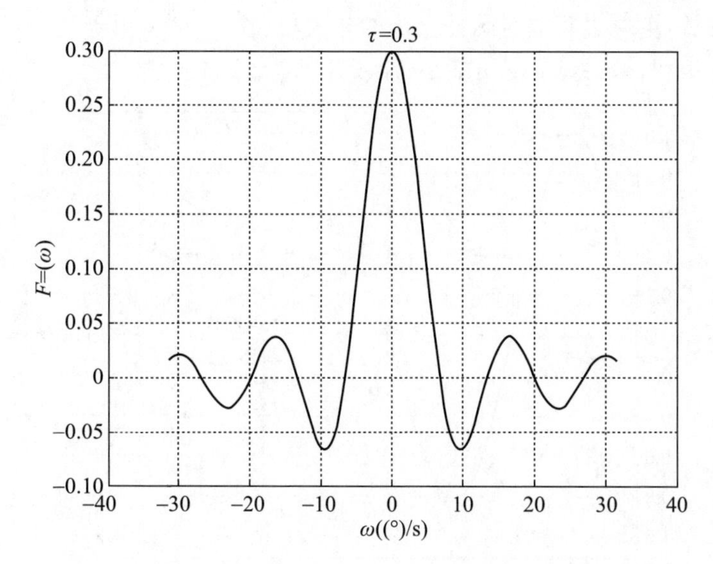

图 5.2 持续时间 $\tau = 0.3$ 个时间单位时矩形脉冲的频谱曲线

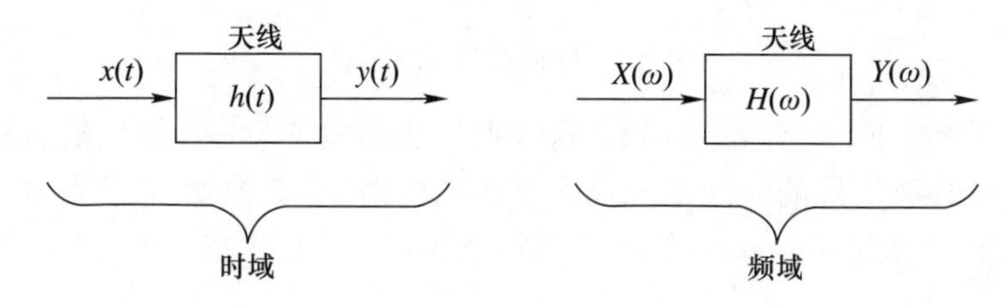

图 5.3 天线的脉冲响应与传递函数

相反,正如几位作者指出的[6,7],在超宽带系统中瞬态不能被忽略,因此有学者对超宽带天线的脉冲响应做了一系列研究。这种情况归因于此类天线辐射脉冲的持续时间短,而这也可能严重影响所生成脉冲的一些特性,因此分析这两个响应是非常重要的。

5.2 超宽带天线的脉冲响应特性

如5.1.2节所述,应用在超宽带天线中的脉冲持续时间短。人们已经注意到,在这些应用中不能忽略瞬态响应。因此,本文在文献[7]的基础上给出了一些与超宽带天线的脉冲响应 $h(t)$ 相关联的重要参量。

(1) 包络的峰值:该参量表示 $h(t)$ 的幅值的最大值。它表明 $h(t)$ 的包络应尽可能高。

(2) 包络宽度:该参量提供了辐射脉冲展宽的度量,并且定义为包络幅度的最大值的一半所对应的宽度(τ_{FWHM})。通常 τ_{FWHM} 的值不超过几百皮秒。

(3) 振铃:主峰之后辐射脉冲振荡的相关项(图5.4)。由于这个量代表了非传输能量的浪费,振铃值应尽可能小(小于几 τ_{FWHM})。

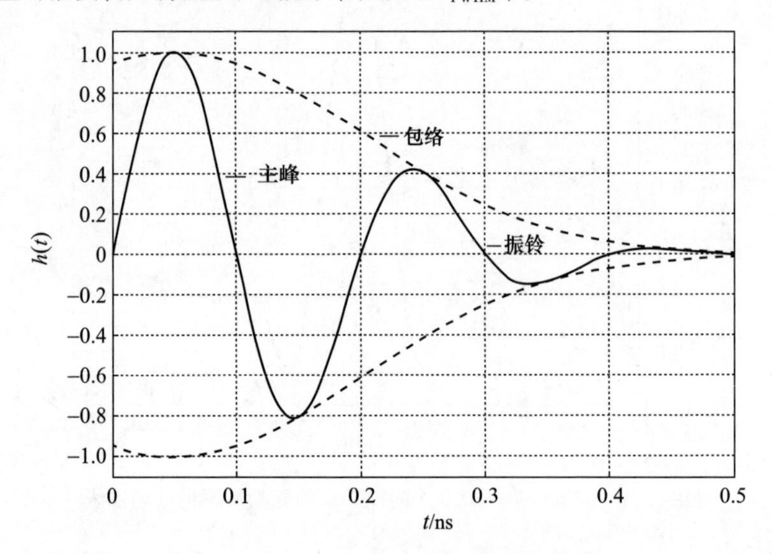

图5.4 脉冲响应下的振荡

在理想情况下, $h(t)$ 取 δ 函数,这使得天线的输出信号与提供给它的信号相同(δ 函数与其他信号的时间卷积仍产生相同的信号)。当然,在实际中不存在 δ 函数,因此天线总是对通过它的信号造成一定的失真,这将在5.3节中解释。

5.3 脉冲失真

在讨论这个主题之前,简要地讨论一下超宽带脉冲。用于实践的超宽带脉冲有不同的实现方案,而超宽带脉冲中瑞利(有差分的高斯)脉冲是被讨论最多的其中一个。该脉冲由下式[8]给出:

$$v_n(t) = \frac{d^n}{dt^n}\left[e^{-\left(\frac{t}{\sigma}\right)^2}\right] \tag{5.4}$$

对于 $n=0$,对应于高斯脉冲为

$$v_0(t) = e^{-\left(\frac{t}{\sigma}\right)^2} \tag{5.5}$$

在式(5.4)中, σ 表示高斯脉冲 $v_0(t)=e^{-1}$ 的时间。当 $n=1$ 时给出一阶瑞利脉冲,有

$$\begin{aligned} v_1(t) &= -\frac{2}{\sigma^2}te^{-\left(\frac{t}{\sigma}\right)^2} \\ &= -\frac{2}{\sigma^2}tv_0(t) \end{aligned} \tag{5.6}$$

图5.5描述了高斯(对于 $\sigma=50\text{ps}$)和瑞利($\sigma=110\text{ps}$)脉冲的对应曲线。为了在同等的条件下比较这二者,标注了归一化的幅度值。从图5.5可以看出,这些脉冲都具有持续时间短,并且由正半周期和负半周期(这就是称它们为单周期的原因)组成的特点。该图还显示出这些脉冲在单周期持续时间外下降到零(对于高斯脉冲,该特性更清楚)。这里的一个重要点是它们必须符合FCC[5]所述的超宽带频谱发射模板。为了评价这方面内容,必须获得式(5.5)和式(5.6)的傅里叶变换,或任何其他脉冲的傅里叶变换。文献[8]中的研究表明,从式(5.4)(对 σ 的值具有一定限制)产生的脉冲在FCC模板内表现出充分的频谱特性[8]。

本章并不是为了呈现与这个问题有关的所有方法,感兴趣的读者可以阅读参考文献[6,8-14]进行了解。

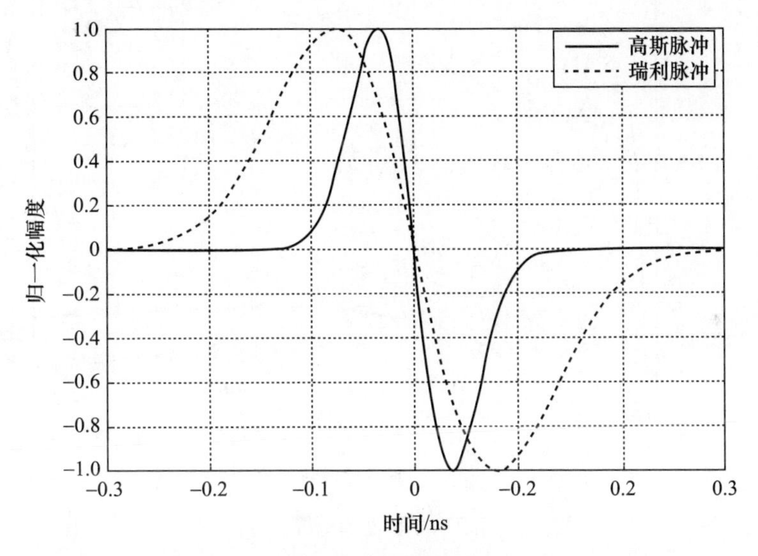

图5.5 高斯脉冲和瑞利脉冲的时域波形

脉冲失真的问题已经成为一些作者感兴趣的主题,这些作者将研究结果报告在不同的论坛[7,15-20]。为了描述脉冲如何失真,首先解释通过长度为 l 的电缆时传输的脉冲所受到的脉冲色散。这种电缆对高数据速率脉冲传输系统的脉冲响应由文献[21]给出①,有

$$h(t)=\frac{Al}{2\sqrt{\pi t^{3}}}\mathrm{e}^{-\frac{(Al)^{2}}{4t}},t>0 \tag{5.7}$$

式中:A 可表示为

① 虽然我们对由超宽带天线引入的失真感兴趣,但这是为了进行传输线的讨论,这就像在第2章提到的,传输线可以转换成辐射器元件。

$$A = \frac{\sqrt{LC}}{2L} \tag{5.8}$$

这与传播常数 γ 相关。

式(5.8)中 L 为电感，C 为电容，两者都是电缆的参数。然后，从式(5.7)可以清楚地看出，电缆的长度影响 $h(t)$。通过考虑2,3,4,5,6五个可能值，可绘制出如图5.6所示的曲线簇。可以看出，因子 Al 越大，在脉冲中引入的色散越大，这将限制数据速率。Al 的增加可归因于较大的长度 l 或较大的 A 值。式(5.8)表示 A 为电缆电感和电容的函数；众所周知，这些参数受传输线几何形状的影响。

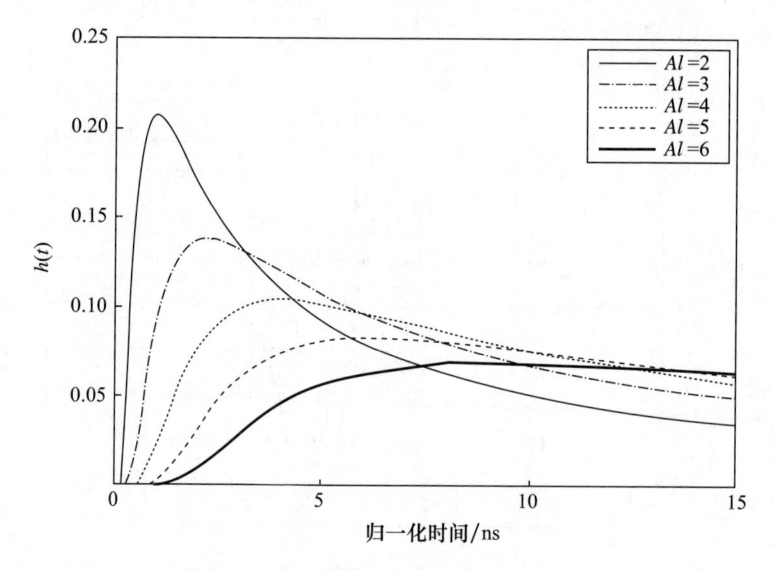

图5.6 对于不同长度的电缆的脉冲响应

现在，只要天线在物理上呈现某些电容和电感特性，类似的分析就可以应用于超宽带天线，而这取决于天线的结构(辐射器形状和尺寸、馈电点、接地平面等)。因此，确定天线脉冲响应为

$$h(t) = f(t,\gamma) \tag{5.9}$$

式中：γ 为传播常数，它取决于天线结构。

超宽带天线的关键点在于与该结构相关的变量是频率的函数，这使得在该结构的不同电气尺寸处可以产生多种谐振，进而改变脉冲形状。

这里值得注意的是，色散现象可以被认为是一种特殊类型的失真，表现为其中一个脉冲被拉伸成较长波形[6]。虽然可以呈现其他形式的失真(如5.4.1节所示脉冲形状的变化)，但是在可以引入符号干扰并且限制数据速率的情况下，色散是失真分析的第一步。

5.4 相位线性度

5.4.1 频率响应

在频域中,天线传输函数 $H(\omega)$ 在相关频率范围上呈现平坦或准平坦响应,使得天线输出处的信号频谱类似于其对应的输入频谱(图5.7,其中频谱 $Y(\omega)$ 等于在区间 $\omega_L < \omega < \omega_H$ 内的频谱 $X(\omega)$)。在区间 $-\infty < \omega < \infty$ 中 $H(\omega)$ 的平坦响应的意义是 $h(t)$ 为 δ 的函数,其在与天线输入信号 $x(t)$ 卷积时,产生信号 $y(t) = ax(t)$,其中 a 为常数。

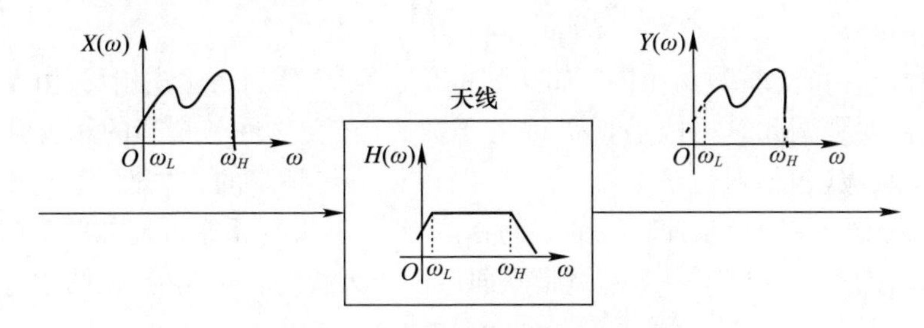

图5.7 天线的平坦传输函数

随着带宽的增加,上面描述的理想情况难以实现,这样就引入了频谱修正;事实上,超宽带天线被认为是一个整形滤波器。这种表现在文献[22]中有解释,其中传递函数和增益响应通过使用用于超宽带系统的三种类型的天线来分析工作频

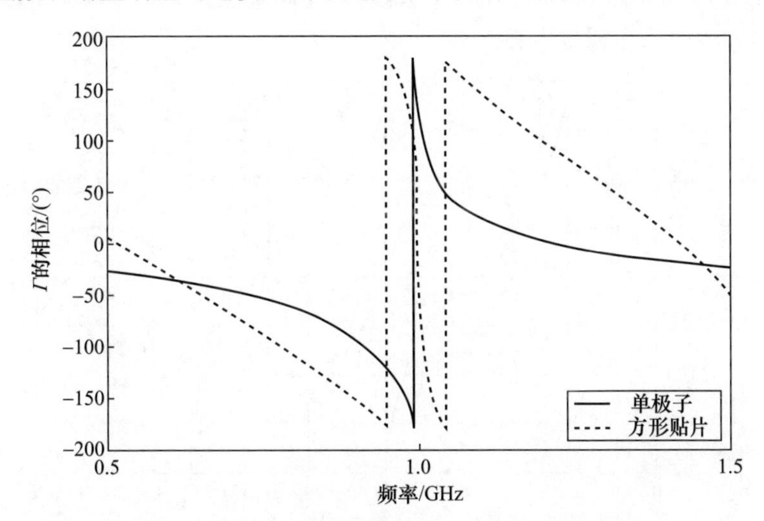

图5.8 对线单极子和矩形贴片天线的相位响应仿真

带(将一对面对面天线分开一定距离,使得呈现自由空间传播条件)。严格地说,天线增益响应不对应于 $H(\omega)$,但是通过该响应可以确定。在这项工作中,Lauber 和 Palaninathan 将脉冲失真定义为:“如何有效地接收在形状上对应于发射脉冲的超宽带脉冲?”,并基于比较接收和产生的脉冲而获得的相关系数来评估[22]。因此,非平坦增益响应会产生中等或低相关系数,进而对应到滤波效果上产生的信号失真。

在上述参考文献和许多其他研究中,已经可以通过天线的传递函数来解决脉冲失真。

与第 2 章中讨论的反射系数一样,该量可以由它的大小 $|H|$ 和相位 $\varphi(\omega)$ 表示:

$$H(\omega) = |H|\,e^{j\varphi(\omega)} \tag{5.10}$$

注意,与由式(2.5)给出的窄带天线的反射系数 Γ 的表达式相反,由于现在带宽较宽,需要强调此时相位是频率 ω 的函数。当然,这种与频率的相关性适用于任何相位响应(包括对应于 Γ)。为了说明该相位与频率的相关性,图 5.8 描述了 1GHz 单极子线和矩形贴片天线的 Γ 的相位响应,其反射系数幅值如图 2.12 所示。为了比较,图 5.9 给出了一个超宽带平面单极子天线的相位响应,从图中可以观察其非线性特征。

5.4.2　相位变化的测量:相位中心和群延迟

相位中心可以用波前的传播机制来解释,考虑图 5.10 中描述的远场球面波前。垂直于波前的虚线构成一组非平行线,其看起来从共同的原点偏离,这在反射器和透镜天线中称为相位中心[23]。

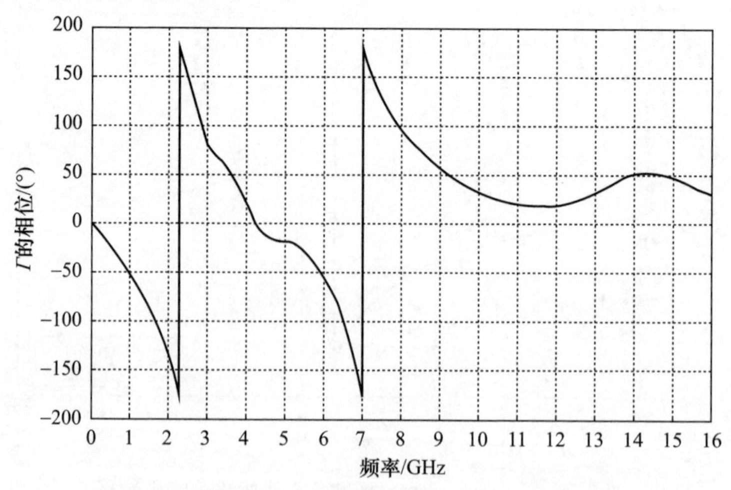

图 5.9　超宽带平面单极的模拟反射系数相位曲线

这个概念当然可以应用于其他天线结构。因此,相位中心称为“天线信号的有效原点”[6],并且其“可以通过作为角度或位移的函数的馈电辐射图的相位测量来确定”[24]。固定相位中心将产生线性相位响应,因此超宽带脉冲不发生失真[19,25]。

群延迟是超宽带脉冲所经历的时间延迟的度量,与天线的不同波长尺寸成比例[26]。由于这个量是一种时间的度量,所以可以合理地预料到它与另一变量的变化或速度有关。相位响应取决于频率。群延迟在数学上可表示为

$$\tau_g(\omega) = -\frac{\mathrm{d}\phi(\omega)}{\mathrm{d}\omega} \tag{5.11}$$

并且其在相关频带上的平均值由 ω_L 和 ω_H 限定:

$$\bar{\tau}_g(\omega) = \frac{1}{\omega_L - \omega_H}\int_{\omega_L}^{\omega_H}\tau_g(\omega)\,\mathrm{d}\omega \tag{5.12}$$

通过分析式(5.11),可以推断出如果 $\phi(\omega)$ 是线性的,则将存在固定的群延迟。

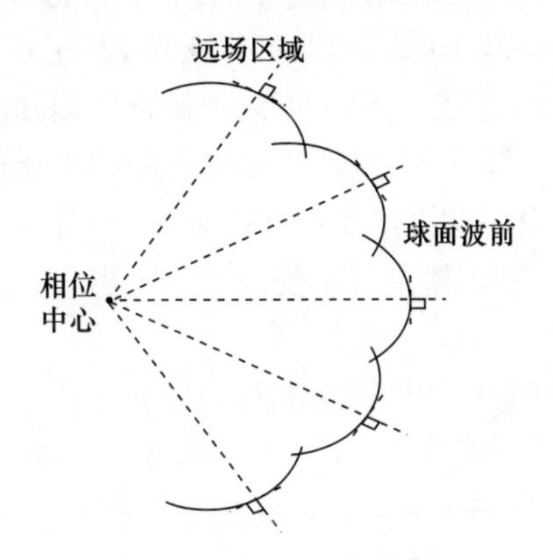

图5.10　相位中心概念的表示

这是实现具有非失真脉冲的必要条件[7],否则 $\phi(\omega)$ 的非线性特性将使得该器件呈现潜在的谐振特性,这意味着该结构可以存储能量,从而增加 Q 值,并因此减少其带宽。这时在天线的脉冲响应 $h(t)$ 上将产生振铃和振荡[7]。

5.4.3　相位响应和脉冲失真

在许多文献中,相位线性的研究是基于一个超宽带系统的传递函数,其中 $H(\omega)$ 对应于信道响应,而不是之前讨论的天线响应(见5.4.1节)。然而,因为这个量也提供相位响应,所以相位行为也可以基于天线的反射系数来研究。这种评估相位响应的方法的例子可以在文献[12,14,20,26-27]中找到。现在,根据上面解释的群延迟概念(见5.4.2节)。如果这是固定的,则源脉冲将简单地通过天线产生延迟脉冲,但其形状依然能够保持。

非恒定群延迟响应不仅引入一定的时间延迟,而且会引起脉冲形状的变形。

因此,如果相位 $\phi(\omega)$ 呈现非线性响应,$\tau_g(\omega)$ 将是不恒定的,所以将产生脉冲失真。从上述讨论中可以清楚地看出,超宽带天线必须呈现线性相位响应以避免脉冲失真。很多研究者都强调超宽带天线中的线性相位和脉冲失真之间的关系[7,28-29]。例如,Kwon[29] 指出,设计超宽带天线时应使其在工作频带内对增益和群延迟都具有恒定的响应,这样接收到的脉冲形状将会尽可能接近在源处产生的脉冲形状。

5.5　非线性和准线性相位天线

5.5.1　非频变天线

正如第 1 章所述,虽然对日益增加的带宽的需求不是一个新的主题,但由于其在当前现代生活中不同领域的应用,近年来已经变得势在必行。在 20 世纪 60 年代早期尝试实现宽带宽是基于所谓的非频变天线,其工作原理是基于不同天线元件在不同频率辐射的实际情况。例如,可以引用众所周知的对数周期天线,该天线广泛使用电视广播接收。图 5.11 显示了这种类型的天线在反射系数幅值的性能,并且可以看到允许接收设备调谐的不同 TV 频道的几个谐振。

然而,如果它们用于诸如超宽带系统的脉冲应用中,这种工作原理却限制了经典的非频变天线。

天线元件在不同频率辐射的实际情况意味着其相位中心不是固定的,这又意味着其反射系数的相位具有非线性特性(见图 5.12 所示的 680MHz 处 7 单元对数周期天线的反射系数的相位)。如 5.4.3 节所述,这种天线响应对应于脉冲失真(实质上,由于包络宽度 τ_{FWHM} 的增加,辐射元件会产生更大的脉冲持续时间[7])。

另一个包含失真天线的例子是螺旋天线。Schantz 演示了当使用这个天线发射信号时,脉冲是如何色散的(约是其原始持续时间的 2 倍)[30]。

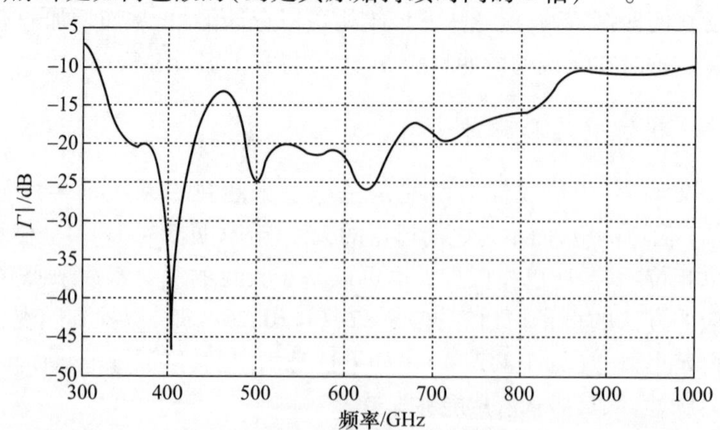

图 5.11　680MHz 时 7 单元对数周期天线的反射系数幅度曲线

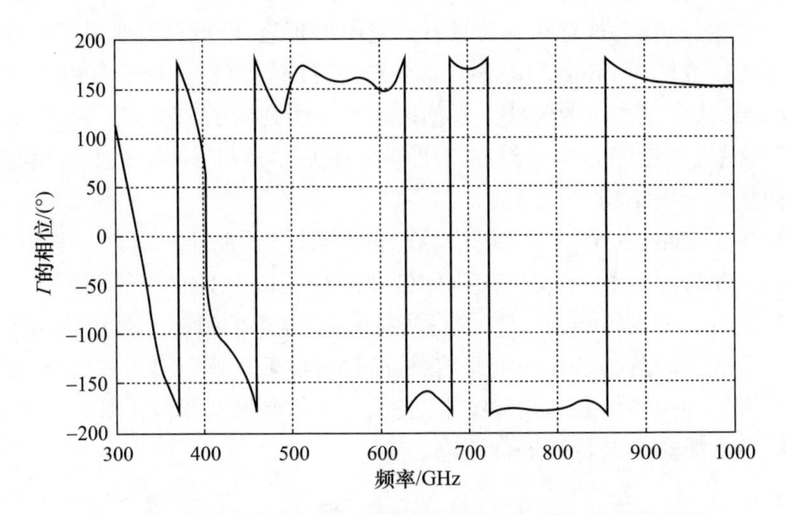

图5.12 680MHz时7单元对数周期天线的反射系数相位曲线

5.5.2 其他天线

原则上,为了避免天线的脉冲失真效应,可以对一些天线的设计进行修改。例如,Ghosh等在偶极天线、双锥形天线、TEM天线、螺旋天线和对数周期天线中提出的电阻负载曲线,它可以用电磁曲线补偿其结构不连续性引起的影响,如由反射引起的驻波[13]。例如,Ghosh等提出通过聚焦单个脉冲的能量获得行波。然而,减少脉冲失真的同时会导致天线效率的降低(50%~60%,而非加载天线可以实现80%~90%的效率或更高[13])。

Wiesbeck等的工作是通过保持恒定的输入阻抗来解决一些超宽带天线和其他潜在超宽带天线的时域特性的问题[7]。在本章中,瞬态响应的包络宽度(见5.2节)作为进行比较而设定的参考参数。具体来说,测试的天线包括Vivaldi天线、领结天线、阿基米德螺旋天线、对数周期天线和单锥天线,其结果如表5.1所列。

表5.1 不同天线的包络宽度[7]

天线类型	τ_{FWHM}/ps
Vivaldi	135
领结	140
阿基米德螺旋	290
对数周期	805
单锥	75

可以看出,对数周期天线的包络宽度最大,超过建议值几百皮秒[7],从而证实其具有非线性相位特征。Yazdandoost等还研究了领结天线,结果表明该天线具有

接近线性的相位响应,这意味着其具有恒定的群延迟,因此脉冲形状没有失真[12]。由几位作者研究的 Vivaldi 天线是一个有趣的案例。由于这种天线的线性相位特征,它通常被认为是非色散天线。根据表 5.1 中所列的值,它具有与领结天线相似的包络(与基底边缘的多次反射和寄生电流有关[7])。Vivaldi 天线是超宽带应用中最有前景的天线结构之一。

文献中报道的其他线性相位天线包括半椭圆缝隙天线[20]、平面 Penta - Gasket - Koch 分形天线(在 2 ~ 20GHz 带宽的最低段中具有小的相位失真)[14]和矩形贴片上有一个蝴蝶结槽[27]。值得注意的是,这里的目标不是讨论与不同天线的相位响应有关的各种各样的研究结果,而是通过第 6 章和第 7 章,分析全向和定向超宽带天线的一些仿真和实验结果,展示了 Γ 的幅度和相位。基于这些结果,再对它们的色散或非色散特征进行评论。

参 考 文 献

[1] S. S. Haykin and B. Van Veen. *Signals and Systems.* John Wiley & Sons, New York, 1999.

[2] J. G. Proakis and D. G. Manolakis. *Digital Signal Processing: Principles, Algorithms and Applications.* Macmillan, New York, 2nd edition, 1992.

[3] B. P. Lathi. *Signals, Systems and Communication.* John Wiley & Sons, New York, 1965.

[4] K. S. Shanmugan. *Digital and Analog Communication Systems.* John Wiley & Sons, New York, 1979.

[5] FCC. First report and order, revision of part 15 of the commission's rules regarding ultra-wideband transmission systems. Technical report, Federal Communications Commission, 2002.

[6] H. Schantz. *The Art and Science of Ultra Wideband Antennas.* Artech House, Norwood, MA, 2005.

[7] W. Wiesbeck, G. Adamiuk, and C. Sturm. Basic properties and design principles of UWB antennas. *Proceedings of the IEEE*, 97(2):372–385, 2009.

[8] Z. N. Chen, X. H. Wu, H. F. Li, N. Yang, and M. Y. W. Chia. Considerations for source pulses and antennas in UWB radio systems. *IEEE Transactions on Antennas and Propagation*, 52(7):1739–1748, 2004.

[9] M. Welborn and J. McCorkle. The importance of fractional bandwidth in ultra-wideband pulse design. In *IEEE International Conference on Communications*, number 2, pages 753–757, 2002.

[10] G. Lu, P. Spasojevic, and L. Greenstein. Antenna and pulse designs for

meeting UWB spectrum density requirements. In *2003 IEEE Conference on Ultra Wideband Systems and Technologies*, pages 162–166, 2003.

[11] D. M. Pozar. Waveform optimizations for ultrawideband radio systems. *IEEE Transactions on Antennas and Propagation*, 51(9):2335–2345, 2003.

[12] K. Y. Yazdandoost, H. Zhan, and R. Kohno. Ultra-wideband antenna and pulse waveform for UWB applications. In *6th International Conference on ITS Telecommunications*, pages 345–348, 2006.

[13] D. Ghosh, A. De, M. C. Taylor, T. K. Sarkar, M. C. Wicks, and E. L. Mokole. Transmission and reception by ultra-wideband (UWB) antennas. *IEEE Antennas and Propagation Magazine*, 48(5):67–99, 2006.

[14] M. Naghshvarian-Jahromi. Novel wideband planar fractal monopole antenna. *IEEE Transactions on Antennas and Propagation*, 56(2):3844–3849, 2008.

[15] G. F. Ross. A time domain criterion for the design of wideband radiating elements. *IEEE Transactions on Antennas and Propagation*, 16(3):355–356, 1968.

[16] A. Shlivinski, E. Heyman, and R. Kastner. Antenna characterization in the time domain. *IEEE Transactions on Antennas and Propagation*, 45(7):1140–1149, 1997.

[17] T. W. Hertel and G. S. Smith. On the dispersive properties of the conical spiral antenna and its use for pulsed radiation. *IEEE Transactions on Antennas and Propagation*, 51(7):1426–1433, 2003.

[18] W. Kong, Y. Zhu, and G. Wang. Effects of pulse distortion in UWB radiation on UWB impulse communications. In *International Conference on Wireless Communications, Networking and Mobile Computing*, volume 1, pages 344–347, 2005.

[19] J. S. McLean and R. Sutton. UWB antenna characterization. In *Proceedings of the 2008 IEEE International Conference on Ultra-wideband*, volume 2, pages 113–116, 2008.

[20] M. Gopikrishna, D. Das Krishna, C. K. Anandan, P. Mohanan, and K. Vasudevan. Design of a compact semi-elliptic monopole slot antenna for UWB systems. *IEEE Transactions on Antennas and Propagation*, 57(6):1834–1837, 2009.

[21] *Transmission Systems for Communications.* Bell Telephone Laboratories, Wiston-Salem, North Carolina, 4th edition, 1971.

[22] W. Lauber and S. Palaninathan. Ultra-wideband antenna characteristics and pulse distortion measurements. In *The 2006 IEEE International*

Conference on Ultra-Wideband, pages 617–622, 2006.

[23] L. V. Blake. *Antennas.* Artech House, 1984.

[24] W. L. Weeks. *Antenna Engineering.* McGraw-Hill, New York, 1968.

[25] K. Y. Yazdandoost and R. Kohno. Ultra wideband antenna. *IEEE Communications Magazine*, 42(6):S29–S32, 2004.

[26] P. McEvoy, M. John, S. Curto, and M. J. Ammann. Group delay performance of ultra wideband monopole antennas for communication applications. In *2008 Loughborough Antennas and Propagation Conference*, pages 377–380, 2008.

[27] H. Zhang, X. Zhou, K. Y. Yazdandoost, and I. Chlamtac. Multiple signal waveforms adaptation in cognitive ultra-wideband radio evolution. *IEEE Jorunal on Selected Areas in Communications*, 24(4):878–884, 2006.

[28] D. D. Wentzloff, R. Blázquez, F. S. Lee, B. P. Ginsburg, J. Powell, and A. P. Chandrakasan. System design considerations for ultra-wideband considerations. *IEEE Communications Magazine*, 43(8):114–121, 2005.

[29] D. H. Kwon. Effect of antenna gain and group delay variations on pulse-preserving capabilities of ultrawideband antennas. *IEEE Transactions on Antennas and Propagation*, 54(8):2208–2215, 2006.

[30] H. G. Schantz. Dispersion and UWB antennas. In *2004 International Worshop on Ultrawideband Systems and Technologies*, pages 161–165, 2004.

第6章　超宽带全向天线设计

6.1　超宽带全向天线

在本书第3章中列举了许多具有全向辐射特性的超宽带天线设计示例。然而,与其他天线参数一样,在较宽的工作带宽内实现天线的全向辐射特性是很困难的。第2章中解释了天线的方向性(与增益有关)可用辐射方向图来描述,其反映了辐射或接收能量的空间分布情况。因此,在设计天线时,期望增益能够在较宽频域上作为常数或准常数保持不变。

小型偶极子天线作为经典的窄带全向天线,其理想模型在许多天线理论书籍中都有所提及。然而,这种天线的窄带特性使得它不适合在超宽带领域中使用,所以仅将其作为一种初步的理论方法。在窄带天线理论中使用的理想偶极子天线在超宽带中可以用圆柱形单极子天线替代,因为它的辐射特性类似于无限小偶极子天线,同时具有更宽的工作频带(见第4章中讨论的固体平面原理)。此外,本书中利用圆柱形单极子天线推导了相关方程,从而确定超宽带全向平面天线工作带宽的截止频率下限。

第3章中提出的许多超宽带全向天线是使用高频结构仿真器设计的,其设计方法已被省略。本章介绍了一种设计方法,用于开发针对不同工作带宽的超宽带全向天线。根据不同的要求,辐射方向图具有不同程度的变化。这种设计具有很大的灵活性,只需要给出截止频率下限就可按照公式来确定辐射体的高度。此外,根据增加天线的维度可以展宽带宽的观点(见4.3节),本章研究了立体天线,以实现较平面天线更好的辐射方向图,如伪立体全向超宽带天线,这种天线可保持超宽带平面天线辐射图的全向性。

尽管在本书中,超宽带天线的工作带宽首先根据其匹配阻抗进行评估;其次是其相位特性,但是辐射方向图随着频率变化的函数也是非常重要的。根据特定的设计要求,它可用于定义超宽带全向天线的工作带宽(事实上,任何一种类型天线的带宽定义都与辐射方向图特性有关,如第2章所述)。选择不同的物理参数来定义天线带宽需要遵循IEEE 145－1993标准[1]。

基于平面单极子天线的普适性,本章采用它作为研究超宽带天线的全向特性的出发点。平面单极子天线可以采用多个形状,包括圆形、三角形、方形等。这里选择了方形,因为相比其他形状,其辐射方向图畸变较少[2]。

另外,基于6.3节中讨论的方法,出于比较的目的,平面单极子天线设计的初始尺寸与文献[3]中给出的尺寸相似。因此,有必要在不使用阻抗匹配技术的情况下分析方形平面单极子天线的特性。

在得到平面单极子工作特性后,即可建立用于匹配矩形超宽带平面单极子天线的设计方法。此外,为了改善天线的全向辐射方向图及其在高频处的稳定性,单个辐射体可演进为正交或 π/4 双正交天线形式。

平面化结构天线也可使用类似的设计方法。众所周知,这种天线辐射体和接地平面印制在同一基板上,通过这种方法可以减小其物理尺寸,使得它适用于移动设备。

本书是根据阻抗匹配、相位响应和辐射方向图来评估天线性能的。值得注意的是,通过反射系数的相位响应可分析其相位特性。如第1章所述,本章中介绍的所有结果都是使用软件 CST 进行仿真。Γ 的实测结果是用 Agilent 矢量网络分析仪 E8362B 进行测量得到的。

6.2 方形平面单极子天线

本节从全向平面天线的出发,考虑设计一个方形平面天线,其辐射方向图通常是全向的。然后,测试这个天线是否满足超宽带的两个基本要求。首先,必须满足超宽带天线所规定的带宽,如第4章所述;其次,天线必须具有线性或准线性相位特性,以避免第5章中描述的脉冲失真效应①。因此,基于 Su 等的工作[3],本节提出了如图6.1所示的设计。

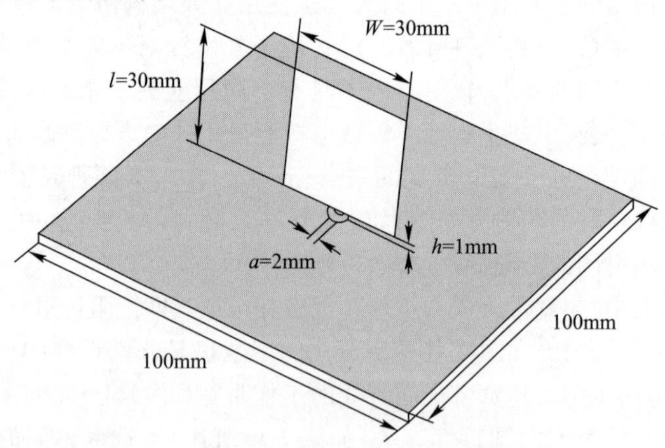

图6.1 方形单极平面天线的几何形状和尺寸

① 这里值得注意的是,如果天线并不用于高速数据通信,则并不严格要求要具有线性相位响应。无论如何,频谱监测对非线性相位超宽带天线来说都是可能的商机。

该天线的仿真辐射方向图如图6.2所示，频率分别为3GHz、11GHz、12GHz和14GHz。从图中可以看出，该平面单极子天线在仿真频带内实现了全向辐射方向图。然而，在匹配和相位特性方面，该天线的仿真结果(图6.3的反射系数幅值和图6.4的反射系数相位)不满足超宽带标准。本书将匹配阈值设置为$|\Gamma| < -10\text{dB}$。

由于该天线在当前尺寸下并未在超宽频带内实现匹配，必须采用第4章中提及的阻抗匹配技术。因此，有必要遵循某种设计方法，这将在6.3节中讨论。

6.3 平面结构设计方法

下面，论述的设计方法类似于文献[4]中提出的设计方法，但是具有更详细的过程。最初，文献[5]中提出了这种方法并在文献[6]中应用，将天线在超宽带内实现匹配，并减少辐射方向图随着频率变化而产生的畸变。本质上，该方法基于式(4.17)(见4.7节)确定的截止频率下限f_L，并定义了四个变量，它们分别对应于天线的不同尺寸：斜角ψ、辐射体宽度W、馈线宽度a，以及接地平面与辐射体之间的高度h(见图6.5，其中包括其底部两侧具有斜面的矩形平面天线)。

该设计方法的中心思想是通过优化上述变量，找到"最优"值。这里，要着重指出，尽管每个变量经历N次的变化(假设N_x，其中x表示所涉及的变量ψ、W、a或h)，但是在同时处理中找不到单个"最优"值。实际上，该方法遵循如下所述的串行流程图(图6.6)。

(1) 初始赋予ψ_0、W_0、a_0和h_0的某个确定值。

(2) 评估$\Gamma(\psi_i)$对于$i=1,2,\cdots,N_\psi$(N_ψ为正整数)，并为该$\Gamma(\psi_{opt})$选择"最佳"曲线，用ψ_{opt}替换ψ_0。

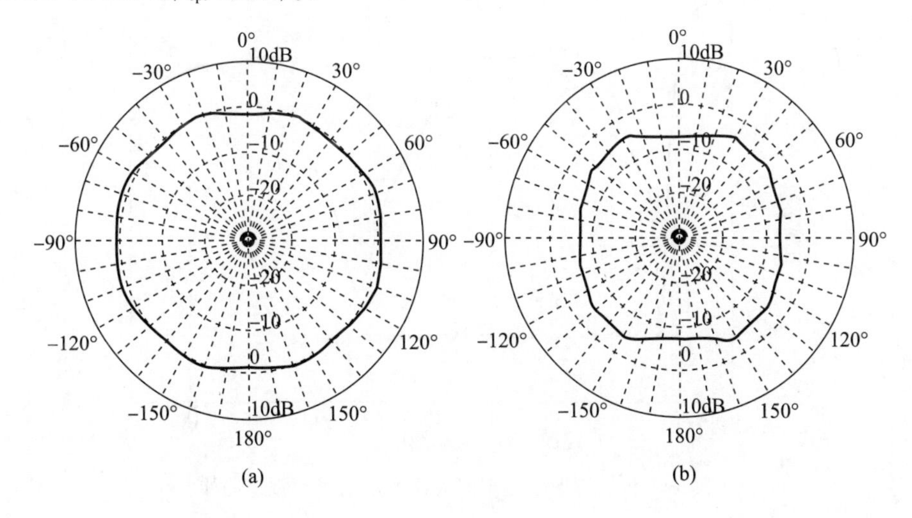

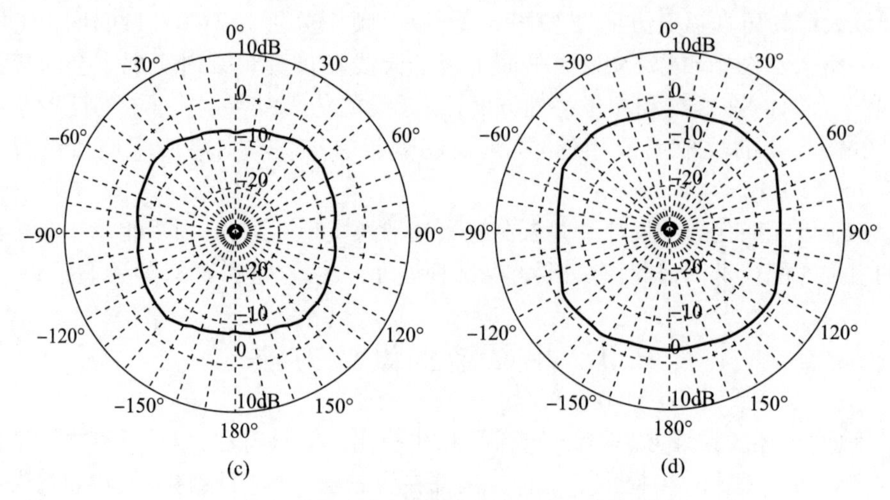

图 6.2 方形单极平面天线在不同频率下的仿真辐射方向图

(a) 3GHz；(b) 11GHz；(c) 12GHz；(d) 14GHz。

(3) 检查 $\Gamma(\psi_{opt})$ 的"最佳"曲线是否满足超宽带标准。如果是，则该方法得出结论。

(4) 如果超宽带标准未完成，则对于 $j=1,2,\cdots,N_W$（N_W 为正整数）评估 $\Gamma(W_j)$，并为该 $\Gamma(W_{opt})$ 选择"最佳"曲线，并用 W_{opt} 替换 W_0。

(5) 检查 $\Gamma(W_{opt})$ 的"最优"曲线是否满足超宽带标准。如果是，该方法得出结论。

(6) 如果超宽带标准没有完成，则对于 $k=1,2,\cdots,N_a$（N_a 为正整数）评估 $\Gamma(a_k)$，并为该 $\Gamma(a_{opt})$ 选择"最佳"曲线，并用 a_0 替换 a_{opt}。

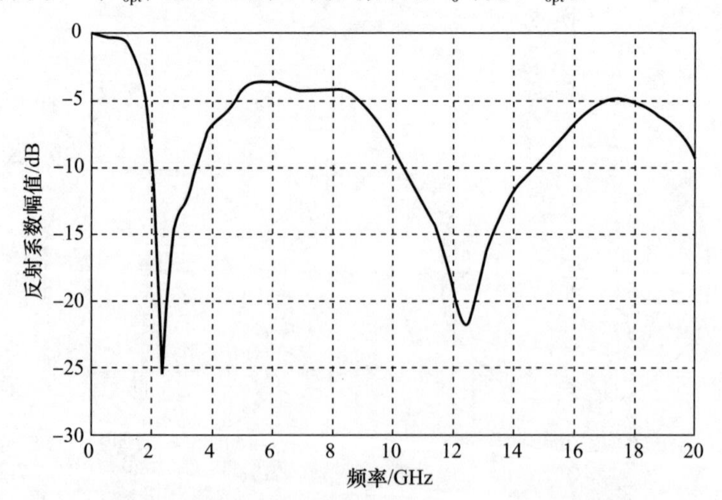

图 6.3 仿真方形单极平面天线的反射系数幅值曲线

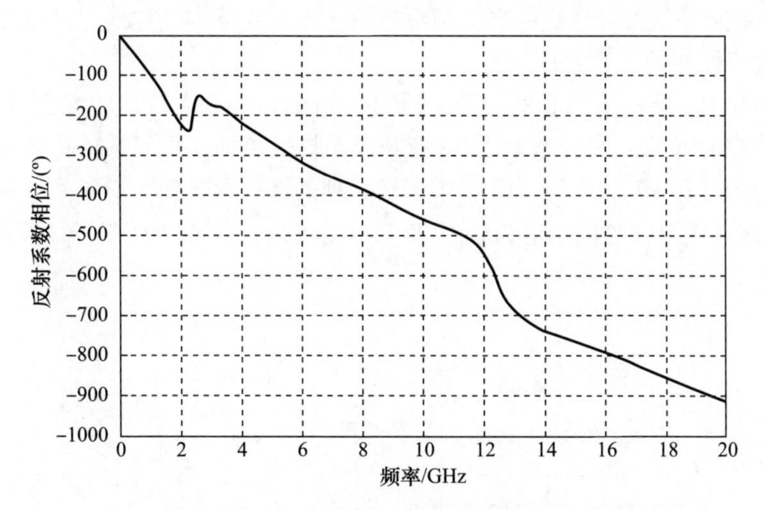

图 6.4　仿真方形单极平面天线的反射系数相位曲线

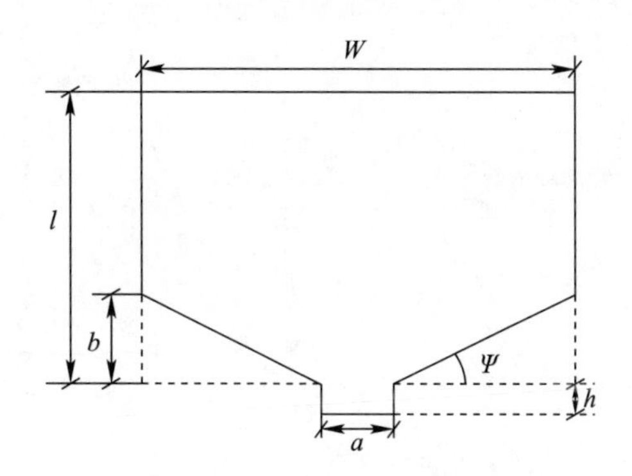

图 6.5　超宽带天线设计方法中涉及的变量

(7) 检查 $\Gamma(a_{\text{opt}})$ 的“最优”曲线是否满足超宽带标准。如果是,则该方法得出结论。

(8) 如果超宽带标准没有完成,则针对 $l=1,2,\cdots,N_l$ (N_l 为正整数)评估 $\Gamma(h_l)$, 并为该 $\Gamma(h_{\text{opt}})$ 选择“最佳”曲线,并用 h_{opt} 替换 h_0。

(9) 检查 $\Gamma(h_{\text{opt}})$ 的“最佳”曲线是否满足超宽带标准。如果是,则该方法得出结论。

(10) 如果没有达到超宽带标准,只要没有达到最大迭代次数,则回到步骤(2)。

通过改变每个变量 ψ、W、a 和 h 来优化 Γ, 可根据设计者需求而变化(因此,执行每项流程的最大次数分别用不同的字母 N_ψ、N_W、N_a 和 N_h 标识)。当这些变量发生变化时,辐射体上的电流分布以及其电容和电感也会发生改变[5],使得存储和辐射的能量改变,从而优化天线的工作带宽。因此,通过改变变量 ψ、W、a 和

h 作为参数来评估天线性能的想法是可行的。在 6.4 节中给出通过改变这些参数来改善天线性能的仿真示例。

值得注意的是，$\Gamma(x)$ 的评估机制包括计算某些统计值。尤其本文使用 $|\Gamma(x)|$ 的中值和百分位数范围,这意味着在提供最佳匹配系数的中值与最大百分比范围的 $|\Gamma(x)| < -10\text{dB}$ 提供了最合理的评价参数值。对于每个被评估的变量,从该过程得到的值标记为 ψ_{opt}、W_{opt}、a_{opt} 和 h_{opt}。图 6.7 说明了一般评估过程的流程图。

计算

$$\Gamma(h_l),l=1,2,\cdots,N_h$$

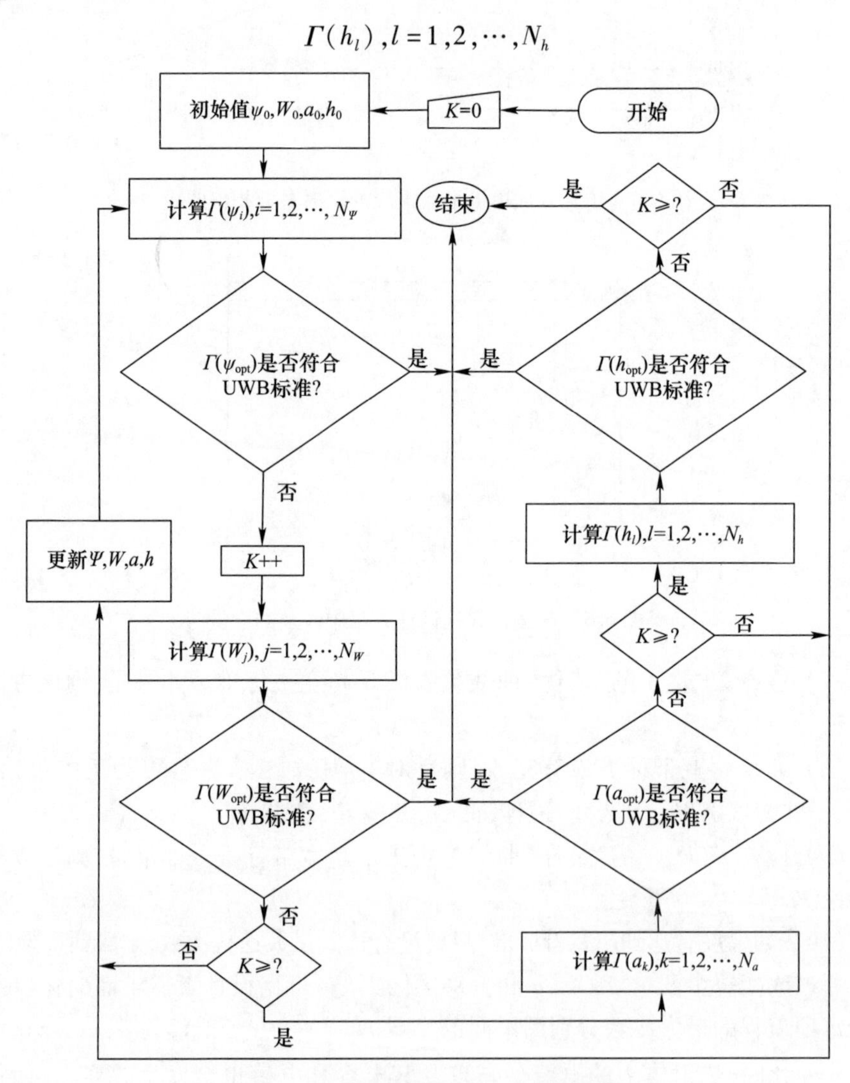

图 6.6　全向天线的设计方法的流程图

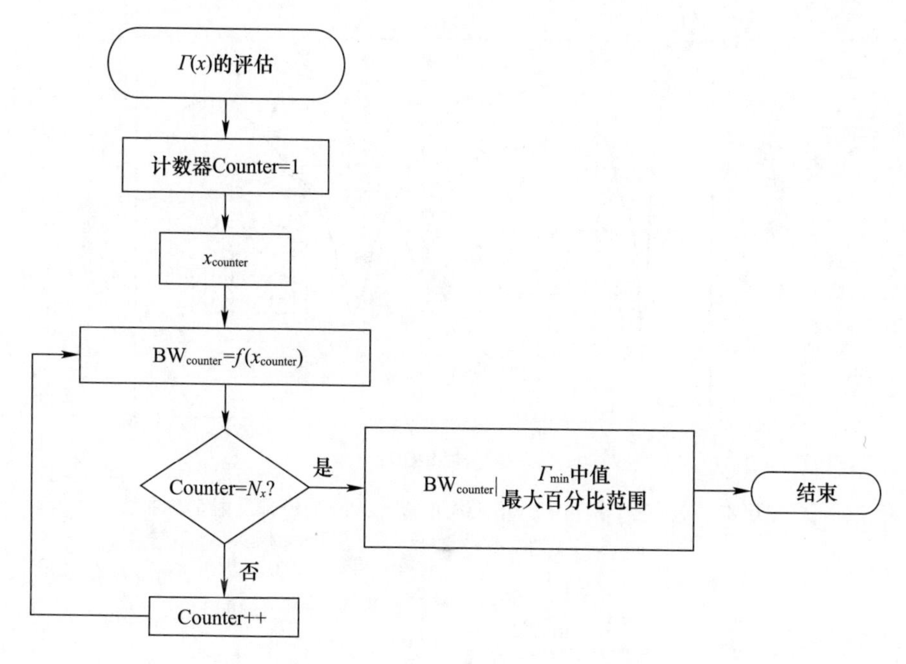

图6.7 评估$\Gamma(x)$的一般流程图

6.4 基于平面结构设计方法的仿真结果

使用6.3节中介绍的设计方法来分析每个变量对天线性能的影响。变量分析的顺序遵循上述设计方法。因此,天线的原始尺寸与图6.1中的相同。

6.4.1 斜角角度的变化

本书在4.8节中论述了使用天线上斜角作为匹配技术[7]的设计方法。本节将考虑三个可能的斜角。辐射体底部厚度为14mm,$a=2$mm,$W=30$mm,根据角度ψ和尺寸b之间的关系,考虑三个角度,$\psi=0°$、$\psi=32.74°$和$\psi=35.53°$。图6.8显示了反射系数幅度的仿真结果。由图可以看出,当$\psi\neq0°$时,对应于$\psi=32.74°$和$\psi=35.53°$的两条曲线向下移动,阻抗匹配得到改善。虽然两条曲线彼此非常接近,但是可以看出对应于$\psi=35.53°$的曲线匹配性较差。这意味着角度$\psi=32.74°$具有更好的匹配性能,因此该变量不能无限增加。

虽然方形平面单极子天线的当前配置根本没有提供匹配的条件,但可以从其辐射方向图的角度来展示引入斜角对天线性能的影响。图6.9显示了$\psi=32.74°$的方形平面单极子天线不同频率的辐射方向图。由图可以看出,辐射方向图几乎还可保持其全向性。

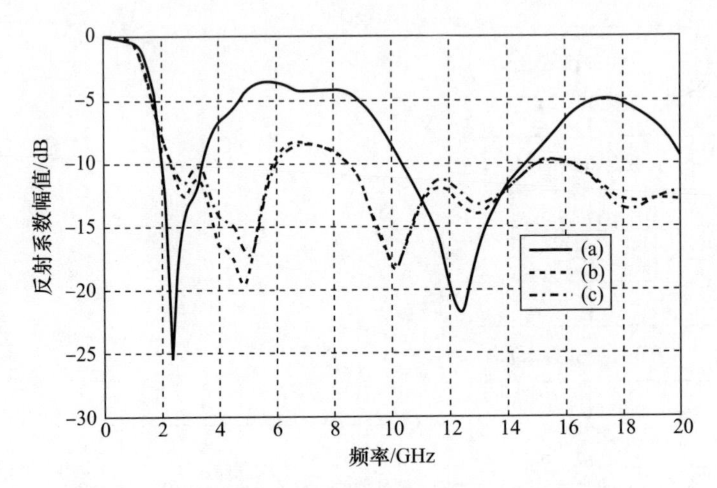

图 6.8 对于三个斜角的方形平面单极子天线的模拟反射系数曲线

(a) $\psi=0°$; (b) $\psi=32.74°$; (c) $\psi=35.54°$。

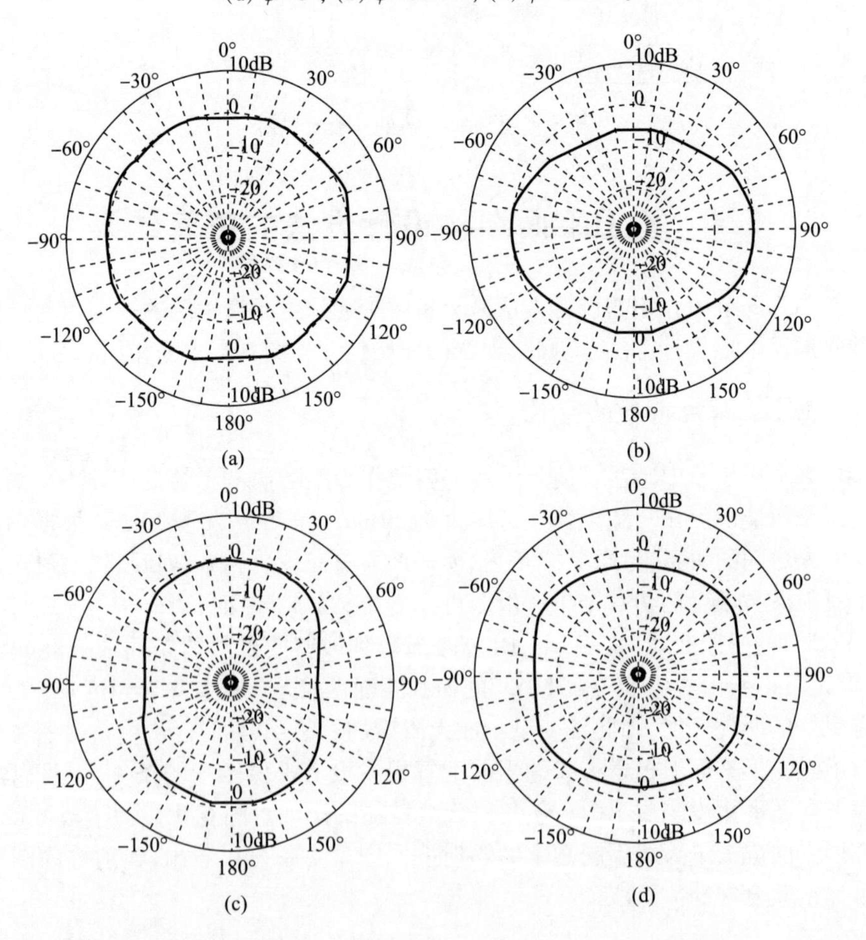

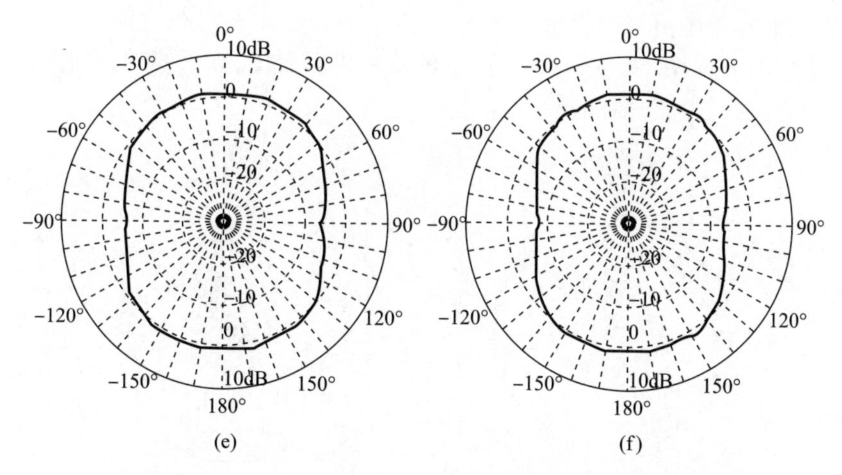

图6.9 $\psi=32.74°$的方形平面单极子天线的模拟辐射图
(a) 3GHz; (b) 6GHz; (c) 9GHz; (d) 12GHz; (e) 15GHz; (f) 18GHz。

6.4.2 辐射体宽度的变化

设计方法的下一步包括改变天线辐射体的宽度 W。因此,存在不同于方形的高/宽比,并且辐射体现在变为矩形。本节假设了一组可能的辐射体宽度,取值范围 $32\text{mm}\leqslant W\leqslant 60\text{mm}$,步长为 2mm。取 $\psi=32.74°$,通过对其反射系数进行仿真分析,得到一组曲线,根据其仿真结果,选择 $W=50\text{mm}$,如图6.10所示。对于原始的 $W=30\text{mm}$ 方形天线,$\psi=0°$和$\psi=32.74°$也包括在内用于比较。可以看出,矩形平面天线的反射系数从2.46GHz的阈值-10dB(尽管在8GHz附近存在临界点)向

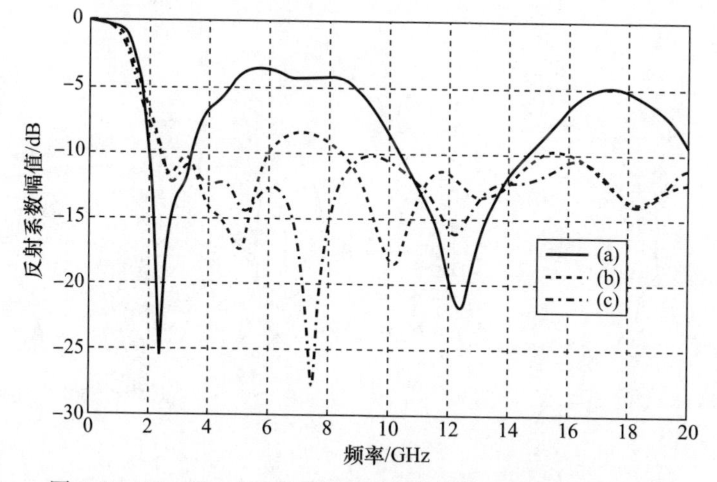

图6.10 $W=30\text{mm}$ 正方形平面天线的模拟反射系数幅值曲线
(a) $\psi=0°$; (b) $\psi=32.74°$,对于高/宽比为0.6($W=50\text{mm}$)的矩形平面天线; (c) $\psi=20.6°$。

下移动,从而实现了更好的阻抗匹配。

关于辐射方向图,通过图 6.11 所示的结果可以看出,该天线的辐射方向图具有一定的方向性,特别是在高频处。

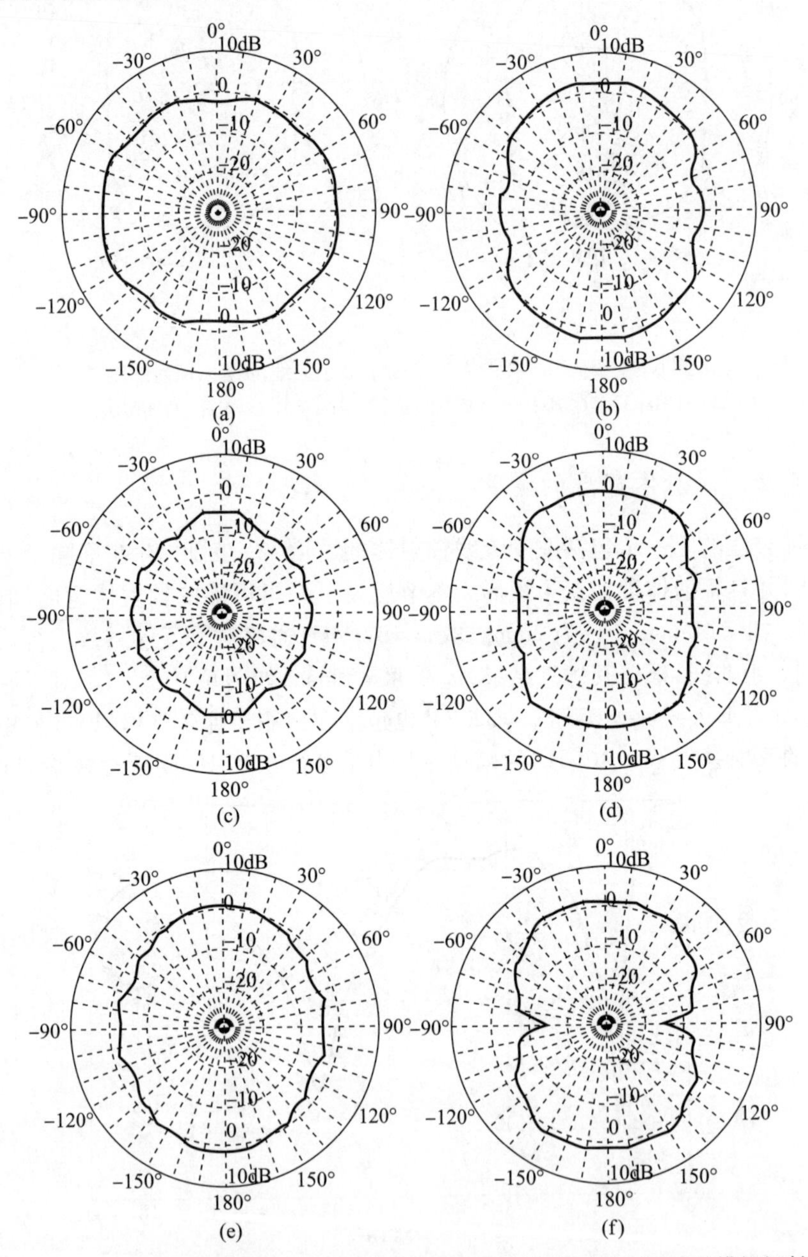

图 6.11　在高/宽比为 0.6($W = 50$mm)的不同频率下的矩形平面天线的模拟辐射图
(a) 3GHz; (b) 6GHz; (c) 9GHz; (d) 12GHz; (e) 15GHz; (f) 18GHz。

这里值得注意的是,辐射体宽度的变化改变了斜角(图6.5),因此,可以根据设计方法分析不同斜角的50mm宽度的矩形天线。例如,图6.12显示了$|\Gamma|$对应于四个斜角的仿真结果。根据这些结果,可以选择角度$\psi=20.6°$,从而获得到最佳的超宽带带宽($|\Gamma|=-12.35\text{dB}$的中值和$|\Gamma|<-10\text{dB}$的百分比为88.4%)。

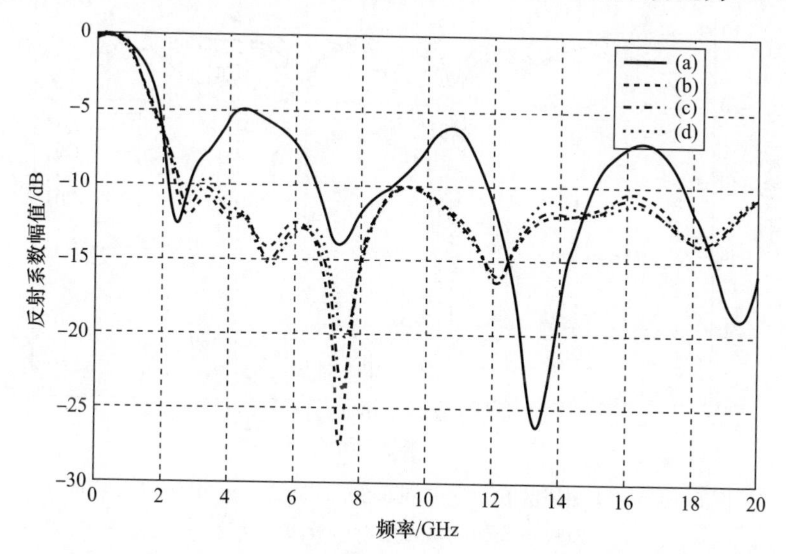

图6.12　$W=50\text{mm}$和4个斜角的RPM的仿真反射系数幅值曲线
(a) $\psi=2.4°$;(b) $\psi=20.6°$;(c) $\psi=22.6°$;(d) $\psi=24.6°$。

6.4.3　馈线宽度的变化

现在分析馈线宽度a对天线性能的影响。为了遵循6.3节的设计方法,考虑到此时达到的矩形天线尺寸($\psi=20.6°$和$W=50\text{mm}$)。图6.13描述了这种天线对于6种馈线宽度的仿真反射系数。由图可以看出,馈线宽度越宽实现的匹配越好。这被转换为f_L的偏移(从2.44GHz,$a=4\text{mm}$到2.31GHz,$a=2\text{mm}$),并转换成曲线向下的位移,这有助于带宽的增加。然而,这种趋势在所有情况下都不唯一。因为当$a=4\text{mm}$时,曲线在接近-10dB的阈值处开始向上移动,导致在17GHz周围的不匹配。因此$a=3.6\text{mm}$是可接受的值。

关于相位特性,图6.14展示了通过CST获得的结果。可以看出,对于所有仿真情况,相位仍然具有非线性特性。值得注意的是,$a=3.6\text{mm}$的相位表现出较小的突变,这有利于减少可能的脉冲失真。

如上所述,设计者可多次调整不同的变量从而使天线获得超宽带性能。因此,在ψ、W和a的不同变化之后,原始平面单极子天线以图6.15所示的尺寸调谐,并且通过软件仿真获得的Γ的幅度和相位分别如图6.16和图6.17所示。从这些图可以看出,矩形平面天线的尺寸和几何形状具有良好的匹配响应和几乎平滑(尽管不是线性)的相位特性。

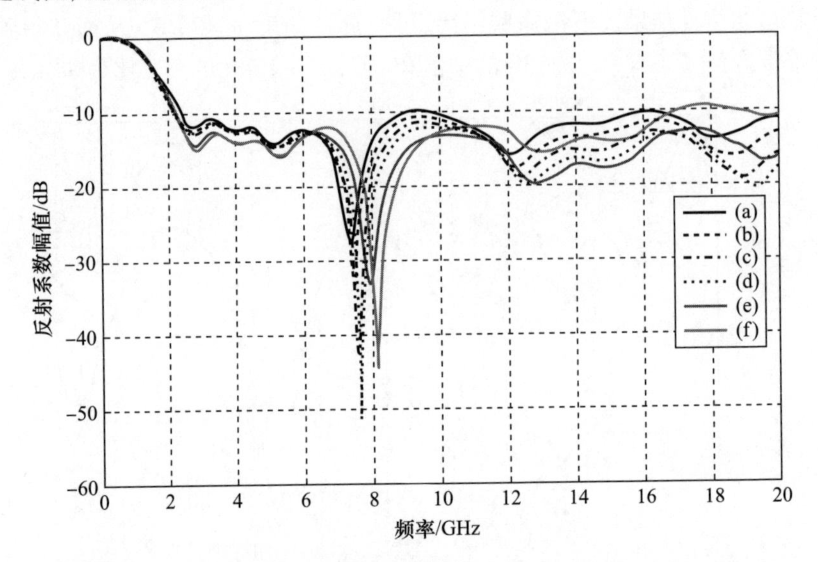

图 6.13 对于馈线的 6 个宽度,$W=50$mm 和 $\psi=20.6°$的矩形平面单极子天线的仿真反射系数幅值曲线

(a) $a=2.0$mm;(b) $a=2.4$mm;(c) $a=2.8$mm;(d) $a=3.2$mm;(e) $a=3.6$mm;(f) $a=4.0$mm。

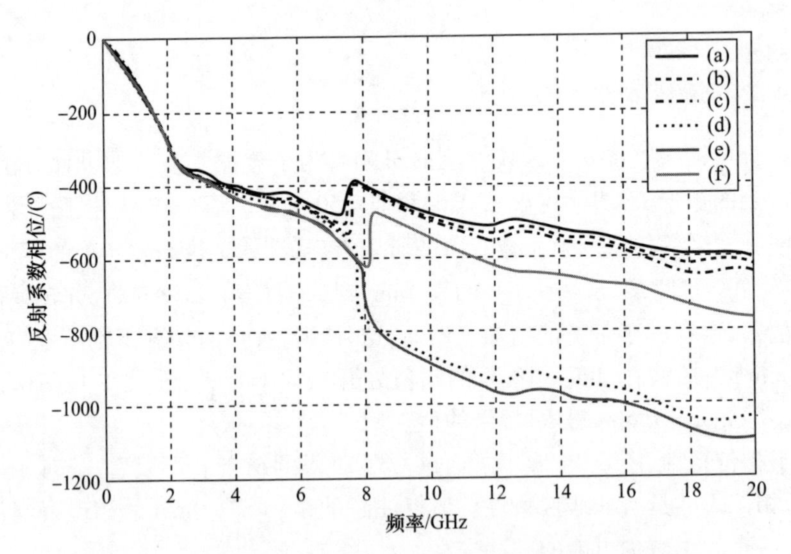

图 6.14 对于馈线的 6 个宽度,$W=50$mm 和 $\psi=20.6°$的矩形平面单极子天线的模拟反射系数相位曲线

(a) $a=2.0$mm;(b) $a=2.4$mm;(c) $a=2.8$mm;(d) $a=4.0$mm;(e) $a=3.6$mm;(f) $a=3.2$mm。

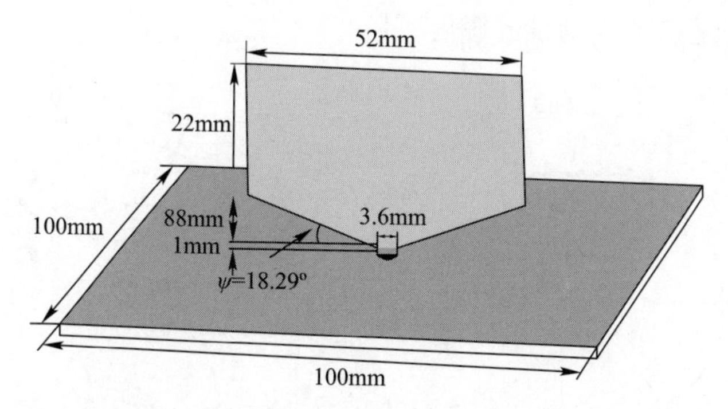

图6.15　矩形平面单极天线的几何形状(高/宽比为0.58,ψ=18.29°和a=3.6mm)

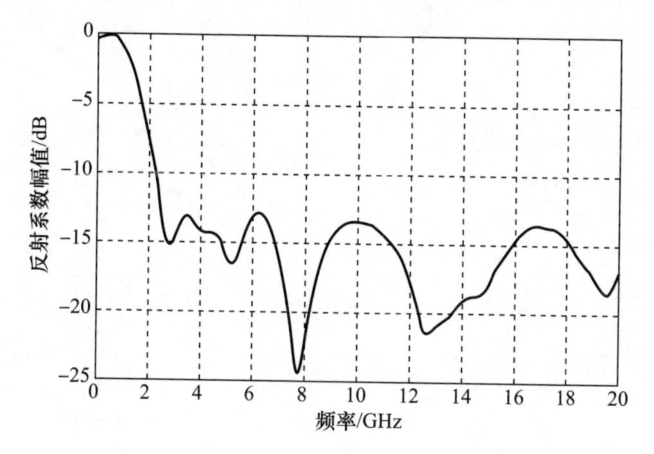

图6.16　矩形平面单极子天线的仿真反射系数幅值曲线(ψ=18.29°、W=52mm和a=3.6mm)

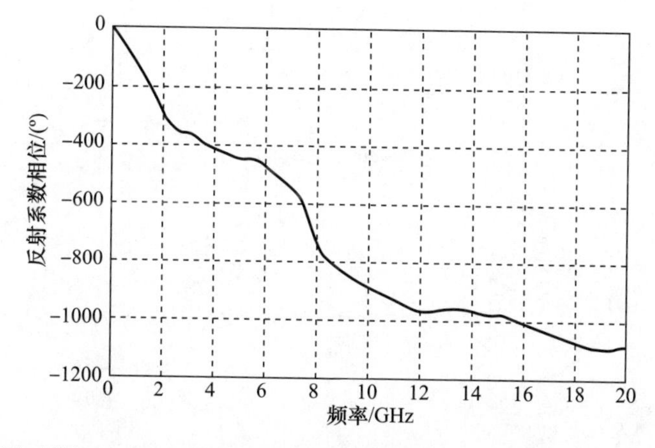

图6.17　矩形平面单极子天线的仿真反射系数相位曲线(ψ=18.29°、W=52mm和a=3.6mm)

在辐射方向图方面,图6.18显示了它在进行仿真的频率范围内所经历的变化。根据该图所示的结果,尽管该设计与原尺寸天线相比没有显著的差异,但是随着频率增加，仍然存在全向性的恶化。

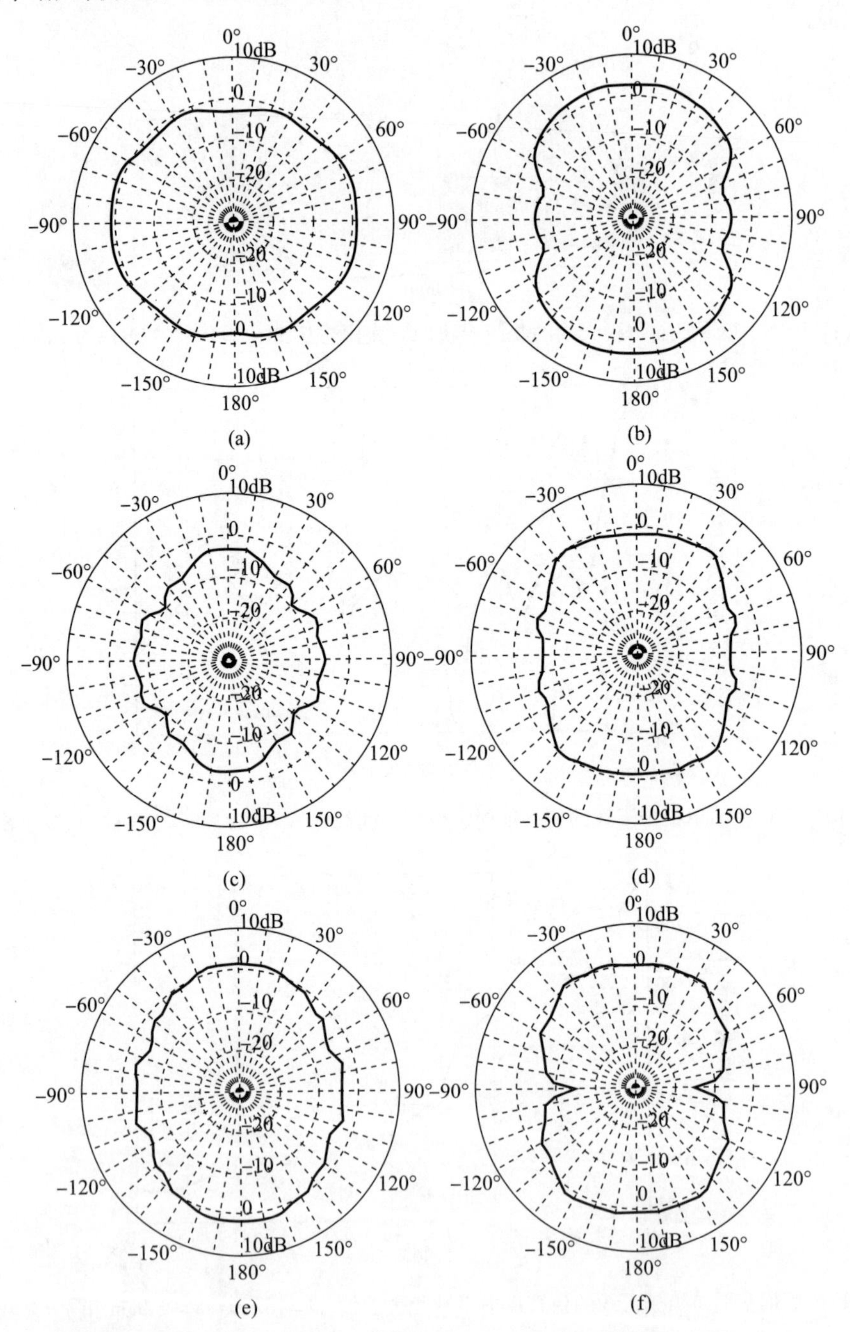

图 6.18　在相位角 $\psi = 18.29°$、$W = 52\text{mm}$ 和 $a = 3.6\text{mm}$ 的矩形平面单级子天线的辐射方向图

(a) 3GHz；(b) 6GHz；(c) 9GHz；(d) 12GHz；(e) 15GHz；(f) 18GHz。

6.4.4　接地平面和辐射体之间的高度变化

首先,考虑图6.15的天线几何形状,其中接地平面和辐射体之间的高度 h 是要根据设计方法改变的参数;然后,对于 h,可以考虑1.0mm、1.1mm、1.2mm、1.3mm、1.4mm和1.5mm这6个值。对于仿真反射系数的幅值和相位,分别如图6.19和图6.20所示。

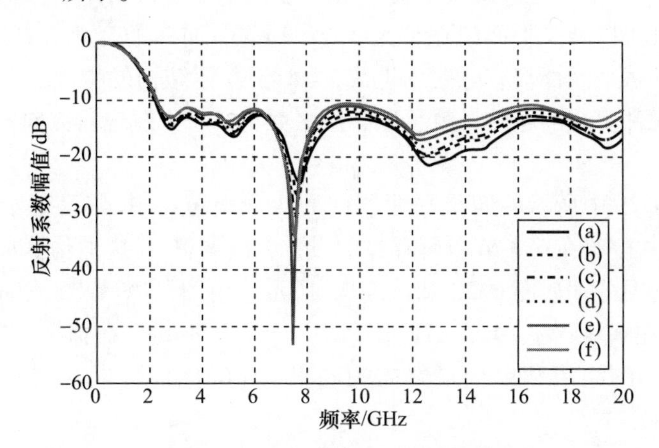

图6.19　$\psi=18.29°$、$W=52$mm和 $a=3.6$mm在不同 h 值下的矩形平面单极子天线的仿真反射系数幅度曲线

(a) $h=1.0$mm;(b) $h=1.1$mm;(c) $h=1.2$mm;(d) $h=1.3$mm;(e) $h=1.4$mm;(f) $h=1.5$mm。

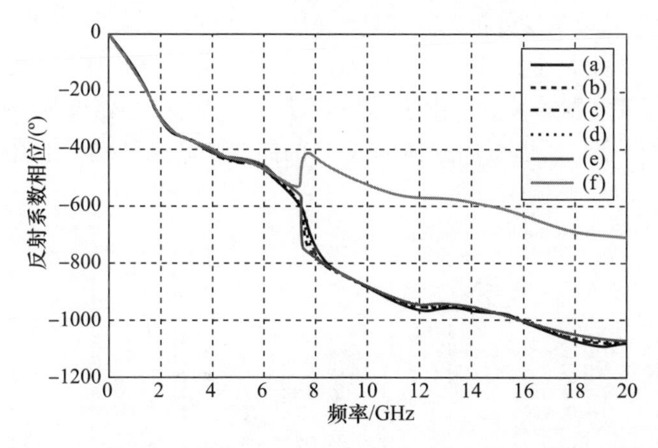

图6.20　对于 $\psi=18.29°$、$W=52$mm和 $a=3.6$mm在不同 h 值的矩形平面单极子天线的模拟反射系数相位曲线

(a) $h=1.0$mm;(b) $h=1.1$mm;(c) $h=1.2$mm;(d) $h=1.3$mm;(e) $h=1.4$mm;(f) $h=1.5$mm。

由图可以看出,当 h 的值增加时,匹配阻抗减小,因此带宽也会发生变化。该变量的最佳值是 $h=1$mm,中值为 $|\Gamma|=-14.70$dB,$|\Gamma|<-10$dB的范围是

89.1%。在相位响应方面,它保留其非线性特性,除了 $h=1.5\text{mm}$ 时相位曲线呈现出在 8GHz 附近的严重突变(与谐振频率有关),对于 h 的几乎所有值都是类似的。

6.5 减少辐射方向图的变化

如上所述,保持超宽带天线辐射方向图的全向性是很困难的。因此,使用多个正交辐射元件可以减少平面超宽带天线[6,8]辐射方向图的变化。其原理是,在组合辐射体中的每个元件都有电磁场生成,类似于立体结构的特性。那么由两个或更多的正交元件生成的电磁场就可以减少平面单极子天线辐射方向图的频率相关特性。

对于图 6.21 中所示的四个平面器件的双正交结构中,假设每个矩形单元以45°间隔排列并按照在 6.3 节[6]解释过的设计方法调整,相应的仿真反射系数的幅值和辐射方向图分别如图 6.22 和图 6.23 所示。由图可以看出,该辐射体阻抗匹配良好,尽管在临界频率 10.78GHz 处,$|\Gamma| = -9.98\text{dB}$。在辐射方向图方面,通过比较图 6.23 的结果和单个辐射体的结果(图 6.18),可以观察到更好的全向特性。

在极限情况下,当单元的数目是无限大时天线的性能将达到最优,Peyrot - Solis 等人分析了这个概念在文献[6]的分析中,尽管辐射方向图可以保持稳定,但是,辐射元件数量越多,其阻抗匹配的带宽越窄。这个现象可以通过旋转的固有天线和正交辐射体的反射系数幅度分析(见文献[6]两个天线的设计细节),如图 6.24 所示。

如图 6.21 所示,上限截止频率从正交天线的约 16GHz 降到立体天线的 8GHz。这个频带宽度的减少是由于无限数目元件中的电容值增加,从而影响了在 14GHz 的谐振频率。可以看出立体天线 Γ 的曲线在高频处趋于上升,从而出现阻抗失配。

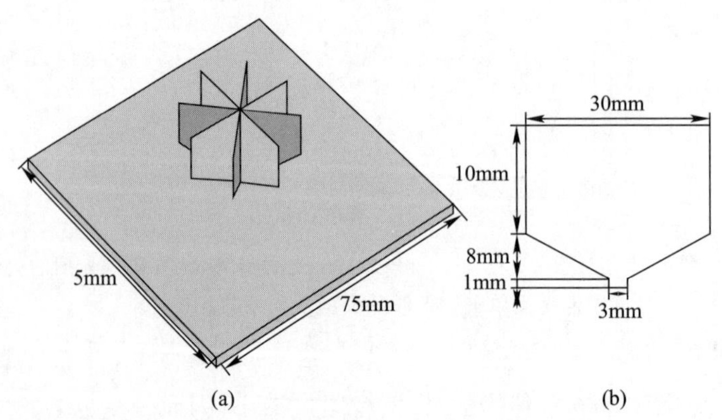

图 6.21 双正交的超宽带天线的形状和尺寸

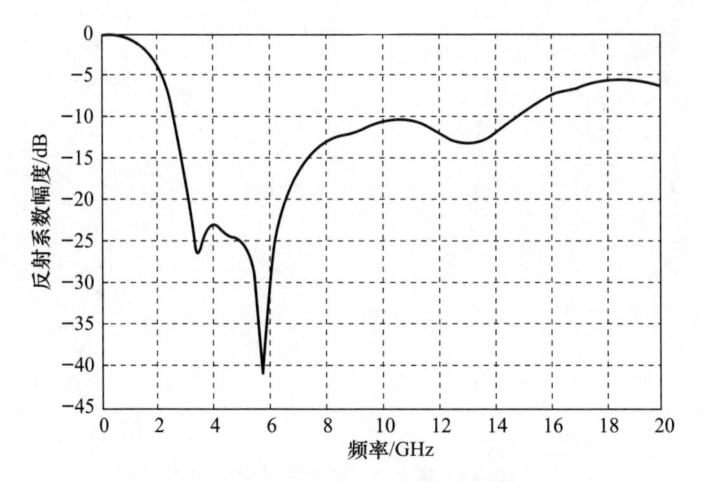

图 6.22 天线(图 6.21)的反射系数幅值曲线

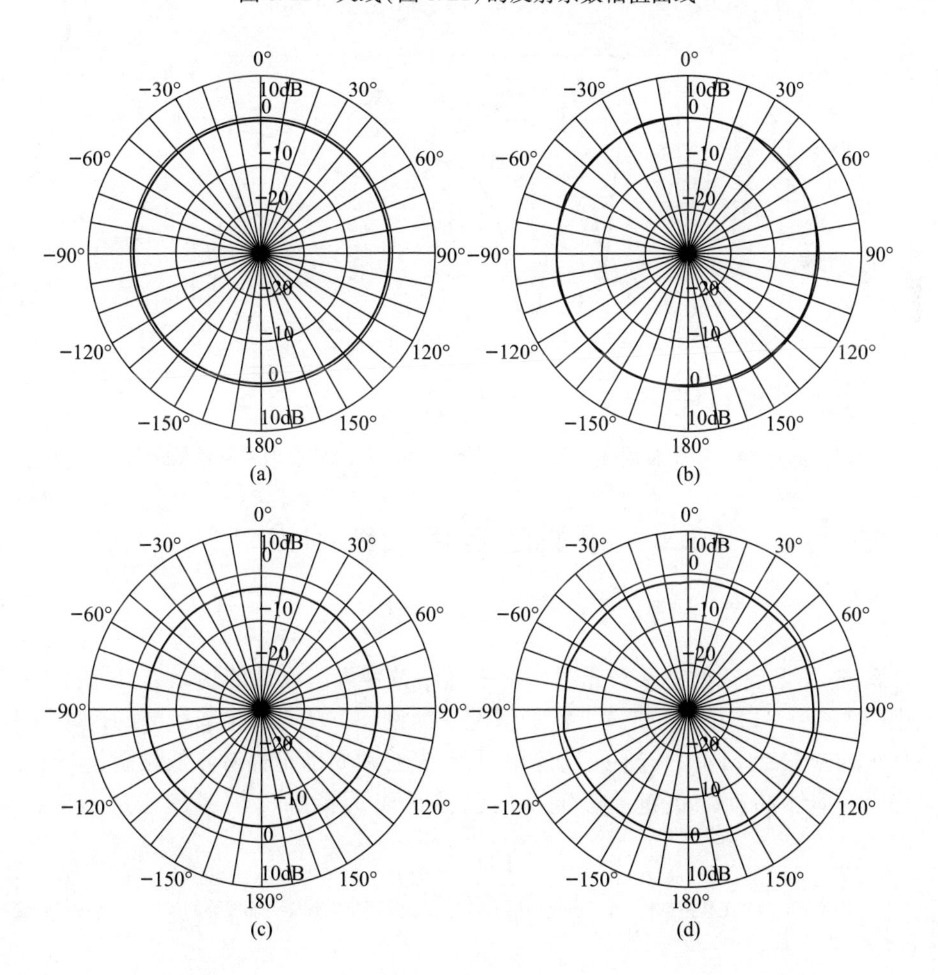

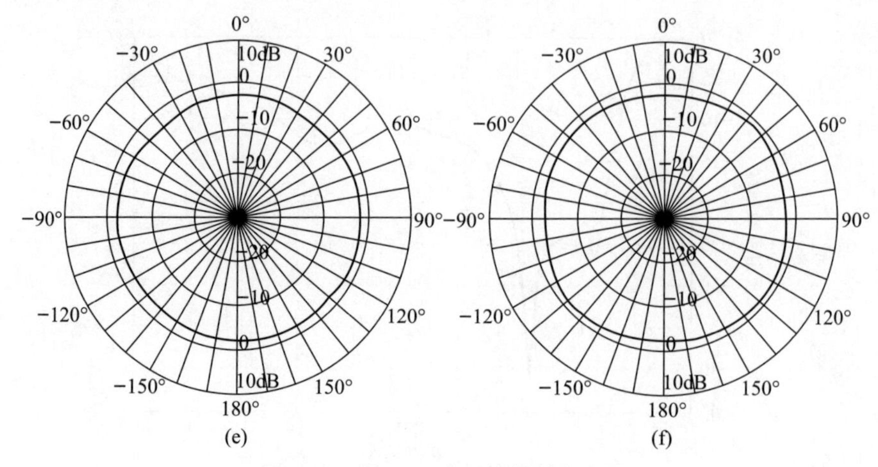

图 6.23 图 6.21 中天线辐射方向图

(a) 3GHz；(b) 5GHz；(c) 7GHz；(d) 9GHz；(e) 10GHz；(f) 11GHz。

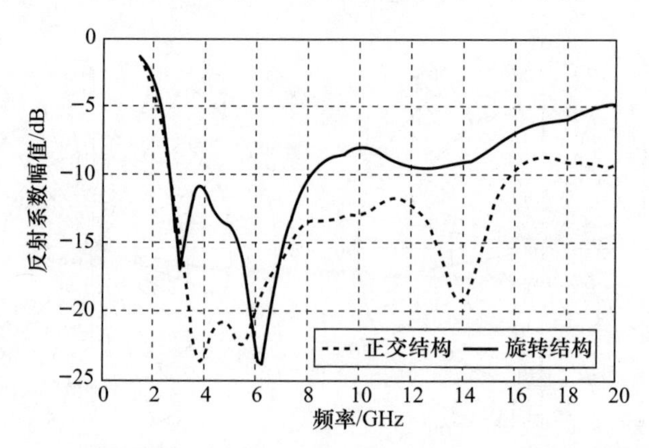

图 6.24 正交辐射体和旋转立方体(体积)辐射体反射系数幅值曲线

6.6 平面超宽带天线的设计

6.6.1 引言

首先,用全向辐射特性来介绍一些平面超宽带天线设计的指导方针,提供比文献中(如文献[9])更宽的带宽。这种情况下的设计方法是 6.3 节解释的简化版本,流程图如图 6.25 所示。与平面设计相似,首先必须要确定辐射体低频截止频率,这是确定辐射体高度的关键。假定基板已经预先选择好①,辐射体通过共面波导

① 使用 CST 微波工作室软件,可以通过使用宏计算分析线阻抗来确定共面波导的尺寸,分析中可以选择带接地的共面波导。

(CPW)馈电,此波导可以根据经典微带阻抗方程式设计好,那么只需要在介质板上设计辐射单元。这里,还提出了利用对称斜边技术改善阻抗匹配的响应的具体设计方法。

从图6.25中可以看出,还需要分析 $\Gamma(x)$,但是如果仅针对斜角 ψ 和辐射体宽度 W,则可以按照图6.7中所示的一般流程图进行分析。

最后,值得注意的是,为了提高平面天线给定斜角的阻抗带宽,我们需要使用一种额外的匹配技术[5]。实现上述技术的一种方式是通过在介质板前后的共面波导附近的接地平面进行切角。通过仿真研究可以确定地板的斜角必须大于辐射体1/5的初始高度。辐射单元的切角决定了介质板前面切角的深度 h_g 和后面的切角深度 h_{gp},以及辐射单元和接地平面间的距离 h。与这些尺寸(图6.26)相关的经验表达式如下:

$$h_g = -3.5\tan\psi \tag{6.1}$$

$$h_{gp} = -0.1 - 3.5\tan\psi \tag{6.2}$$

$$h = 0.7 - 3.5\tan\psi \tag{6.3}$$

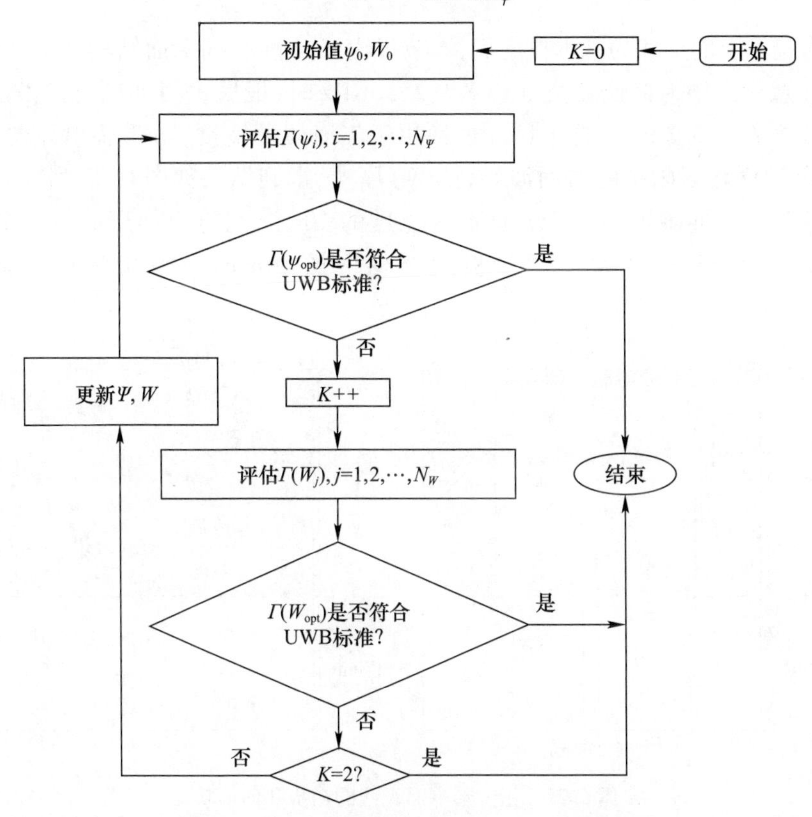

图6.25　平面全向超宽带天线的设计方法流程图

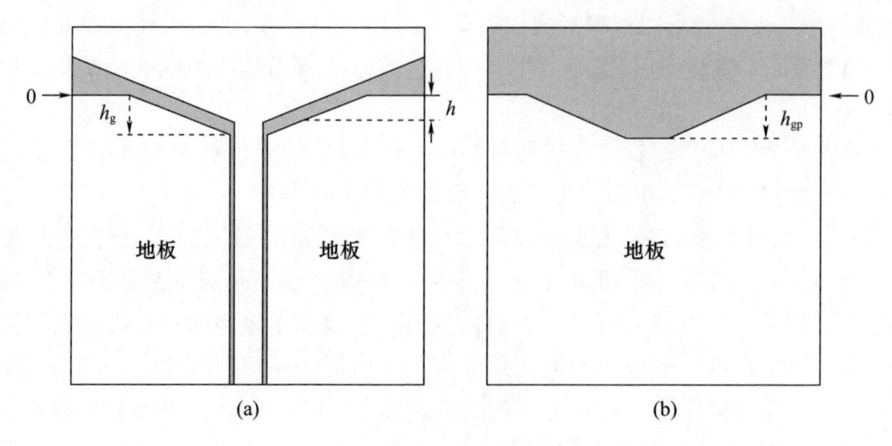

图 6.26 具有地平面斜面技术的矩形平面化超宽带单极几何结构

(a) 主视图；(b) 后视图。

6.6.2 初始方形辐射体

讨论了上面描述的基本概念后，本节提出了一种基础平面结构的天线设计。假设任意一个辐射体低频截止频率为 2.36GHz 时，根据式(4.17)可以得出辐射体高度为 $L=26.3\text{mm}$。这个尺寸也适用于辐射体的宽度(方形辐射体器)。通过计算 50Ω 输入阻抗的共面波导(CPW)尺寸，得到结果如图 6.27 所示。由于通常建议地平面高度不高于共面波导宽度的 10 倍[5]，这里使用的值是 17mm。至于基板宽度，由于每个辐射板侧至少增加 10mm[5]，因此总地平面宽度为 46.3mm。

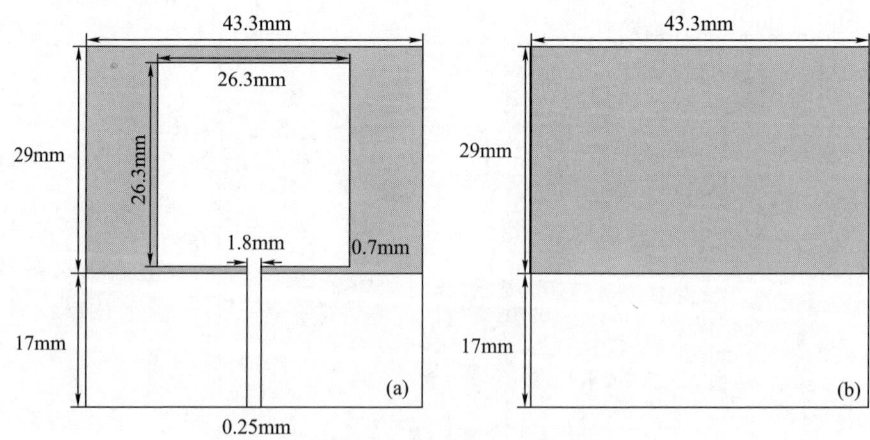

图 6.27 正方形平面天线的初步几何形状

(a) 正面视图；(b) 后视图。

6.7 超宽带平面矩形天线的调试

6.7.1 仿真结果

现在开始讲述6.6节中描述的设计方法。考虑图6.27所示的初始辐射体与1.27mm厚度的RT5880基板($\varepsilon_r=2.2$),图6.25所示的流程图的第一个求值步骤是将切角对称加在其基板上。图6.28显示了$\psi=0°$,$\psi=20°$,$\psi=22°$,$\psi=24°$仿真反射系数的大小(虽然ψ的其他值也进行了仿真,但更低的角度不利于阻抗匹配改善,所以在这里不提及)。从这些结果可以很明显地看出,角ψ越大,阻抗匹配越好(以从$|\Gamma|=-10\text{dB}$的阈值曲线向下位移为代表),在倾斜角$\psi=22°$时达到最好的阻抗匹配条件,因为在74.2%区间它有一个中值$|\Gamma|=-12.46\text{dB}$。虽然这种结构能满足确定的超宽带的预期,但是仍然在11GHz处发现一处不匹配。

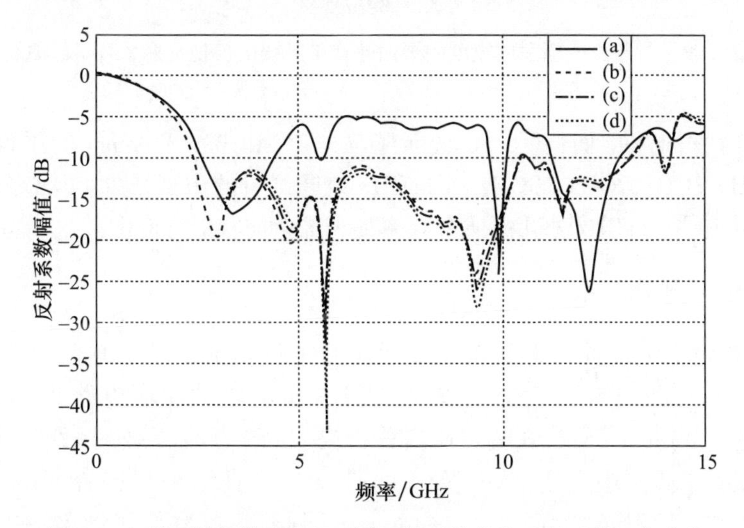

图6.28 平面超宽带天线在不同ψ值下的仿真反射系数幅值曲线
(a) $\psi=0°$;(b) $\psi=20°$;(c) $\psi=22°$;(d) $\psi=24°$。

设计方法的第二步通过改变辐射体宽度,从而获得矩形形状,并获得更好的阻抗匹配条件。因此,仿真反射系数的大小如图6.29所示,其中辐射体宽度取三个值:$W=30.3\text{mm}$,$W=32.3\text{mm}$和$W=34.3\text{mm}$。通过对$|\Gamma(W)|$结果进行仔细分析,我们观察到,$W=30.3\text{mm}$时辐射体在频率为11GHz发生阻抗失配,此时$|\Gamma|\approx-10\text{dB}$,然而$W=34.3\text{mm}$曲线在4GHz附近阻抗失配。在整个带宽在2.24~12.62GHz内$W=32.3\text{mm}$的值在2.24~12.62GHz的整个带宽内保持为可接受的阻抗匹配的响应。

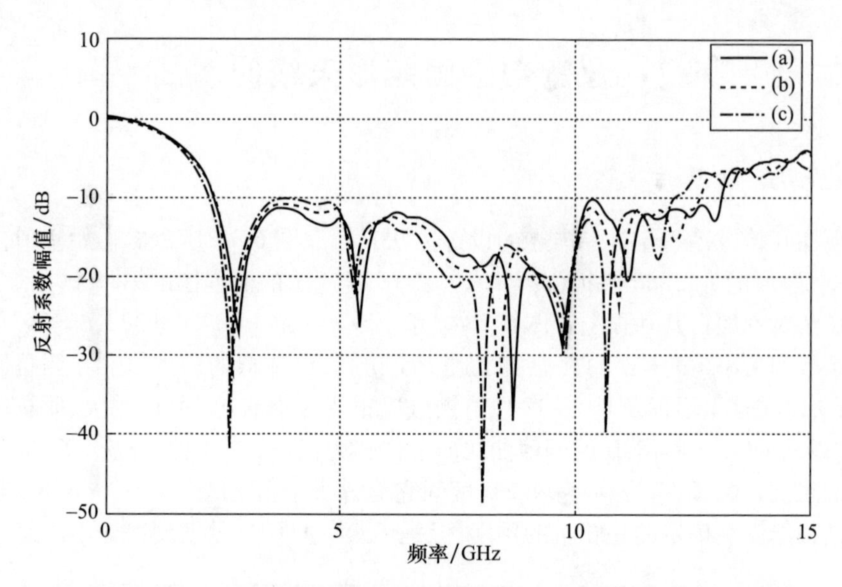

图 6.29　对于三个辐射体宽度的平面超宽带天线的模拟反射系数幅值曲线
(a) W=30.3mm；(b) W=32.3mm；(c) W=34.3mm。

在辐射方向图方面，图 6.30 展示了 $\psi = 22°$ 和 $W = 32.3$mm 的平面天线在 3GHz、5GHz、7GHz、9GHz、10GHz 和 11GHz 处调试后的仿真结果。从该图可以观察到除 10GHz 和 11GHz 外几乎所有频率都为准全向辐射方向图。

6.7.2　测量结果

现在讨论上述设计的平面超宽带天线的实际测量结果。图 6.31 展示了该天线的原型，它设计在一个 $\varepsilon_r = 2.2$，且 1.27mm 厚的印刷电路板 RT5880 表面[10]。通过 Agilent E8362B 矢量网络分析仪来测量反射系数的幅度，其结果如图 6.32所示。从图中可以看出，实际的带宽与仿真结果相比有所减少(参见图 6.29 中W=32.3mm 的曲线)。基本上，低频截止频率偏移到 3.5GHz 左右，两个临界阻抗匹配点分别在 7.29GHz 和 9.69GHz，$|\Gamma|$值分别为 -10.07dB 和 $|\Gamma| = -8.88$dB。这些临界频率(仿真结果中未出现)是由于加工过程中的误差导致的。

对应于在 3GHz、7GHz 和 10GHz 时仿真和实测辐射方向图的结果分别如图 6.33 ~ 图 6.35 所示。由图可以看出，在 3GHz 时方向图之间高度一致。然而，随着频率增加，出现了较大的差异，这是由于天线结构导致寄生电流引起的。事实上，这与前 6.7.1 节讨论的临界频率在 7.29GHz 阻抗失配的原因是一致的。

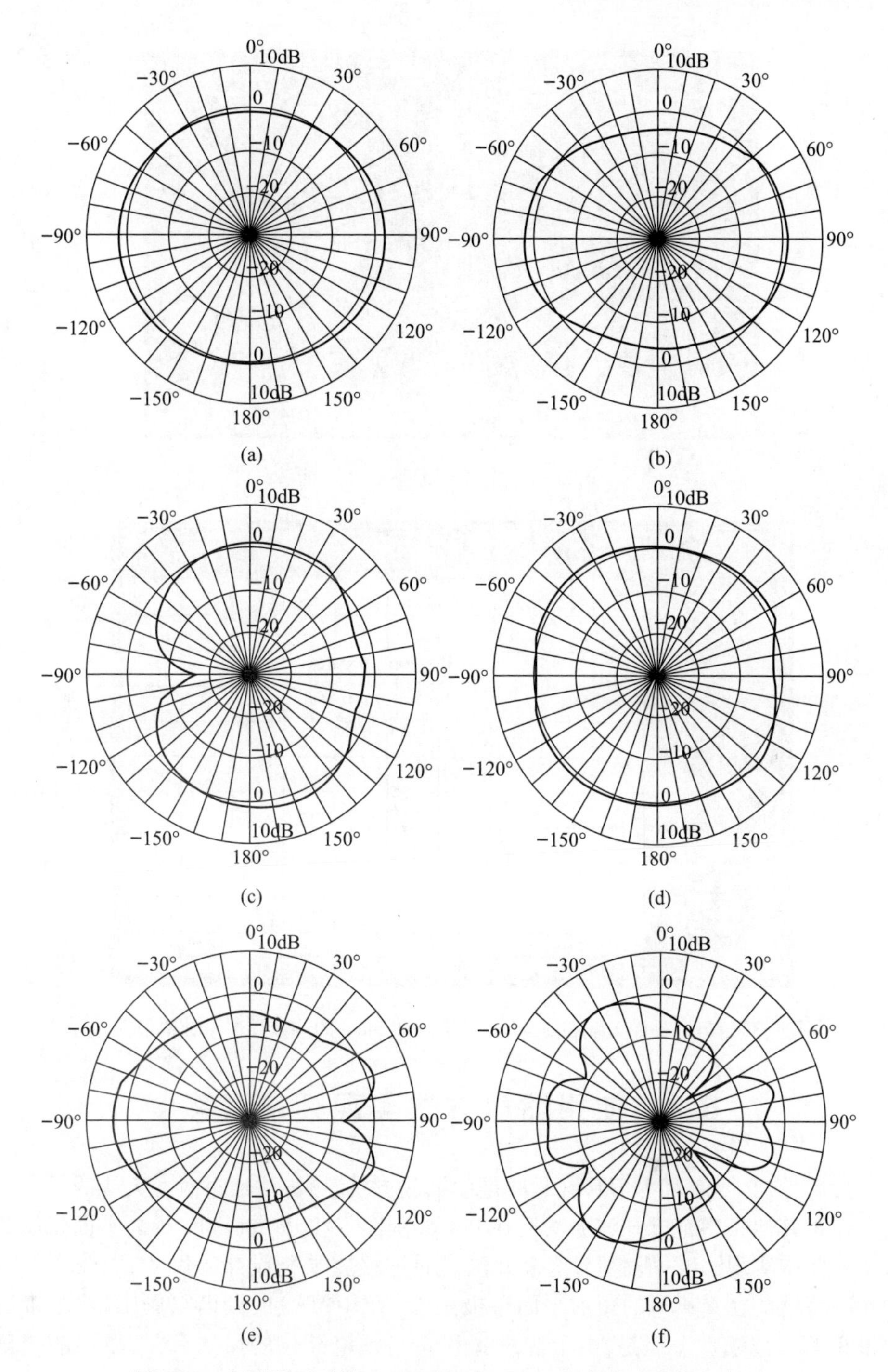

图 6.30　矩形平面天线 $\psi=22°$ 和 $W=32.3$mm 的仿真辐射方向图

(a) 3GHz; (b) 5GHz; (c) 7GHz; (d) 9GHz; (e) 10GHz; (f) 11GHz。

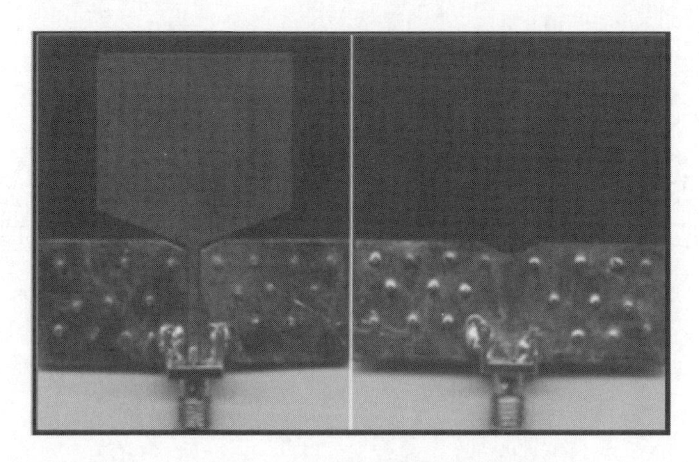

图 6.31 矩形平面天线的原型

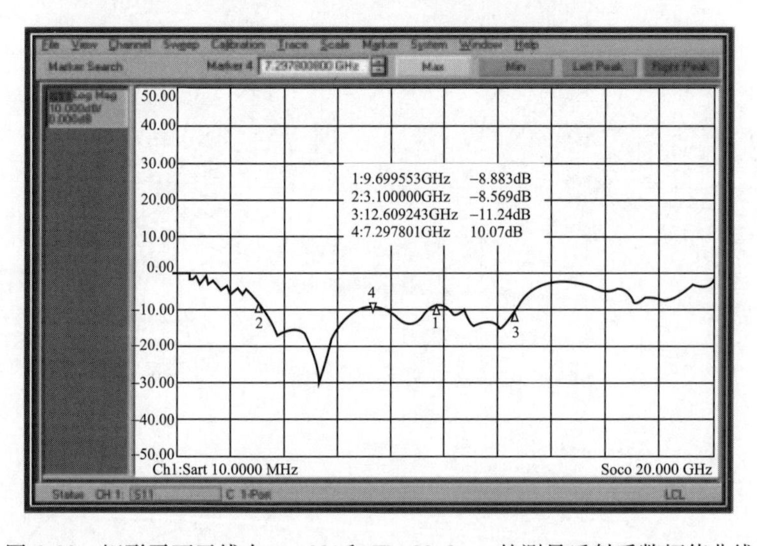

图 6.32 矩形平面天线在 $\psi=22°$ 和 $W=32.3$mm 的测量反射系数幅值曲线

6.8 使用缩放方法实现频带搬移

最后,有必要解释一下什么是所谓的缩放方法,该方法通过改变天线的尺寸使其工作于其他频率范围。该方法已在 Peyrot Solis[5] 和 Peyrot Solis 等的平面化超宽带辐射体中实现[11]。基本上,这个方法是通过缩放某一设计的尺寸,以改变天线的频率跨度。在 6.4 节的矩形平面单极子天线(RPMA)的调谐案例中,两个维度 ψ 和 W 都可以缩放。但是,由于变量 a 和 h 与馈电结构的尺寸有关,故不能被修改。因此,对于一个性能良好的天线,可以改变低频截止频率,从而避免在 6.3 节或 6.6 节中描述的设计方法中所面临的问题。接下来,需要用缩放因子 SF 统一地修改天线尺寸。设原始辐射体的原始高度为 l，新的天线高度为 l_s（请记住，该变量最初是由所需的低频截止频率决定的），则缩放因子可以直接表示为

$$SF = \frac{l_s}{l} \tag{6.4}$$

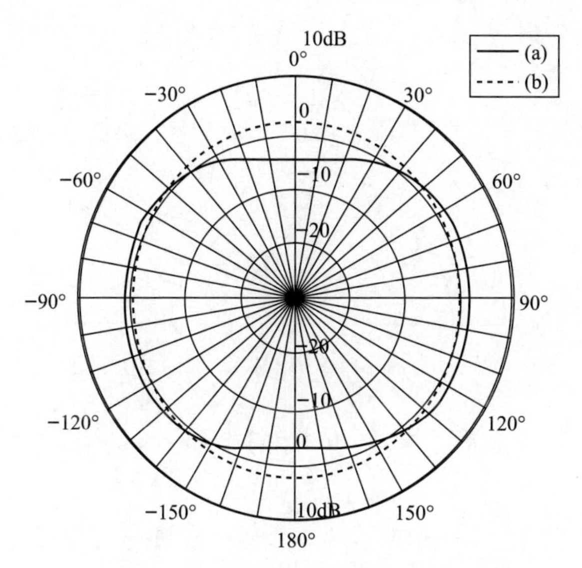

图6.33　矩形平面天线在3GHz的辐射方向图
（a）测量结果；（b）仿真结果。

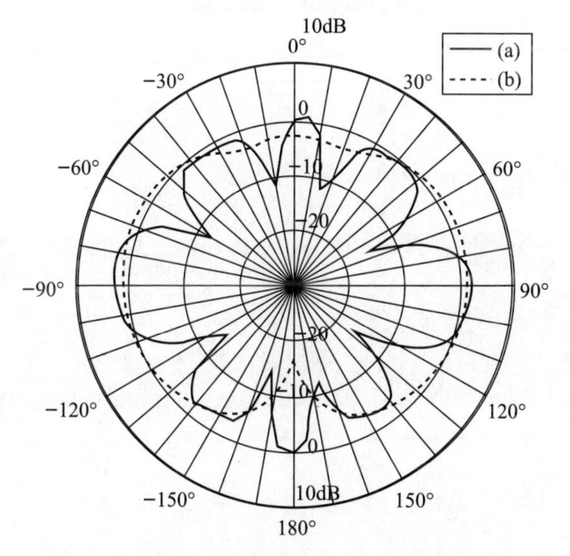

图6.34　矩形平面天线在7GHz的辐射方向图
（a）测量结果；（b）仿真结果。

例如,本节通过对文献[5]中提出的 RPMA 进行缩放,以设计一个新的 UWB 天线,使其工作在另一个频率范围(假设f_L =500MHz),其尺寸如图 6.36 所示。考虑到实际加工可能产生的误差留出 40MHz 的余量。通过将低截止频率 0.46GHz 代入式(4.17),可以确定新辐射体高度为 l_s = 134mm,并将此值代入式(6.4),得到缩放因子 SF =3.61。

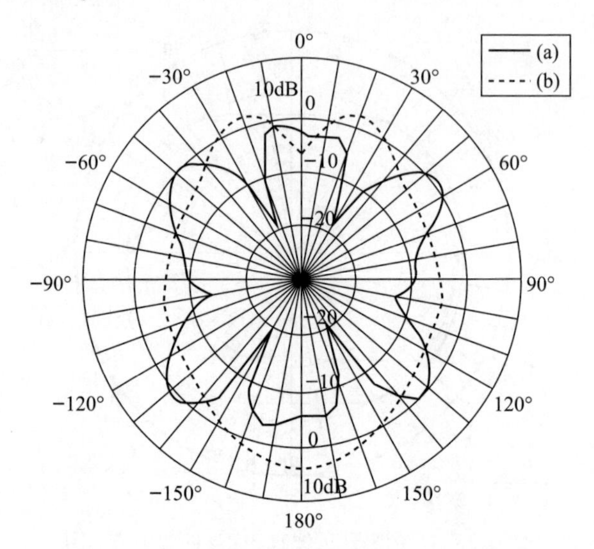

图 6.35　矩形平面天线在 10GHz 的辐射方向图
(a) 测量结果;(b) 仿真结果。

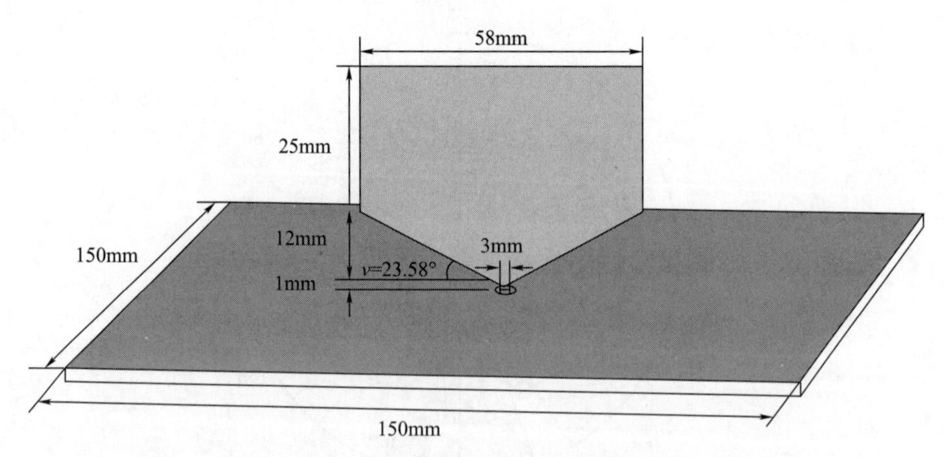

图 6.36　矩形平面单极子天线的结构

通过将比例因子应用于图 6.36 的尺寸,可以设计一个新的缩放天线,其尺寸如图 6.37 所示。值得注意的是,如前所述,尺寸 a 和 h 未修改,并且地平面尺寸现在为 350 × 350mm^2,因为其应该至少是辐射体高度[5]的 2.5 倍。

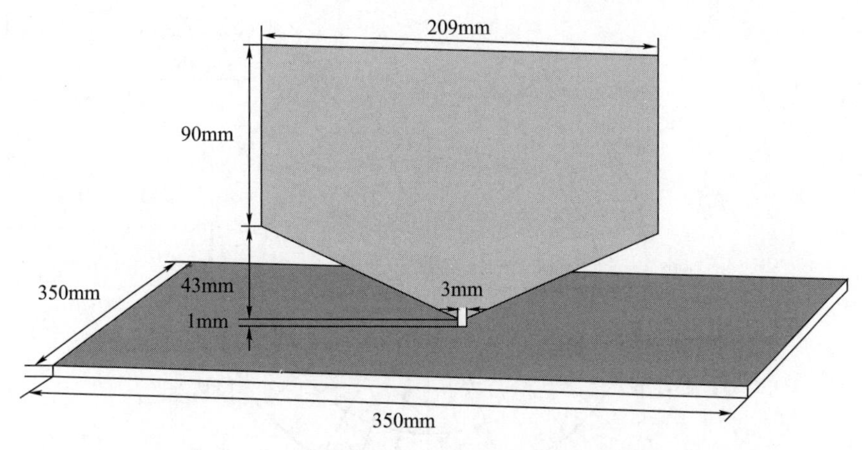

图 6.37 缩放的矩形平面单极子天线的结构

图 6.38 所示为图 6.37 中缩放天线在原始设计中的仿真反射系数幅值，其中在低频截止频率的移位可确定为 f_L = 660MHz。虽然相对于初始频率（f_L = 460MHz）产生了 200MHz 的差异，但是使用缩放因子的天线设计方法的简单性是很有吸引力的。

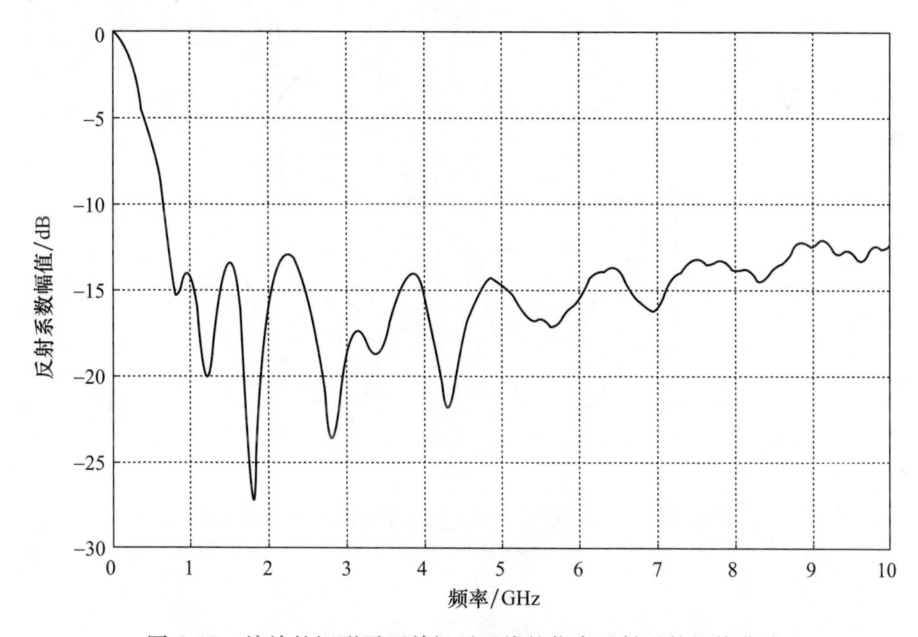

图 6.38 缩放的矩形平面单极子天线的仿真反射系数幅值曲线

此外，图 6.39 和图 6.40 分别展示了该天线在 5GHz 和 10GHz 处的仿真和实测辐射方向图结果。从图中可以看出，两个曲线尽管在两个频率处观察到约 1dB 的增益差异，但是整体吻合性较好。

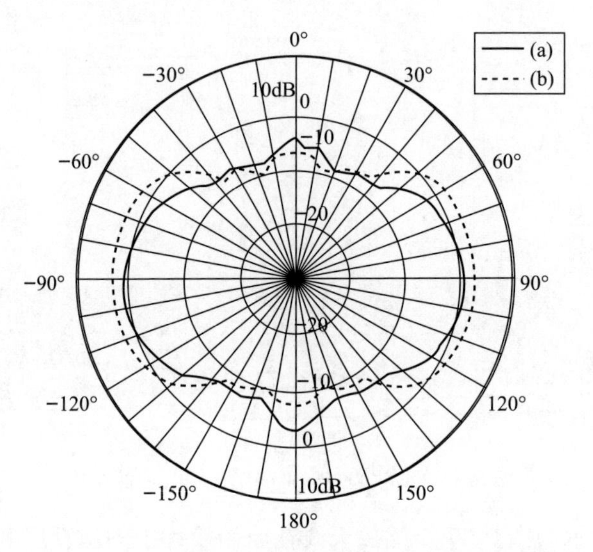

图 6.39 缩放的矩形平面天线在 5GHz 的辐射方向图
(a) 测量结果；(b) 仿真结果。

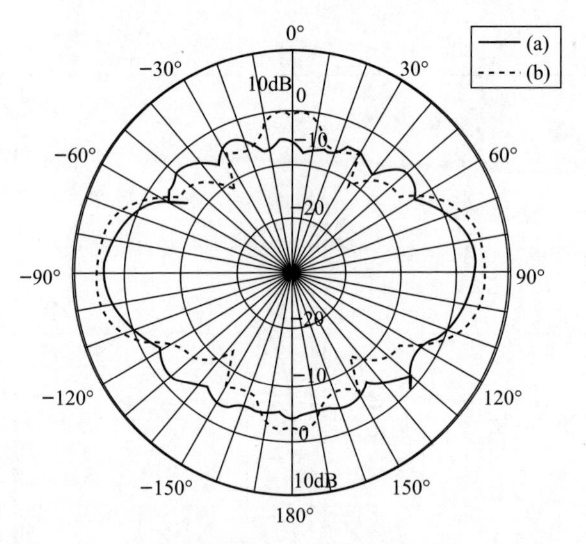

图 6.40 缩放的矩形平面天线在 10GHz 的辐射方向图
(a) 测量结果；(b) 仿真结果。

参 考 文 献

[1] IEEE standard definitions of terms for antennas, IEEE std 145-1993, 1993.

[2] M. Hammoud, P. Poey, and F. Colomel. Matching the input impedance

of a broadband disc monopole. *Electronics Letters*, 29:406–407, 1993.

[3] S. W. Su, K. L. Wong, and C. L. Tang. Ultra-wideband square planar monopole antenna for IEEE 802.16a operation in the 2–11 GHz band. *Microwave and Optical Technology Letters*, 42(6):463–465, 2004.

[4] D. Valderas, I. Cendoya, R. Berenguer, and I. Sancho. A method of optimize the bandwidth of UWB planar monopole antennas. *Microwave and Optical Technology Letters*, 48(1):155–159, 2006.

[5] M. A. Peyrot-Solis. *Investigación y Desarrollo de Antenas de Banda Ultra Ancha (in Spanish)*. PhD thesis, Center for Research and Advanced Studies of IPN, Department of Electrical Engineering, Communications Section, Mexico, 2009.

[6] M. A. Peyrot-Solis, G. M. Galvan-Tejada, and H. Jardón-Aguilar. A $\pi/4$ bi-orthogonal monopole antenna for operation on and beyond of the UWB band. *International Journal of RF and Microwave Computer-Aided Engineering*, 21(1):106–114, 2011.

[7] M. J. Ammann. Control of impedance bandwidth of wideband planar monopole antennas using a beveling technique. *Microwave and Optical Technology Letters*, 30(4):229–232, 2001.

[8] M. A. Peyrot-Solis, G. M. Galvan-Tejada, and H. Jardón-Aguilar. Orthogonal ultra-wideband planar monopole antenna for EMC studies. In *VII International Sumposium on Electromagnetic Compatibility and Electromagnetic Ecology*, pages 141–144, 2007.

[9] M. Yanagi, S. Kurashima, T. Arita, and T. Kobayashi. A planar UWB monopole antenna formed on a printed circuit board. Technical report, Fujitsu Company, 2004.

[10] M. A. Peyrot-Solis, G. M. Galvan-Tejada, and H. Jardón-Aguilar. A novel planar UWB monopole antenna formed on a printed circuit boǎrd. *Microwave and Optical Technology Letters*, 48(5):933–935, 2006.

[11] M. A. Peyrot-Solis, J. A. Tirado-Mendez, G. M. Galvan-Tejada, and H. Jardón-Aguilar. Scaling factor in an ultra-wideband planar monopole antenna. *WSEAS Transactions on Circuits and Systems*, 8(5):1181–1184, 2006.

第7章 平面和立体定向超宽带天线设计

7.1 超宽带定向天线

本章考虑将平面和立体超宽带天线作为备选天线来实现具有定向辐射特性的超宽带天线。与第6章中研究的一样,本章不仅对阻抗匹配和相位进行相应的分析,同时也考虑到辐射方向图特性。尽管如此,若要评估所设计的天线是否具有定向辐射特性,还需考虑许多不同参数,如前后瓣比(FBR)、3dB波束宽度或半功率波束宽度(HPBW)、旁瓣特征和寄生瓣的存在。

本章并没有采用第6章中所介绍的设计、仿真、优化的方法,而是先对已知定向超宽带天线进行仿真调谐。因此,前部分主要通过CST软件对下述天线的性能进行仿真分析。

(1) Vivaldi天线。如第3章所述,Vivaldi天线是一种在理论上具有无限带宽的平面辐射结构。

(2) 叶形定向平面单极子天线。这种天线一般采用较低介电常数且较厚的介质基板。该天线通过旋转辐射体从而使其与地面具有一定倾角、合理选择介质板,以及采用叶形辐射体三个方面来增加天线带宽。

(3) 横向电磁(TEM)喇叭天线。此种天线通常为立体结构。与Vivaldi天线一样,TEM喇叭天线通常也具有优异的超宽带特性。这是唯一一种用来对其他天线进行测量的标准天线。

(4) 准八木天线。与上述天线相比,这种设计的主要优点是缩小了尺寸,但其主要限制是带宽较窄,而且它是一种色散天线。

此外,本章还对其他以平面矩形结构为基础的天线进行了分析。采用第6章中描述的设计方法对其进行设计,但是目标是实现定向辐射特性。以这种方式,第一个矩形定向天线得以实现。另外,本章还对这种单一矩形单极子天线的变体进行讨论。在原天线的基础上加上反射器被认为是行之有效的一种增加天线方向性的方法。其他设计方面包括以这样的方式延伸地板,即新型地板结构由两个正交表面形成,其中一个表面具有反射器的功能。

此外,文献[2]公开了一种应用平面立体转换原理得出的设计。通过将立体圆锥转换为平面结构,实现了在反射系数幅值小于-10dB,且符合定向辐射的标准的情况下,还超过了10GHz的带宽。本章介绍了该天线设计的演变过程,并对其实验结果进行了分析。

最后,本章对所研究的超宽带定向性天线的一些特性进行了比较,并对其性能进行了讨论,突出了每种设计方案的优势。

7.2 Vivaldi 天线

如第3章所述,Vivaldi天线是喇叭天线的平面化版本,以低成本的简单结构提供中等增益[3]。最初,Vivaldi天线通常设计成平衡结构,但是目前有一种不平衡版本,因此省去了具有很大加工难度的超宽带巴伦。

由于它们的定向辐射方向图和增益接近10dBi[4-5],这两种版本的天线都是军事应用研究的对象。天线馈电通常决定了截止频率上限[6],但是理论上它具有无限的带宽。另外,缝隙的大小决定截止频率下限。

分析过程考虑了文献[7]中提到的特性。图7.1显示了在CST中仿真的Vivaldi天线的几何结构和尺寸。在设计中使用的介质板是RT5880 Duroid,厚度为1.27mm,相对介电常数 $\varepsilon_r = 2.2$。

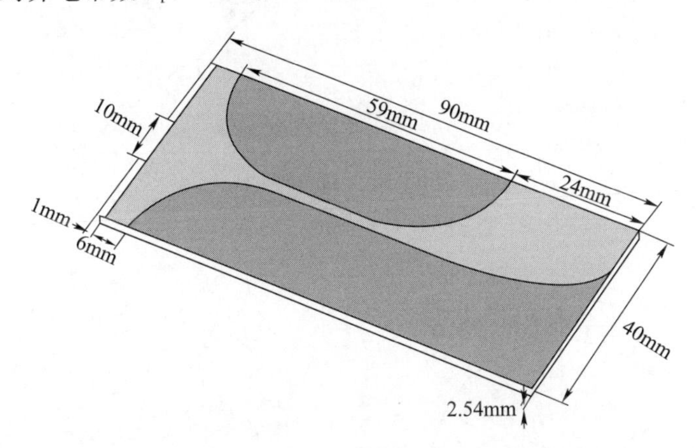

图7.1 Vivaldi天线的几何结构

反射系数幅值和相位的仿真结果分别如图7.2和图7.3所示。由图可以看出,天线具有从3GHz开始到30GHz结束的带宽。①

就辐射方向图而言,Vivaldi天线在5GHz以下表现出准全向性,如图7.4所示。然而,随着频率增加,辐射方向图变得更有方向性,如图7.5~图7.8所示。因此,就方向性而言,可以说该天线在5GHz及以上才能正常工作。

---

① 这个仿真得到的截止频率上限受到了计算的制约。

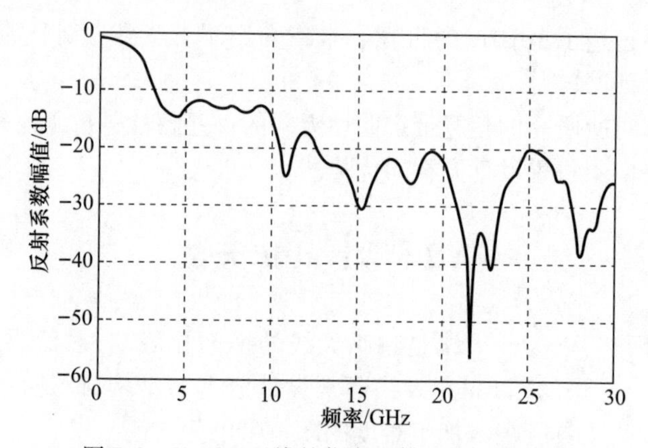

图 7.2 Vivaldi 天线的仿真反射系数幅值曲线

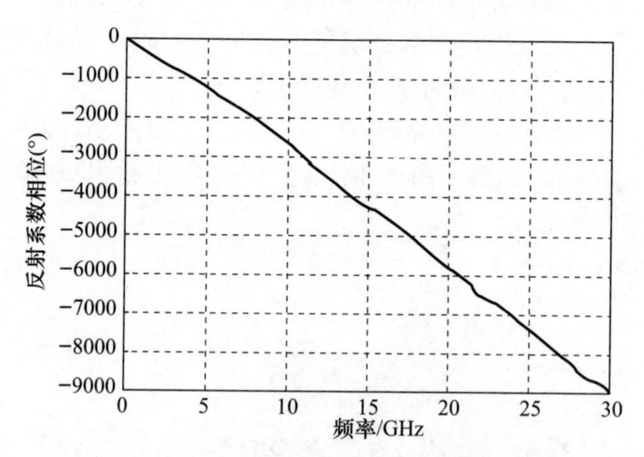

图 7.3 Vivaldi 天线的仿真反射系数相位曲线

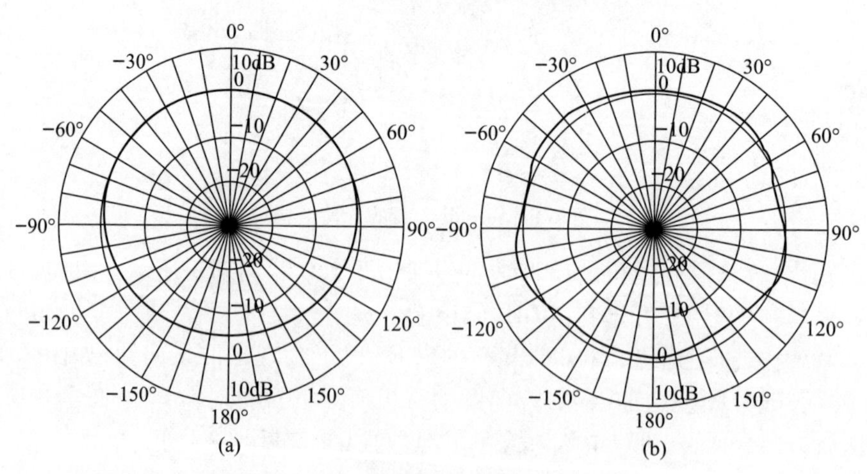

图 7.4 Vivaldi 天线的仿真辐射方向图

(a) 3GHz; (b) 4GHz。

现在分析辐射方向图参数关于频率的变化。根据图7.5～图7.8的结果,在5～8GHz的范围内,增益从3.5dBi变化到5.4dBi。在9～16GHz范围内,后瓣和旁瓣变化,但是主瓣几乎不变(增益从3.6dBi变化到5.3dBi)。在17～20GHz之间,主瓣未观察到实质性变化,其增益值在5.5～7.5dB之间。与以前的频率间隔相比,该频率范围中的寄生波瓣也是稳定的。此外,与图7.5和图7.6相比,在17GHz时前后瓣比更小,达到15dB。最后,对于21～30GHz的频率范围,主瓣保持不变,并且增益从8.4dBi到9.3dBi。此外,寄生波瓣保持稳定。

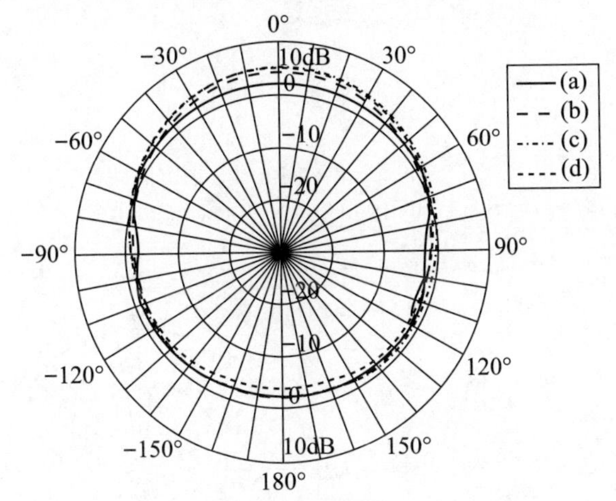

图7.5 Vivaldi天线的仿真辐射方向图

(a) 5GHz; (b) 6GHz; (c) 7GHz; (d) 8GHz。

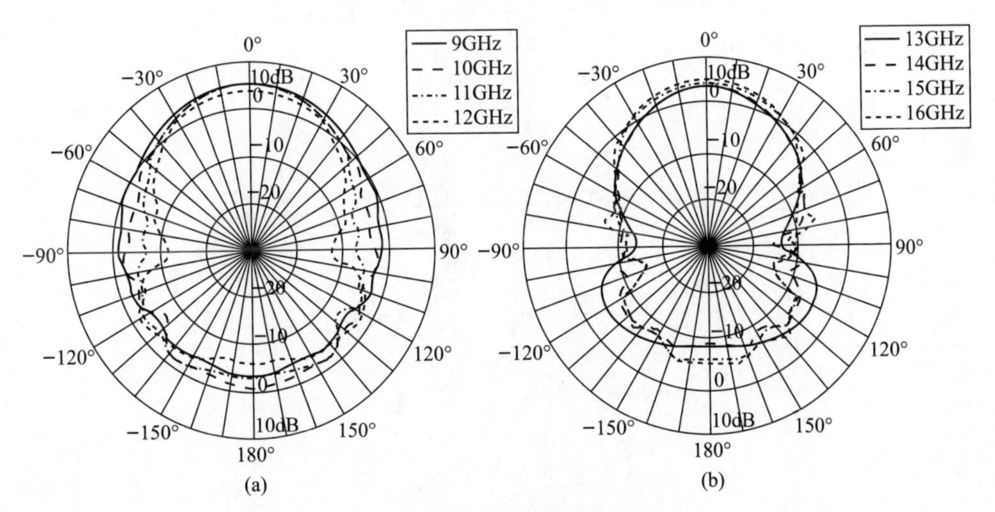

图7.6 Vivaldi天线的仿真辐射方向图

(a) 9～12GHz; (b) 13～16GHz。

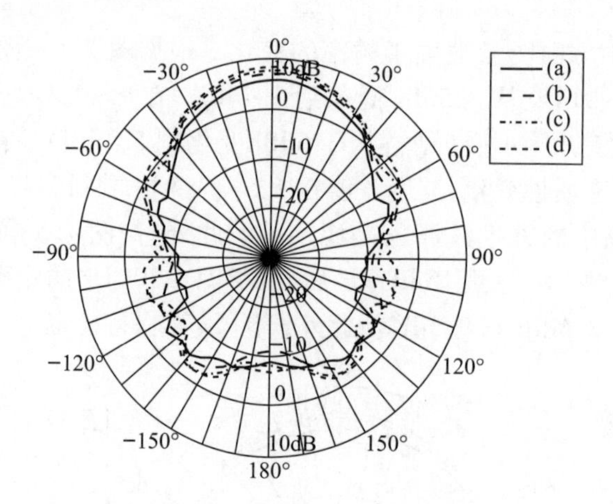

图 7.7　Vivaldi 天线的仿真辐射方向图

(a) 17GHz; (b) 18GHz; (c) 19GHz; (d) 20GHz。

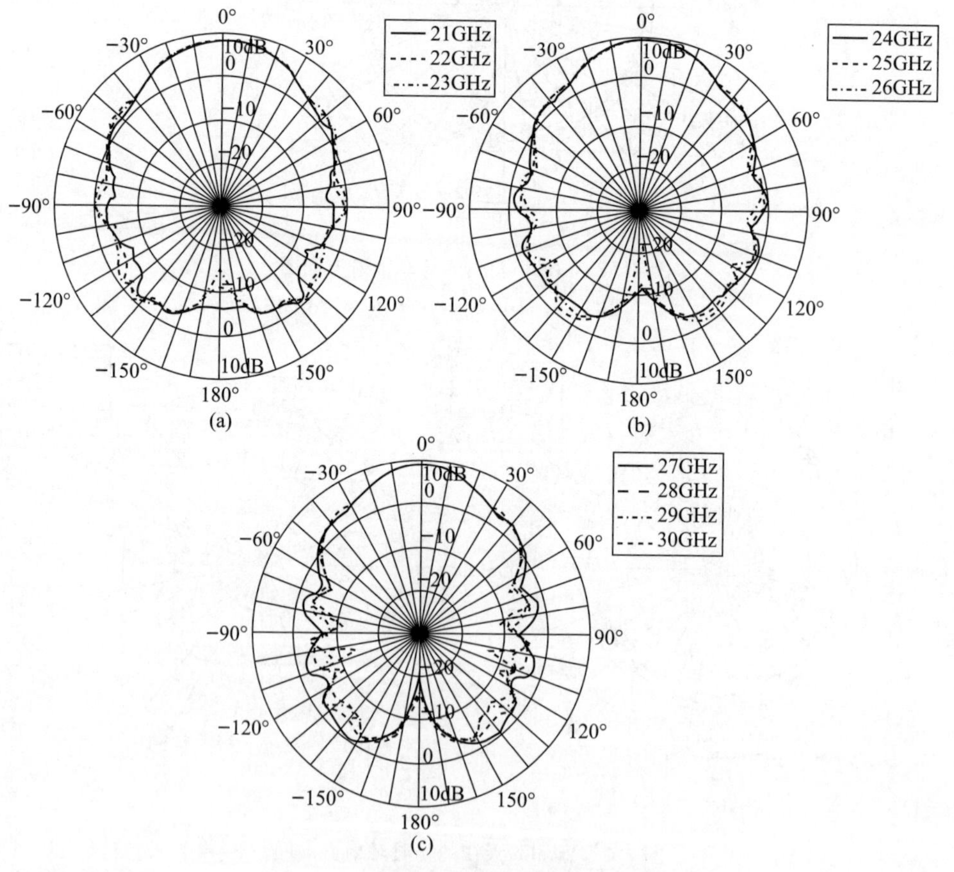

图 7.8　Vivaldi 天线的仿真辐射方向图

(a) 21 ~ 23GHz; (b) 24 ~ 26GHz; (c) 27 ~ 30GHz。

为了评估本章设计的 Vivaldi 天线的特性,将其性能与其他 Vivaldi 设计进行比较。例如,首先比较文献[8]中给出的设计,此处使用相同的基板,厚度和介电常数。分别计算对应于基板宽度 $W_{\text{substrate}}$ 和基板长度 $L_{\text{substrate}}$ 的尺寸(单位为 mm),即

$$W_{\text{substrate}} = 0.68\lambda_L \tag{7.1}$$

$$L_{\text{substrate}} = 1.15\lambda_L \tag{7.2}$$

式中:λ_L 为较低截止频率处的波长(mm)。

因此,对于$f_L = 3\text{GHz}$, $\lambda_L = 100\text{mm}$,有 $W_{\text{substate}} = 68\text{mm}$ 和 $L_{\text{substrate}} = 115\text{mm}$。

引入文献[9]中另一个确定基板宽度的方程:

$$W = \frac{c}{2f_L\sqrt{\varepsilon_e}} \tag{7.3}$$

式中:ε_e 为有效介电常数,可以根据 $\varepsilon_e = \sqrt{\varepsilon_r - 1}$ 确定。对于截止频率下限为 3GHz 和 $\varepsilon_1 = 2.2$ 的特定情况,介质板宽度为 45mm。

最后,文献[10]中提出了另一种 Vivaldi 天线,尺寸为 100mm × 74mm,虽然没有给出设计方程,但其截止频率下限为 2.9GHz。因此,通过比较文献[8-10]中给出的 Vivaldi 天线的尺寸,可以认为图 7.1 中的天线尺寸(40mm × 90mm)可以满足设计要求。

7.3 叶形天线

如第3章中所述,叶形定向平面单极子天线的设计是基于微带天线带宽的展宽,需要使用更厚的低介电常数(如空气)的介质基板。该天线展宽带宽的三种方式分别为:通过旋转辐射体从而使其与地面具有一定倾角、合理选择介质板,以及采用叶形辐射体[11]。

文献[11]中指出辐射体和接地平面之间的最小距离为 1mm 而最大距离约为截止频率下限所对应波长的一半。通过改变辐射体和接地平面之间的夹角可以对天线进行调谐。在文献[11]中,最佳角度为 30°。辐射体末端连接一条 50Ω 微带线,该微带线与地平面平行,并以辐射体对称轴为中心。

为了得到类似于文献[11]的结果,通过仿真进行调谐,得到了图 7.9 所示的几何结构和尺寸。由图可以看出,在这种情况下,"最佳"角度为 40°。

该天线的反射系数幅值如图 7.10 所示。由图可以看出,与文献[11]中的天线相比,带宽得到了改善,从 3.05 ~ 26.87GHz 扩展到了 2.37 ~ 30GHz。与 Vivaldi 天线相比,在这种情况下,反射系数的相位呈现出非线性特性(主要体现在低于 10GHz 的频率),如图 7.11 所示。

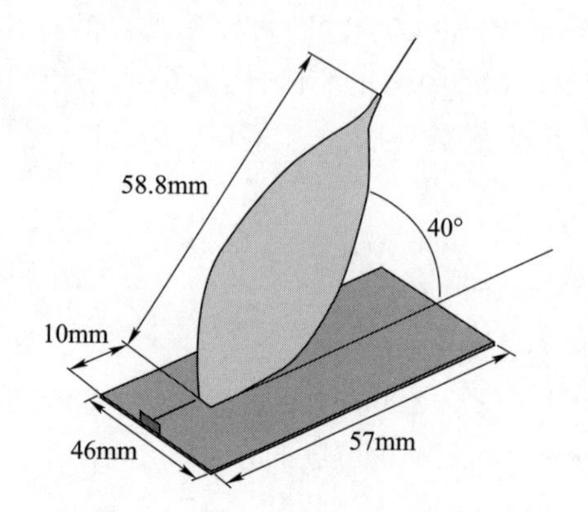

图 7.9　叶状平面定向天线的几何结构

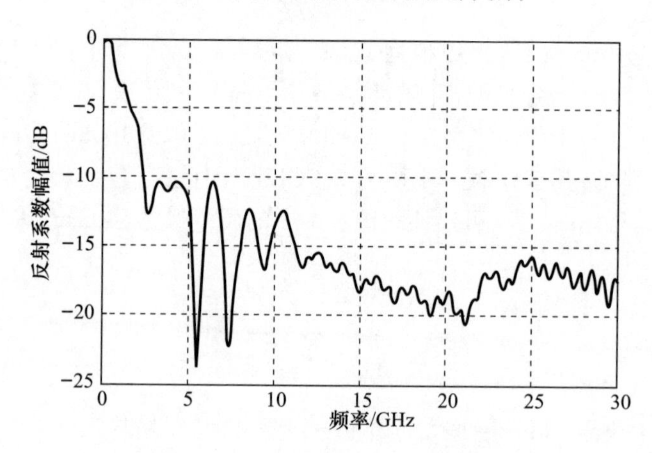

图 7.10　叶形天线仿真反射系数幅值曲线

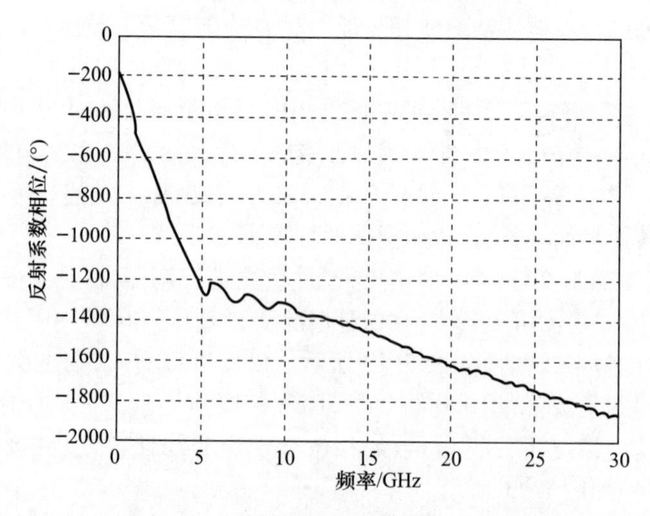

图 7.11　叶形天线仿真反射系数相位曲线

将该天线的辐射方向图结果分为两组进行分析。第一组频率范围为3～10GHz（图7.12），第二组频率范围为11～30GHz（图7.13）。与Vivaldi天线不同，叶形天线的辐射方向图从较低的频率开始就具有一定的方向性。在3～10GHz范围内，主瓣的增益在3.2dBi和6.6dBi之间，并且几乎不变，而寄生波瓣则不同。例如，在6GHz下，±45°处的辐射增益相差高达5dB，而在其他频率则未出现这种情况。

在第二组频率范围内，天线的增益在4.6～6.8dBi范围内变化。但是，该参数并不是随频率线性增加。例如，天线在26GHz具有4.6dB的增益，而在25GHz时，增益为5.1dB。此外，与其他频率处的辐射方向图相比，在11GHz时±60°的方向上，增益相差5dB以上。

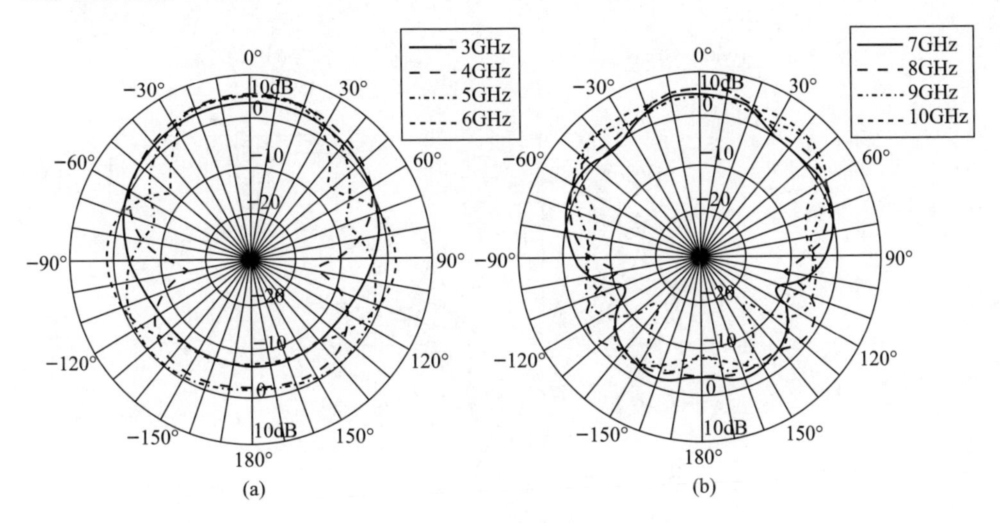

图7.12　叶形天线的辐射方向图
(a) 3～6GHz；(b) 7～10GHz。

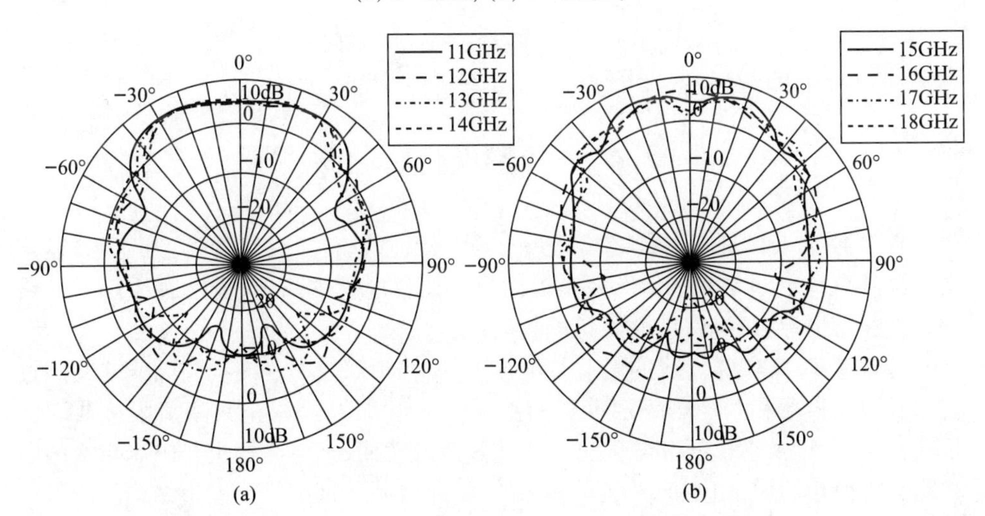

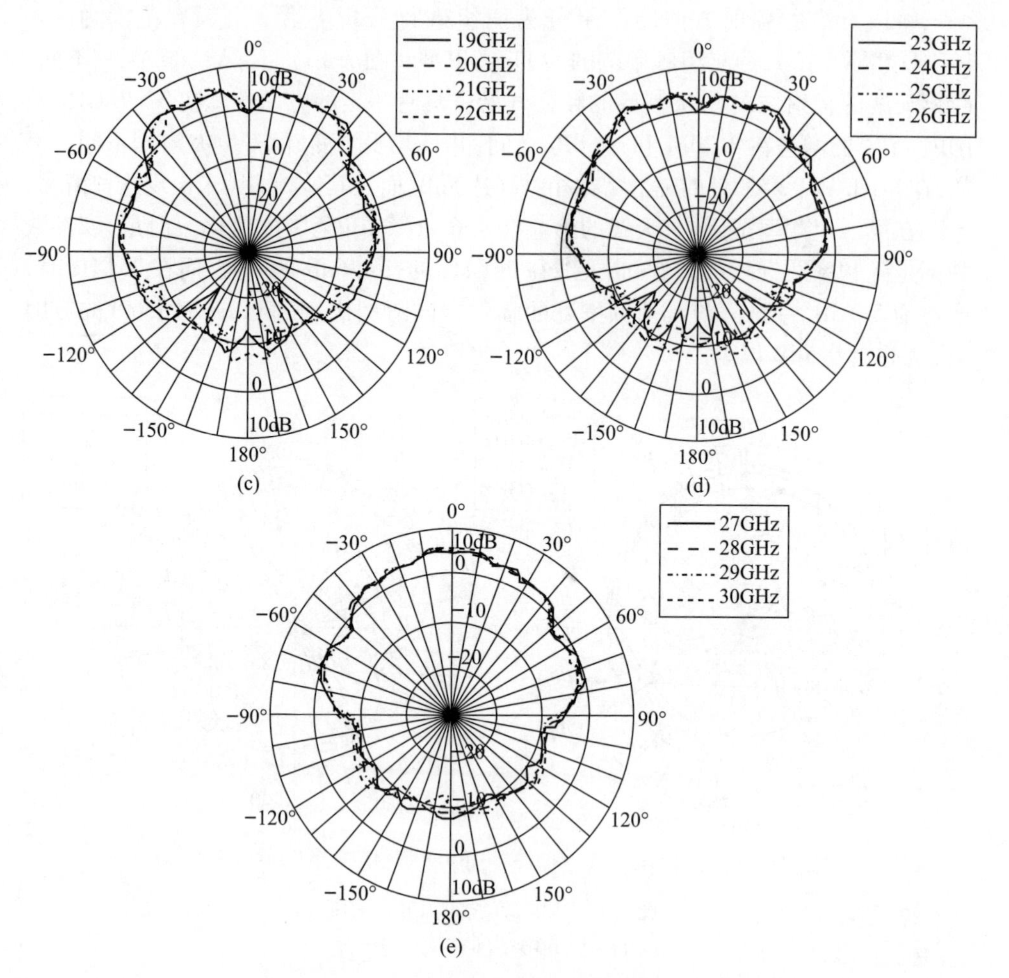

图 7.13　叶形天线的辐射方向图

(a) 11 ~ 14GHz; (b) 15 ~ 18GHz; (c) 19 ~ 22GHz; (d) 23 ~ 26GHz; (e) 27 ~ 30GHz。

7.4　TEM 喇叭天线

TEM 喇叭天线基本上是终端开路的板状传输线[12-13]。这种类型的天线通常由两段具有一定仰角的三角形金属板构成。三角形板的高度、宽度关系随着天线的长度保持恒定,以确保特性阻抗的均匀性。

超宽带 TEM 喇叭天线的增益并不突出,尺寸相对较小。馈线和天线之间的过渡以及天线长度和孔径是决定带宽的重要因素[12,14-16]。截止频率上限主要取决于孔径尺寸,以及馈电线和辐射体之间的过渡。然而,馈电结构也是限制带宽的因素之一。换句话说,由于该天线是平衡的,因此限制其带宽的是巴伦结构。为了将平衡馈电改为不平衡馈电,需要引入一个接地平面来替代三角形板[17]。

仿真过后,图7.14中所示的天线几何结构和尺寸确定为TEM喇叭结构。根据图7.15中观察到的仿真结果显示,该配置实现的带宽为11.84GHz,且此天线具有7.675GHz的下限截止频率和19.52GHz的上限截止频率。在图7.16中给出了反射系数的相位。由图可以看到,直到13GHz,该参数都是线性的。不同频率的辐射方向图如图7.17所示。从该图可以得出结论,随着频率增加,辐射方向图增益在1.5dBi和8.1dBi之间变化。同样重要的是要注意除9GHz、16GHz和19GHz外,后瓣和旁瓣表现明显稳定。例如,在9GHz时,该方向图在120°方向具有-23dB的凹陷。在16GHz时,该方向图在150°方向具有-18dB的凹陷。最后,在19GHz时,该方向图在180°方向具有-20dB的凹陷。因此,通过分析目前为止仿真过的三个超宽带天线,不平衡TEM喇叭天线的主瓣最稳定。

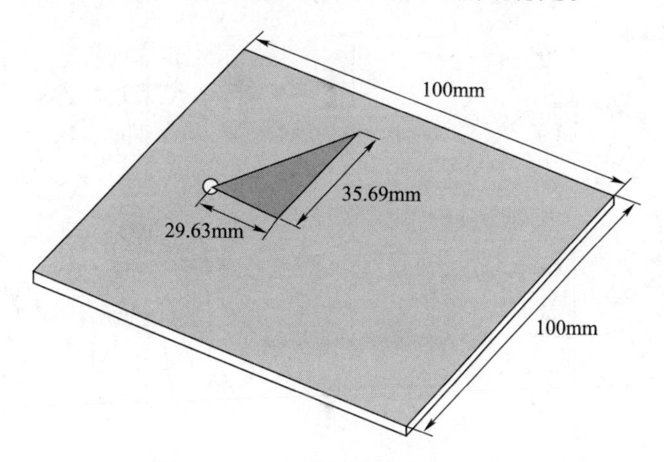

图7.14 TEM喇叭天线的几何结构

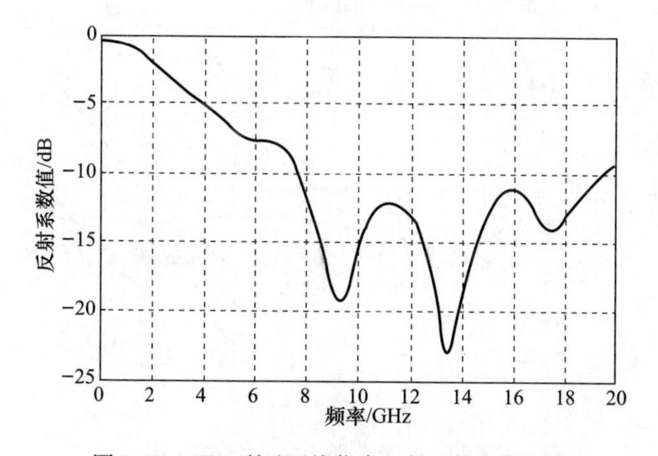

图7.15 TEM喇叭天线仿真反射系数幅值曲线

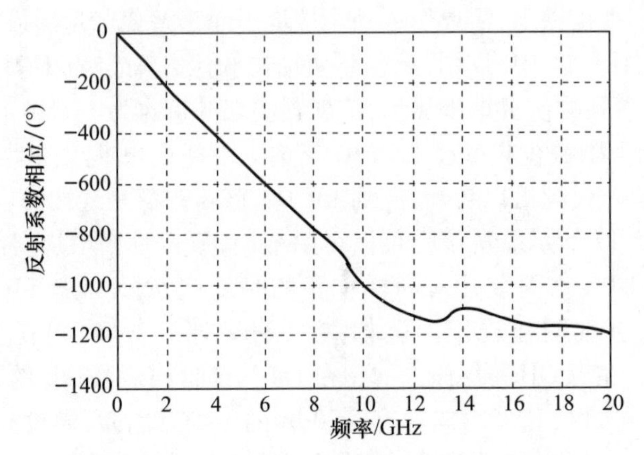

图 7.16　TEM 喇叭天线仿真反射系数相位曲线

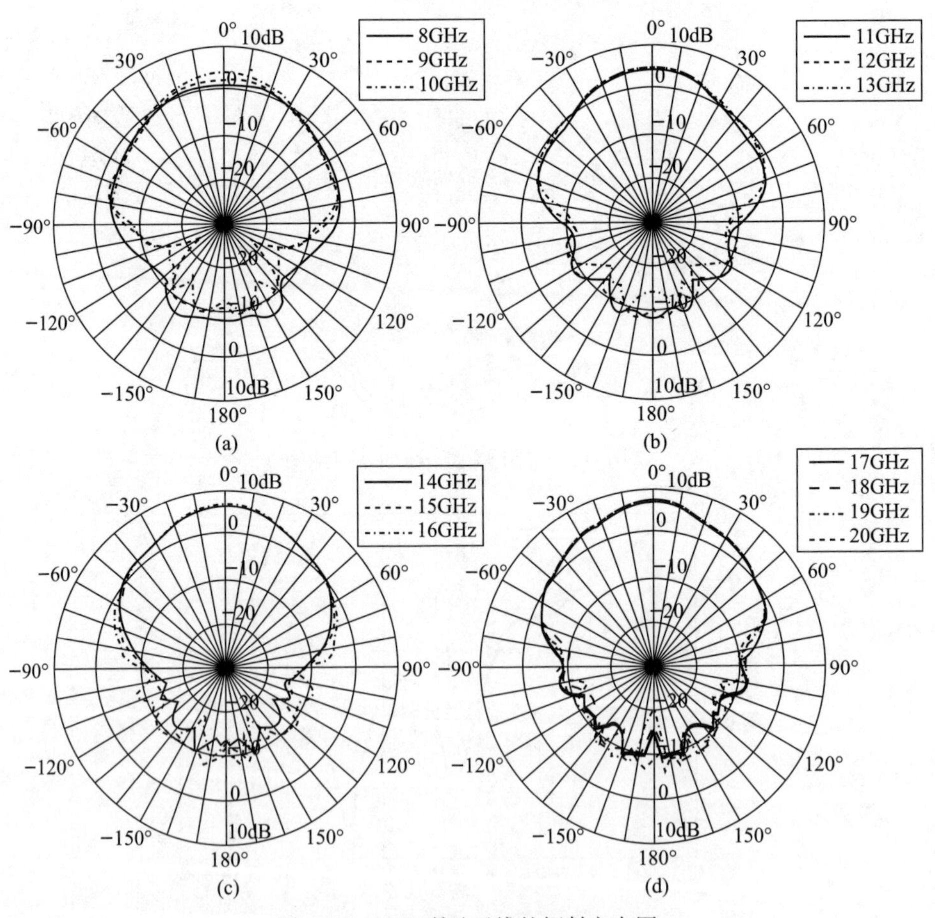

图 7.17　TEM 喇叭天线的辐射方向图

(a) 8～10GHz; (b) 11～13GHz; (c) 14～16GHz; (d) 17～20GHz。

7.5 准八木天线

准八木天线是一种低成本的定向天线,具有约为4.5~5.5dBi的中等增益[18]。八木天线通常由线性偶极子设计而成,有的也印制在介质板上。经典的线性八木宇田天线已经使用多年,直到1991年,基于微带线的版本才由Huang和Densmore提出[19]。

目前,平面八木天线被认为是通信系统的最佳替代方案,该天线相对于线状天线具有一些优点,例如介质板提供物理强度并与微带馈线平滑过渡。因此,介质板的选择是天线性能的关键因素。由于天线的工作依赖于表面波效应,而表面波效应又高度依赖于材料[18,20]。因此,根据应用的不同,介质板必须具有较高的介电常数和适当的厚度。

八木天线的主要缺点是需要一个巴伦来匹配辐射体的平衡模式与馈电线的不平衡结构[21-23]。文献[24]建议使用共面波导来克服由微带线引起的这个问题。

一个具有良好性能的设计表明,驱动单元、控制单元和地平面都是椭圆形的,这样可以减小尺寸。因为其尺寸是$0.3\lambda_0 \times 0.5\lambda_0$,所以我们认为这种天线是紧凑的,并且需要考虑衬底,其中λ_0是中心频率在自由空间中的波长[25]。微带线之间的间距几乎不影响天线带宽。然而,最敏感的参数是驱动单元长度,以及该元件和反射单元之间的距离[20,26]。

这种类型天线的设计开始于设计驱动单元长度,其约为$0.5\lambda_{eff}$,其中λ_{eff}为介质板在有效下限截止频率的波长。根据所需参数,控制单元长度约为$0.45\lambda_{eff}$[27]。控制单元之间的间隔约为$0.1\lambda_{eff}$~$0.2\lambda_{eff}$。基于Kan等的工作[25],根据仿真过程对天线的性能进行了研究,其几何结构和尺寸如图7.18所示。通过使用CST微波工作室在相对介电常数$\varepsilon_r = 10.2$的RT6010 Duroid介质板上研究了该器件的性能。

与Vivaldi和TEM喇叭天线相比,八木天线的带宽更窄。图7.19所示$|\Gamma|$参数的结果显示,带宽约为5.1GHz(9.7~14.8GHz)。阻抗在13.5GHz处匹配的最好,其中$|\Gamma| = -21.6$dB。因为这是一个谐振天线,所以反射系数的相位是非线性的。图7.20显示了反射系数相位与频率之间的函数关系。反射系数相位的斜率在阻抗匹配最佳的频点处发生突变。

天线的辐射方向图在整个带宽上是定向的。图7.21给出了10~14GHz辐射方向图的情况。从图中可以看到,尽管在10GHz和11GHz后瓣中发现了5dB的变化,整体而言主瓣和后瓣还是稳定的。天线增益显示在14GHz时为4.2dBi,在10GHz时为6.7dBi。此外,可以观察到主瓣的方向垂直于辐射体和控制单元的主轴线。

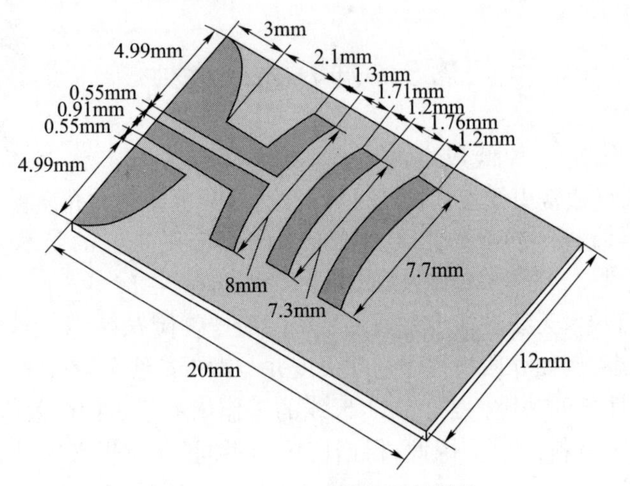

图 7. 18 准八木天线的几何结构

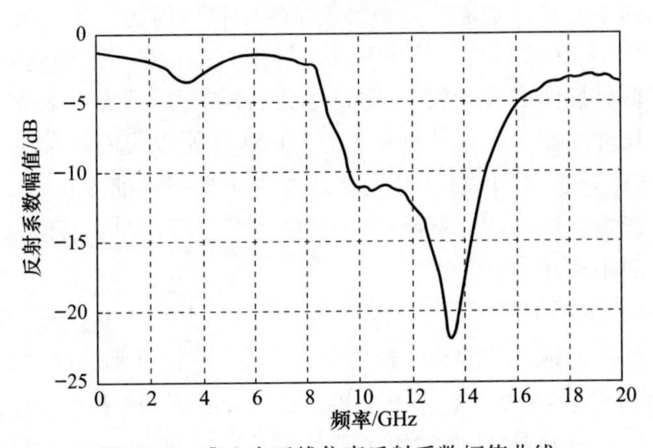

图 7. 19 准八木天线仿真反射系数幅值曲线

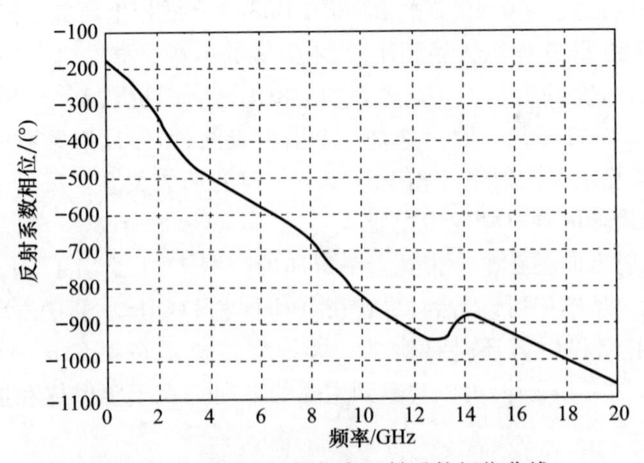

图 7. 20 准八木天线仿真反射系数相位曲线

7.6 定向矩形平面单极子天线的设计

在文献[1]中探讨了将第6章设计的全向矩形平面单极子天线转换为定向天线的想法。这种类型的天线的发展是非常重要的,因为超宽带平面单极子天线的定向性是学者研究最少的参数之一。事实上,根据作者的了解,文献中只有一个此类原型,见文献[11]。

通常,超宽带定向天线的设计完全基于计算机仿真,而且没有方法或方程来计算下限截止频率。开发这类天线的程序非常实用且受关注度极高,因为定向辐射体天线具有很多应用场景,如电磁频谱监测、电磁兼容、射频武器等。这种类型的天线主要出现在文献[1]中。

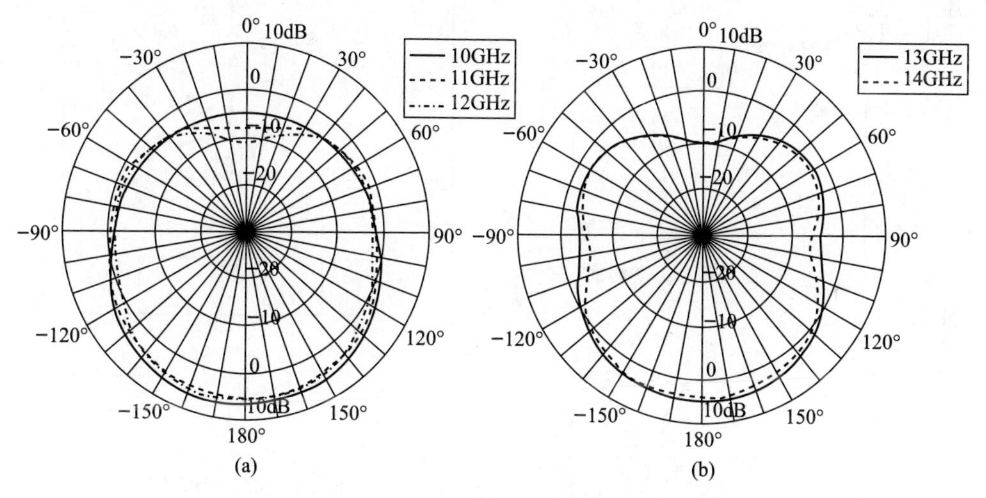

图7.21 准八木天线的仿真辐射方向图

(a) 10~12GHz;(b) 13~14GHz。

7.6.1 超宽带定向矩形平面单极子天线的设计方法

在超宽带天线中实现定向性的关键参数是在辐射体和接地平面之间形成的倾斜角β。现在,如4.8节所述(其中β取自从法线到辐射体的角度),由于电磁能量的限制,该角度对带宽有影响,因此,在天线设计中该角度非常重要。基本上,设计方法在6.3节中已经提出了,但是对$\Gamma(\beta)$的评估也很重要。接着开始设计辐射体的初始尺寸。在这种情况下,条件为$\beta \neq 90°$,并且通过修改式(4.17)来获得辐射体高度,有

$$f_{\mathrm{L}} = \frac{62.1l}{l\sin\beta} \tag{7.4}$$

最初设置$\beta = 30°$,这是实验确定的最小角度,可提供足够的阻抗匹配,f_{L}的单位

为 GHz,辐射体高度的单位为 mm。该高度不再随着设计过程修改。使用其初始尺寸,接地平面必须至少是辐射体高度的两倍长,并且是其宽度的 2.5 倍。到目前为止,已经构造出了矩形辐射体。现在必须遵循图 7.22 中提出的方法。这里让辐射体垂直于接地平面;因此,在设计的早期阶段,下限截止频率低于所需值。

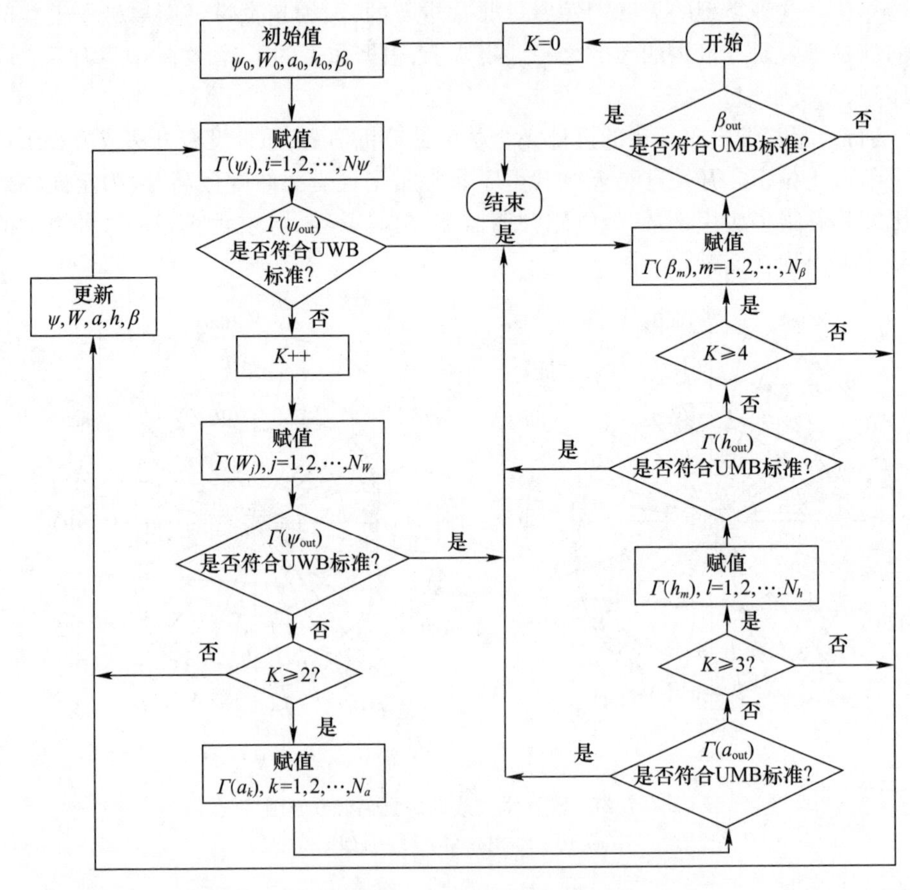

图 7.22　一种超宽带定向平面天线的设计方法流程图

需要强调的是,图 7.22 中的流程图与图 6.6 中所示的非常相似,但是包含了作为 β 函数的参数 Γ 的评估。另一个区别是,尽管变量 ψ、W、a 或 h 的任何其他评估满足超宽带条件,但始终都要执行该评估,$\Gamma(\beta)$ 的评估必须总是在 $m=1,2,\cdots,N_\beta$ 时完成,N_β 为 β 增量的总数。类似于 6.3 节中提到的 ψ、W、a 和 h 的函数的评估,可以使用与图 6.7 相同的一般流程图对参数 β 进行 $\Gamma(\beta)$ 的评估。

一旦通过式(7.4)获得初始天线尺寸,必须验证下限截止频率。在文献[28]中,为全向矩形平面单极子天线确定下限截止频率 f_{Lomni} 的理论方程是通过应用立体平面原理得到(4.4 节),即

$$f_{\text{Lomni}} = \frac{288\pi l}{[W(2l - b) + a(b + 2h) + 4\pi l^2]} \tag{7.5}$$

式中：f_{Lomni} 的单位为 GHz，天线尺寸为 W、l、a、b 和 h，单位为 mm（图 6.5）。

虽然，在定向矩形平面单极子天线的情况下，辐射体与其全向性天线具有相同的形状，但在式(7.5)中没有考虑倾斜角。因此，类似地，式(7.5)被修改为包含角度 β，有

$$f_{\text{Ldir}} = \frac{288\pi l}{[W(2l - b) + a(b + 2h) + 4\pi l^2]\sin\beta} \tag{7.6}$$

然而，如果采用某种类型的反射器来减小背面波瓣，则可以改变通过该方程计算得出的下限截止频率。值得一提的是，在反射器对下限截止频率的影响进行计算机仿真研究后，发现平均来说，该极限偏离理论的极限在 0.5GHz 以上。

7.6.2 超宽带定向矩形平面单极子天线设计实例

假设定向天线的下限截止频率为 7GHz。首先，假设考虑一定的余量，令 f_L = 6.55 GHz。因为必须考虑到反射器的特性以及构造过程中的不准确性，所以需要该余量。利用该值，从式(7.4)中计算出辐射体的高度，得 l = 19 mm。在获得辐射片高度后，计算出接地平面的尺寸。如上所述，必须是 $2.5l$ 以上的宽度，即 47.5mm。接地平面的长度必须为 $2l$，即 38mm。因此，考虑到不确定余量，将尺寸设置为宽 55mm 和长 40mm。由于辐射体的倾斜，馈线在接地平面上的位置从中心偏移。具体位置由位移 D 确定：

$$D = \frac{l}{2}\cos\beta \tag{7.7}$$

对于该设计，位移等于 8mm。图 7.23 所示为设计第一阶段的几何结构和初始尺寸。根据图 7.22 中的流程图改变变量 ψ、W、a 和 h 调谐天线时，下一步是通过评估 $\Gamma(\beta_m)$ 来调谐天线。对于最后一个阶段，假设采用图 7.24 中的天线模型，扫描五个 5°的间隔值，对应于 β = 20° ~40°。

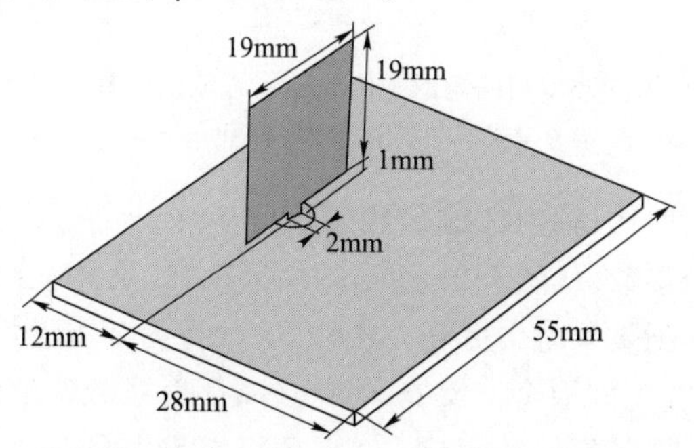

图 7.23 方形平面单极子天线的初始几何结构

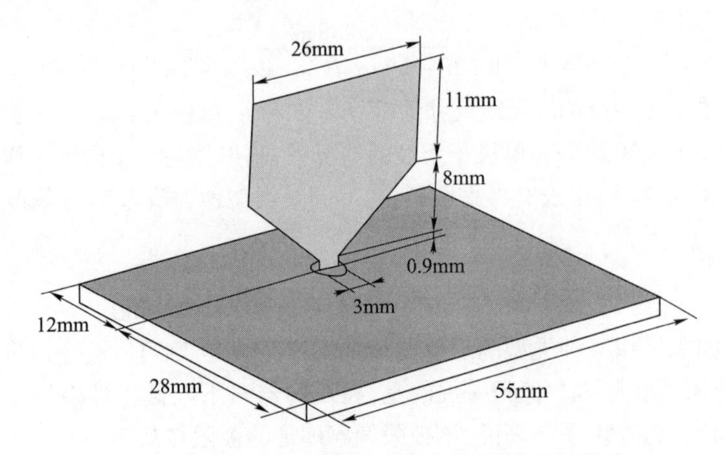

图 7.24 调谐定向矩形平面单极子天线的几何结构

经过仿真,Γ 参数的幅值和相位响应在不同 β 下的变化曲线分别如图 7.25 和图 7.26 所示。可以看到,$|\Gamma|$ 的不同曲线之间存在突变。这种现象可能是由于辐射体倾斜限制了更多的电磁能辐射。

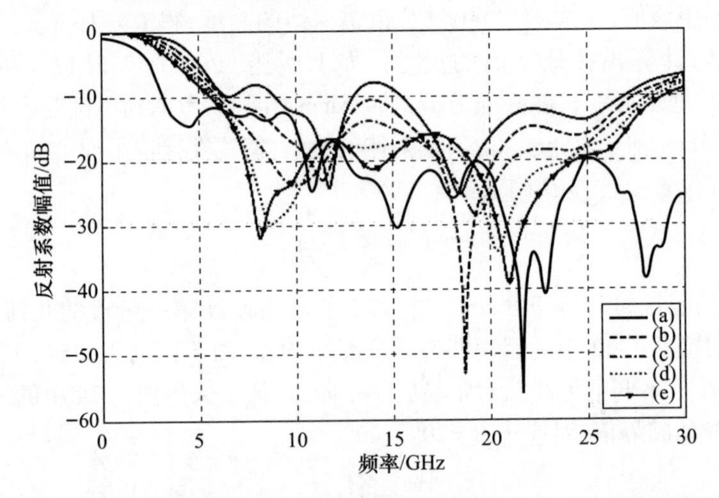

图 7.25 对于不同倾斜角的矩形平面单极子天线的仿真反射系数幅值曲线
(a) $\beta = 20°$;(b) $\beta = 25°$;(c) $\beta = 30°$;(d) $\beta = 35°$;(e) $\beta = 40°$。

因此,如第 4 章所述,辐射体倾斜角不仅影响天线的方向性,还会影响带宽。现在,对于最后一个参数,从图 7.25 所示的结果来看,只要辐射体和接地平面之间的角度增加,阻抗匹配效果就会更好。此外,这种行为与方向性成反比,这意味着需要在方向性和带宽之间取舍。除 $\beta = 20°$ 外,反射系数幅值曲线的性能符合要求。通过计算中值和百分位数范围($\beta = 30°$)获得所选值,实现了 22.59GHz (5.83 ~ 28.42GHz)的带宽,中值为 $|\Gamma| = -16.18$dB,百分位数范围为 77.7%。

在相位性能方面，对于$\beta = 30°$和$\beta = 35°$来说，观察到了拟线性特性，而在其他倾斜角的情况下会发生相位突变（图7.26）。这些变化与图7.25所示的谐振有关。

由图7.25和图7.26可以得出，角度β不仅在辐射方向性方面有重要作用（下文将讨论），还在阻抗匹配和相位特性中起重要作用。如上所述，β的值越大，带宽越宽，因此$|\Gamma|$往往下降得很快。然而，β的增加会引起Γ相位的非线性变化，导致脉冲失真。因此，对于所分析的天线的特定几何形状和尺寸，最佳折中为$\beta = 30°$。

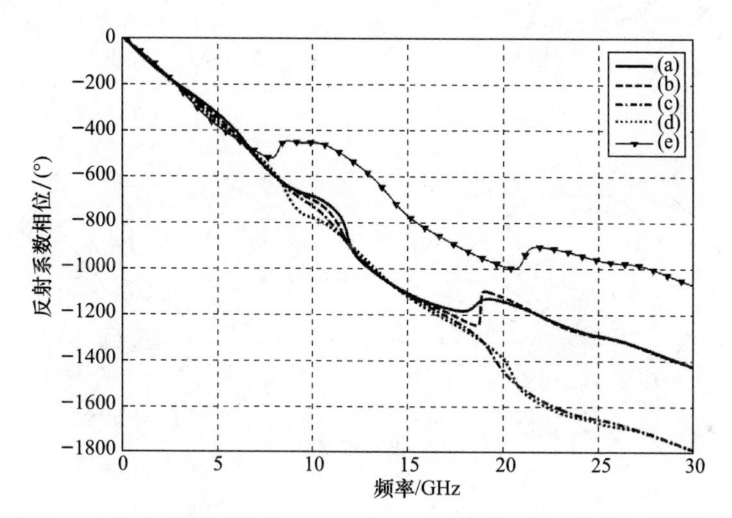

图7.26　针对不同倾斜角的矩形平面单极子天线的仿真反射系数相位曲线
(a) $\beta = 20°$；(b) $\beta = 25°$；(c) $\beta = 30°$；(d) $\beta = 35°$；(e) $\beta = 40°$。

然后，进行仿真模拟以便观察在研究带宽内辐射方向图的变化。图7.27给出了天线6GHz、10GHz、14GHz、18GHz、22GHz和26GHz在$\beta = 30°$的辐射方向图。可以看出，随着频率增加，辐射方向图的方向性更好。

7.6.3　天线结构的改进

至此，我们成功地设计了一个超宽带定向平面单极子天线。然而，倾斜的辐射体常常用于约束能量并使其朝某个固定方向集中辐射，这代表着其结构的实现有一定的限制。在分析了增加机械阻力的不同方案后，在辐射体上增加支架是一种可行的替代方案。为了实现这种结构的修改，可选择低介电常数和低损耗角正切材料，以尽可能避免天线参数之间的相互影响。因此，支架由特氟龙（teflon）制成圆筒形状。这对研究这种新型结构的天线的性能是非常重要的。辐射体支架的几何结构如图7.28所示。

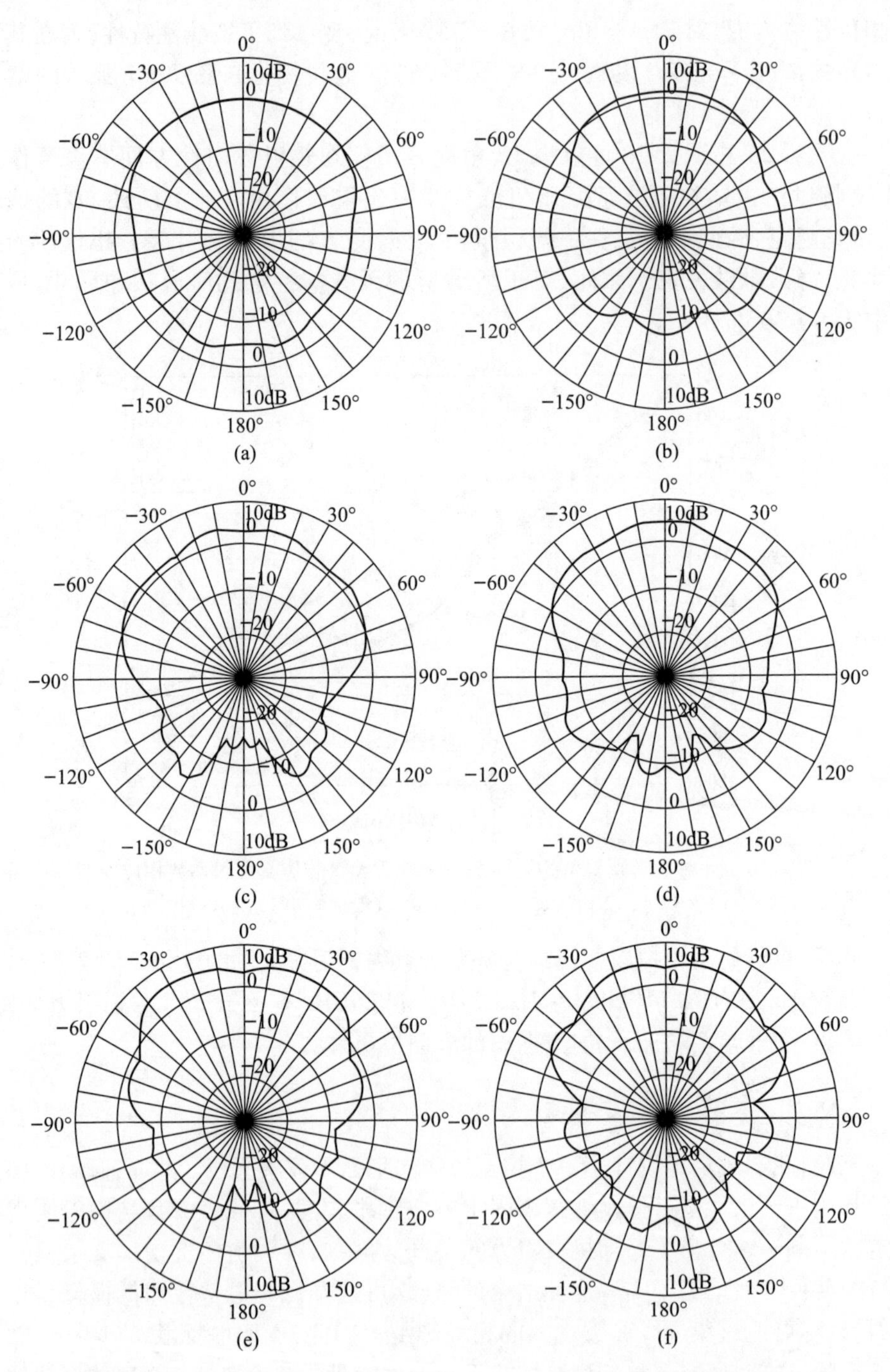

图 7.27 在不同频率下 $\beta = 30°$ 的矩形平面单极子天线的仿真辐射方向图

(a) 6GHz; (b) 10GHz; (c) 14GHz; (d) 18GHz; (e) 22GHz; (f) 26GHz。

由于最初确定了6.5GHz的下限截止频率，由仿真结果可以看出，原型天线起始工作在5.8GHz，因此有0.7GHz的余量。这个余量使得在引入由特氟龙制成的支架（图7.28）和减少旁瓣的反射器后，仍可以满足方向性的要求。为了评估特氟龙圆柱的影响，图7.29和图7.30分别给出了反射系数的幅值变化和相位响应。如图所示，Γ 的幅值和相位没有发生显著地变化。

辐射方向图的仿真结果如图7.31所示，与图7.27的结果相比，可以看出，当使用特氟龙支架时，在6～10GHz范围内不会有显著的变化。但是，在14GHz处，后瓣电平减少了4dB，主瓣增益增加了接近0.6dB。然而，在18GHz处，观察到后瓣电平增加了2dB，同时，主瓣增加0.5dB。在22GHz处，后瓣略微升高，主瓣增加0.8dB。在26GHz处，任何一个波瓣上都无明显改变。

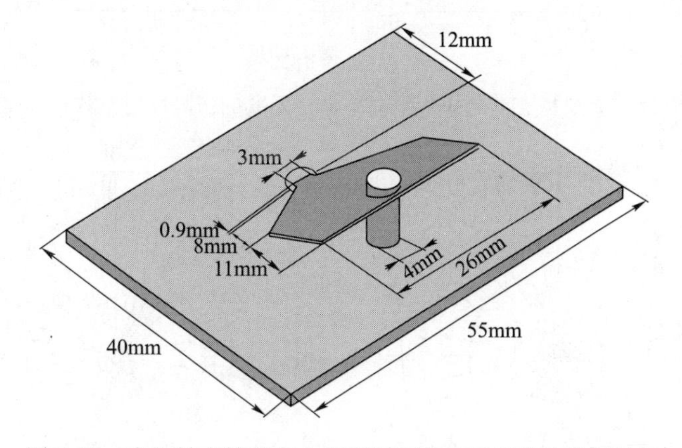

图7.28 有机械支撑的定向矩形平面单极子天线的几何结构

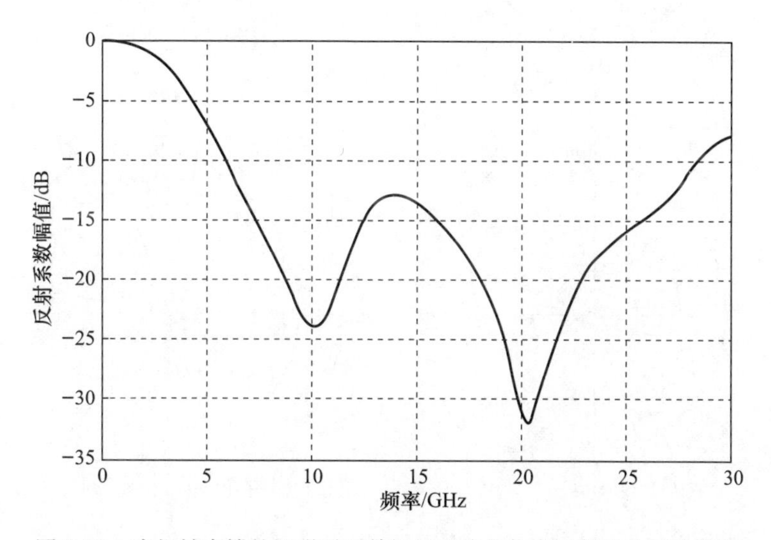

图7.29 有机械支撑的矩形平面单极子天线的仿真反射系数幅值曲线

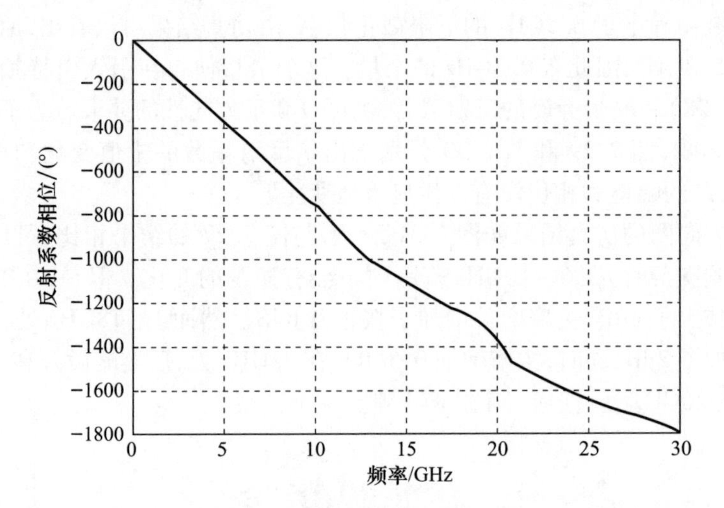

图 7.30 有机械支撑的矩形平面单极子天线的仿真反射系数相位曲线

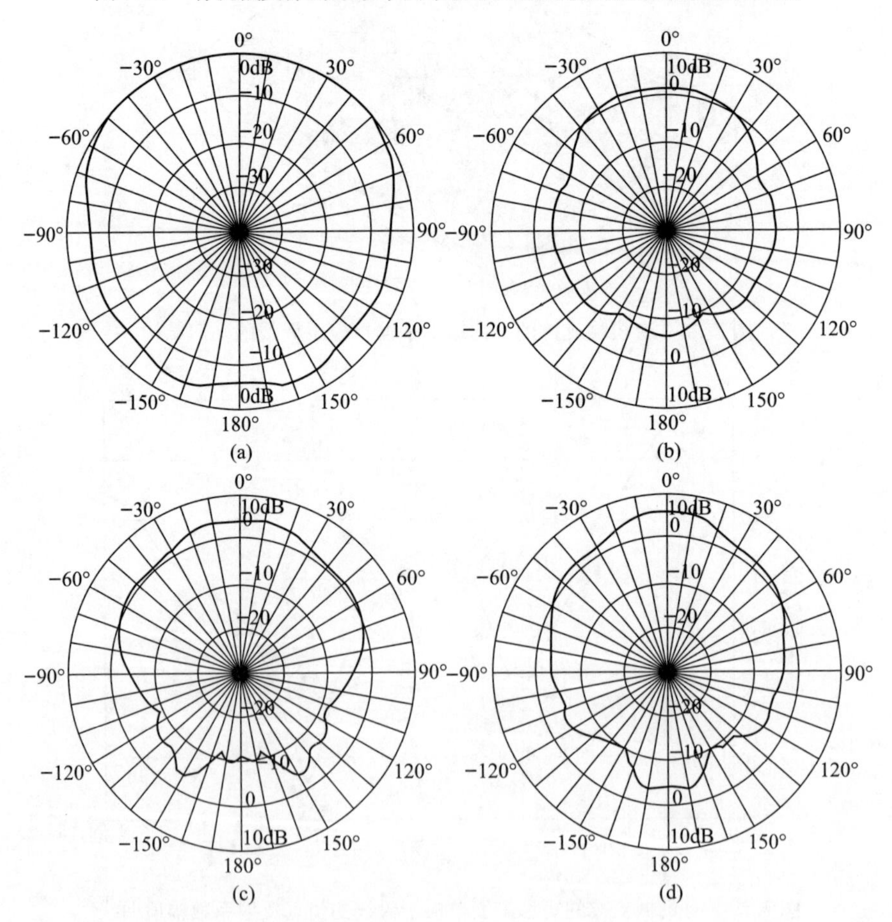

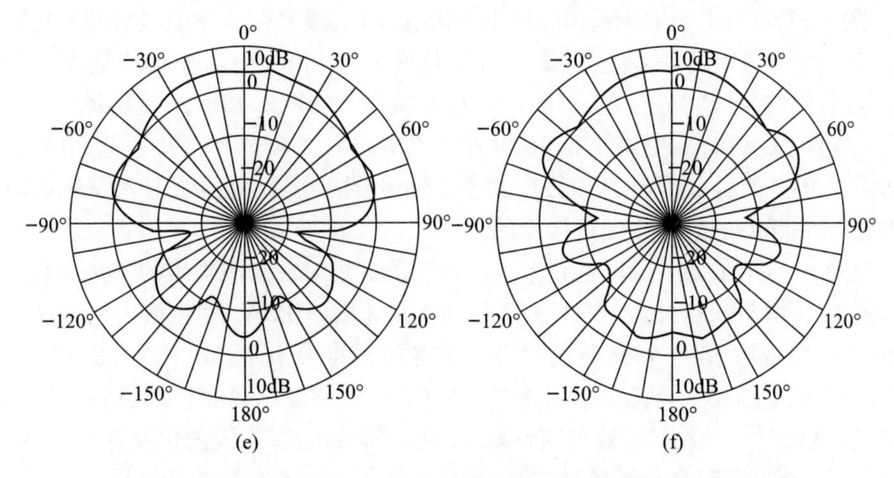

图7.31　有机械支撑的定向矩形平面单极子天线的仿真辐射方向图
(a) 6GHz; (b) 10GHz; (c) 14GHz; (d) 18GHz; (e) 22GHz; (f) 26GHz。

7.6.4　使用反射器增加天线方向性

为了研究提高天线方向性的方法,引入了如文献[28-29]所示的反射器。该反射器不仅改变了辐射方向图,而且也改变了天线工作带宽。因此,为了评估反射器对这些参数的影响,利用CST仿真软件研究了天线的主要性能[28-29]。根据仿真结果可以看出,由于谐振效应减弱,上截止频率移到了更高的频率区域,反射系数的幅度变化很明显。因此,获得了更宽的带宽。关于相位响应,图7.32显示该参数保持准线性特性。

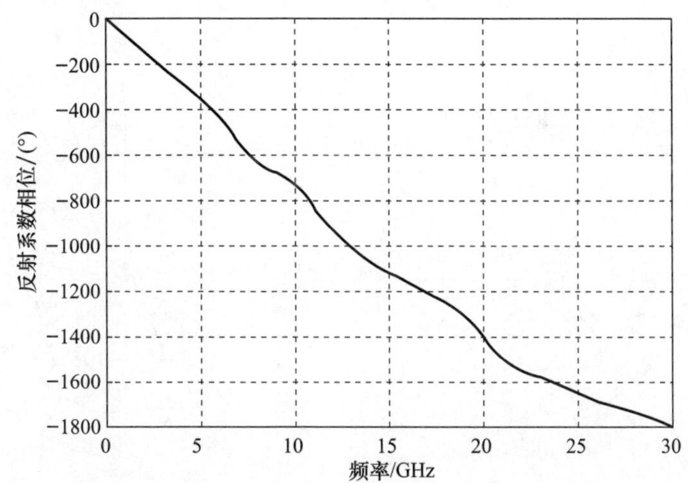

图7.32　文献[28]中的有反射器的定向矩形平面单极子天线的相位响应曲线

图7.33给出了在7GHz、10GHz、14GHz、18GHz和26GHz下通过计算机仿真获得的辐射方向图结果。通过将该方向图与图7.27和图7.31中的方向图进行比较,可以观察到某些差异:在10GHz时,后瓣减小了接近2.4dBi;在14GHz时,主瓣减小了超过1.3dB,后瓣减小了10dB;在18GHz时,副瓣电平减小了0.7dB,后瓣减小了5dB。最后,在26GHz时,后瓣小于4dB。因此,反射器的引入是后瓣减小和低频截止频率的频移之间可接受的折中。

表7.1显示了从一段较宽频率范围内的仿真辐射方向图确定的一些参数。本节关注的是增益、前后比(FBR)、3dB处的波束宽度(HPBW)和主瓣方向。从这些参数值可以观察到一个有趣的结果:主瓣随频率变化甚微,并且具有均值为5.2dBi的稳定增益。与无反射器天线(图7.31)的相应结果相比,其后瓣较小,平均为12.33dB。一般来说,这些特性在7~22GHz的频率范围内也是保持不变的。还要注意,波束宽度会变得相对较窄(76°)。

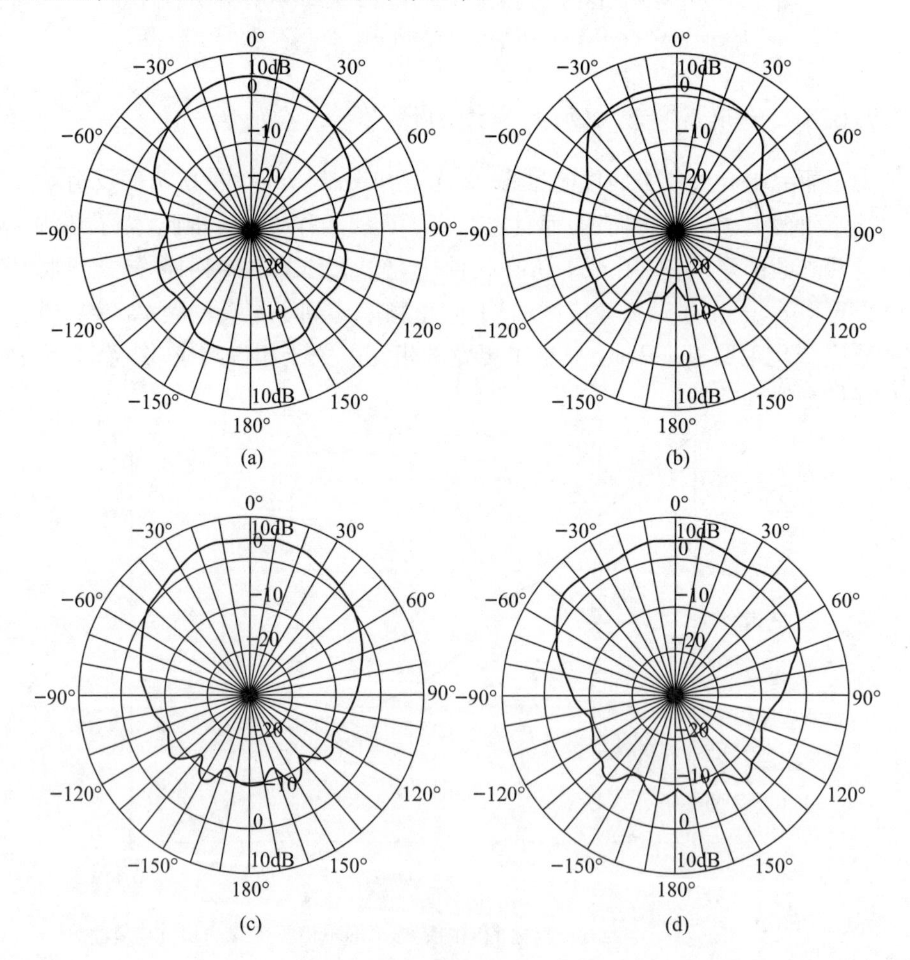

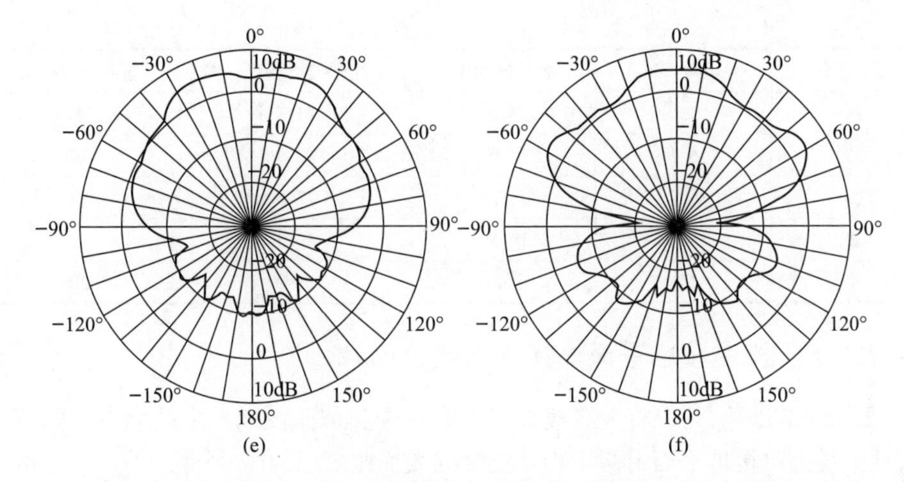

图7.33 文献[28]中的有反射器的定向矩形平面单极子天线的辐射方向图
(a) 7GHz; (b) 10GHz; (c) 14GHz; (d) 18GHz; (e) 22GHz; (f) 26GHz。

表7.1 超宽带定向平面单极子天线在不同频率下的主要特征参数

频率/GHz	增益/dBi	前后比/dB	半功率波瓣宽度/(°)	主瓣方向/(°)
7	4.7	7.5	61.1	0
8	3.1	9.9	78.4	0
9	1.9	10.0	90.3	0
10	2.5	9.0	85.7	0
11	4.8	8.7	69.8	0
12	5.6	8.4	65.4	10
13	5.4	12.0	64.3	10
14	6.0	13.5	67.1	0
15	5.9	12.7	90.6	10
16	5.9	12.7	90.2	15
17	5.4	12.0	101.7	10
18	4.7	10.4	123.2	10
19	6.3	13.3	40.4	355
20	7.1	14.1	42.6	0
21	6.4	15.0	63.6	10
22	5.8	15.7	74.1	25
23	5.8	13.4	90.0	25
24	4.8	14.8	135.0	25
25	4.4	13.7	135.9	60

续表

频率/GHz	增益/dBi	前后比/dB	半功率波瓣宽度/(°)	主瓣方向/(°)
26	5.9	14.9	41.7	355
27	6.6	15.6	42.9	10
28	6.3	15.3	52.5	15
29	5.5	14.5	59.5	15
30	3.6	8.9	55.0	20

7.6.5 改进接地平面以改善天线方向性

如4.6节所述,可以将天线接地平面配置为类似于图4.6中的垂直结构。因此,从本质上讲接地平面由两个相互正交的表面组成,其中一个大于另一个,由它们的长度 L_M 表示主表面,L_m 表示次表面。这种配置能使电磁能量更加集中,从而增加其增益并减小后瓣电平。Yao 等发现此时馈点必须位于这种结构的侧面[11]。

尽管可以应用与7.6节叙述的定向超宽带平面天线相同的设计方法,但是由于新的正交接地平面的引入,预计需要更多次的迭代。与设计单个接地平面一样,必须确定辐射体的电长度 l。该尺寸对于计算垂直接地平面尺寸是很有必要的。通过实验,发现两个表面的宽度必须至少为 $1.3l$。对于主表面,其宽度必须比 $l\sin\beta$ 长3mm;对于次表面,必须比 $l\cos\beta$ 大6mm。

在文献[29]中可以找到将单一接地平面修改为用于定向矩形平面单极子天线的正交结构的重要结果,其中基于以上内容介绍的定向平面天线的设计方法,调谐过程中尺寸的优化会带来更高的增益、更宽的带宽以及辐射方向图随频率可接受的变化(至少在一些频率范围内)。

7.7 任意工作带宽平面定向超宽带天线的设计

文献[2]最近也研究了实现定向辐射方向图的问题,该方向图的设计源于一个采用了对应立体平面对应原理的立体天线。如第4章所述,获得更宽带宽的早期方法是通过立体结构(这些早期设计的经典例子是双锥天线)。为了简单起见,在此简要介绍第4章中解释的这一原则的概念,并描述其变量。立体平面对应原理来自具有长度 l 和半径 r_d 的单个圆柱形单极子。当其半径较大时,它可以被看作是电流在其上分布均匀的立体结构。该元件用作其他与其等面积的平面结构的参照基础。换句话说,这个原理说明,对于任何表面旋转结构,都存在其对应的平面天线,因此有可能获得任何立体辐射体的平面结构版本[2]。在下面的内容中,将从不同方面介绍如何在经典的立体全向天线设计的基础上实现定向超宽带,并且研究其性能。所有这些材料基于文献[2]。

7.7.1　基本结构

设计过程从一个高度为 l、孔径角 α 和圆形孔径直径 d_c 的锥形天线开始，该天线安装在输入阻抗为 50Ω 的大平面上。圆锥天线的著名理论文献[30]指出，对于 $\alpha = 90°$ 天线阻抗的电抗部分，可以在非常宽的频率范围和辐射体长度内实现较低的变化。另一方面，可以取 $l = 0.24\lambda$ 将输入阻抗的虚部衰减到零[27]，并且 $d_c = 2l$。假设需要 2.4GHz 的谐振频率，则单极子长度 l 必须等于 30mm，锥径 d_c 为 60mm。地平面近似等于 λ。该结构的几何结构和尺寸如图 7.34 所示。仿真结果(此处未显示)表明，该初始天线的低频截止频率为 2.3GHz，带宽大于 17GHz，且为全向辐射模式。

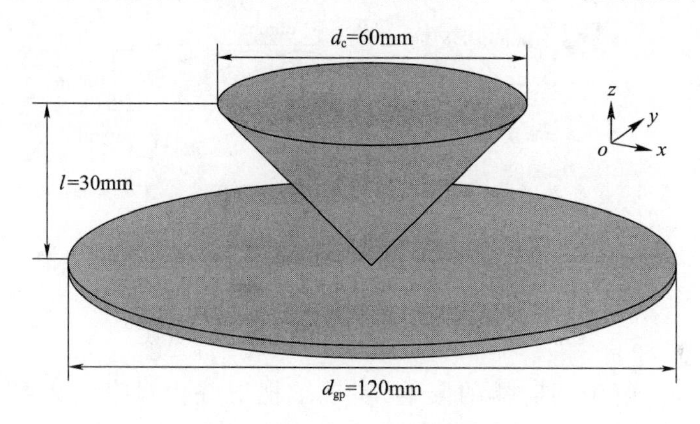

图 7.34　圆形孔径锥形天线模型[2]

7.7.2　定向辐射的转换过程

为了使天线具有定向辐射特性，首先在相同的接地平面下，需要将锥体的圆形孔径改变为椭圆形孔径，其偏心率为 0.44。孔径的这种变化保持了相似大小的反射系数，但是具有较定向的辐射方向图。之后如图 7.35 所示，辐射体可以倾斜[31]，角度相对于锥体的垂直轴线。采取不同的倾斜角度(通过相对于锥体的垂直轴线的位移变化)，反射系数大小没有大的改变，因此工作带宽不受显著影响。然而，天线增益从 2.5dBi 增加到 7.9dBi，并且随着频率升高，会出现旁瓣和后瓣。

最后，为了减小低频处的后瓣并增加立体天线的增益，引入了通过在调谐过程中确定尺寸的反射器，并降低对阻抗匹配带宽预期外的影响。因此，确定了 90mm × 60mm 的尺寸之后，反射器应位于距离馈电点 10mm 的位置。图 7.36、图 7.37和图 7.38 分别给出了设计步骤中的具有反射器的天线模型、反射系数值和在 XY 平面中的辐射方向图。

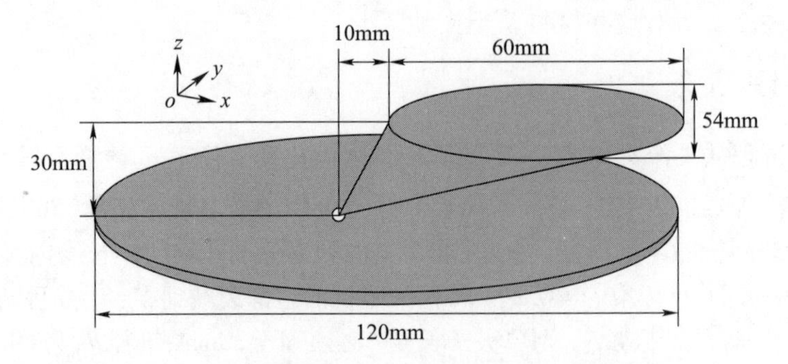

图 7.35　移位 40mm 具有椭圆孔径的锥形天线[2]

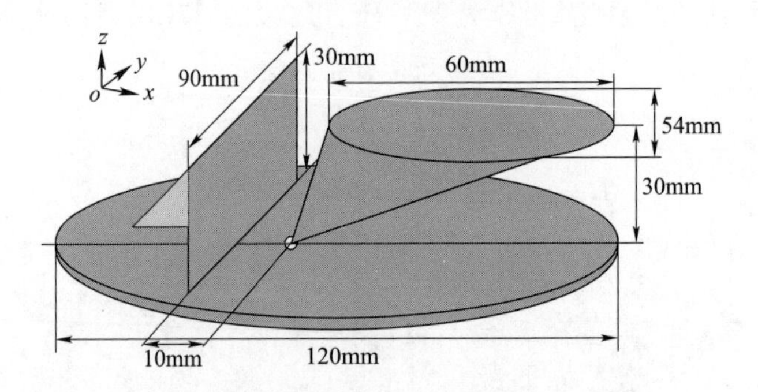

图 7.36　具有椭圆孔径和反射器的锥形天线[2]

可以看出,由于反射器的影响,实现了把下截止频率从 2.4GHz 减小到 1.8GHz,而随着频率增高时天线增益从 5dBi 增加到 7.9dBi,并减少了后瓣(分别见图 7.37 和图 7.38)。

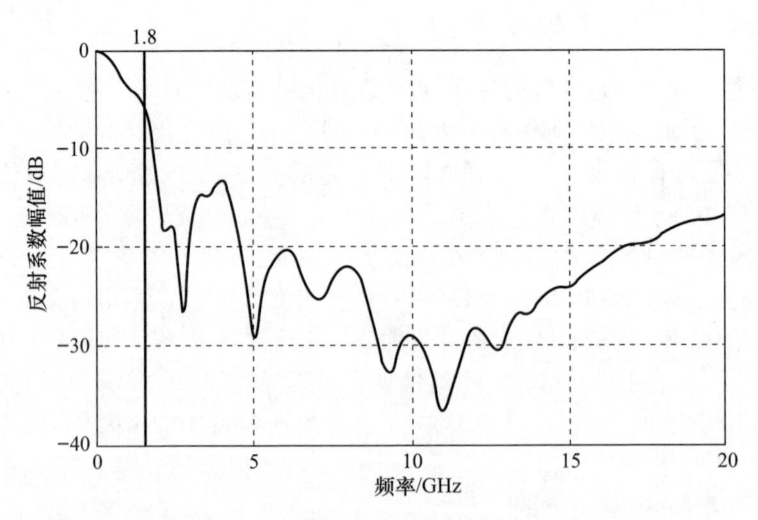

图 7.37　具有椭圆孔径和反射器的锥形天线的反射系数幅值曲线[2]

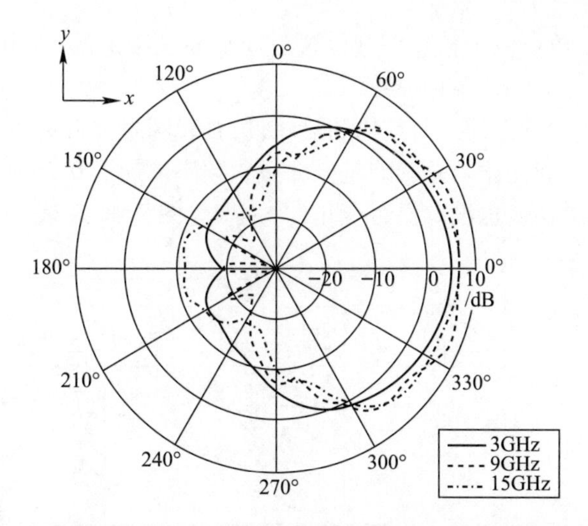

图7.38　具有椭圆孔径和反射器的锥形天线在 *XOY* 平面中的辐射方向图[2]

7.7.3　立体平面对应原理的应用

到目前为止,定向超宽带天线已经完成,但它是立体的。下一步是在两个轴上应用平面-立体对应原理,将该天线演变为平面天线。虽然它的椭圆孔径结构得到了保留,但在图7.39中可以看到一个清晰的变换,即所谓的半平面圆锥天线。根据这些修改,低频截止频率从1.8GHz转变为2.1GHz,但高频截止频率仍然大于20GHz。另一方面,主瓣在高频下的稳定性受到影响。

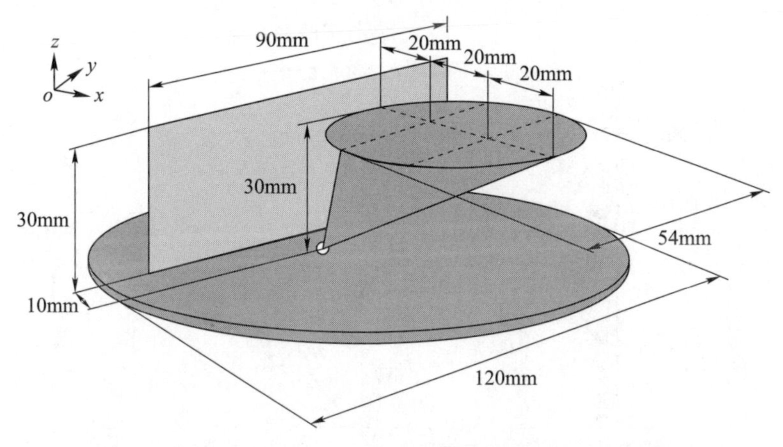

图7.39　具有椭圆孔径和反射器的半平面圆锥形天线[2]

随后,移除天线的椭圆孔径结构以获得全平面超宽带天线(因此称为平面定向天线),几何分布和尺寸如图7.40所示。可以看到,这个天线由三个三角形贴片组成,其中两个为等腰贴片,另一个为不等边贴片。不等边三角形位于所需的主瓣方向,两个等腰三角形位于相互垂直位置。地平面是圆形的,馈电点偏离其中心。通过仿真得到了 $w=1.66l$ 的关系式。

对于图 7.40 中给出的几何结构和尺寸,仿真表明阻抗带宽和增益没有实质性影响。从立体到平面变化的总影响是低频截止频率增加了 0.3GHz,并且在所有考虑的频率范围内增益值也没有显著变化(分别参见图 7.41 和表 7.2)。

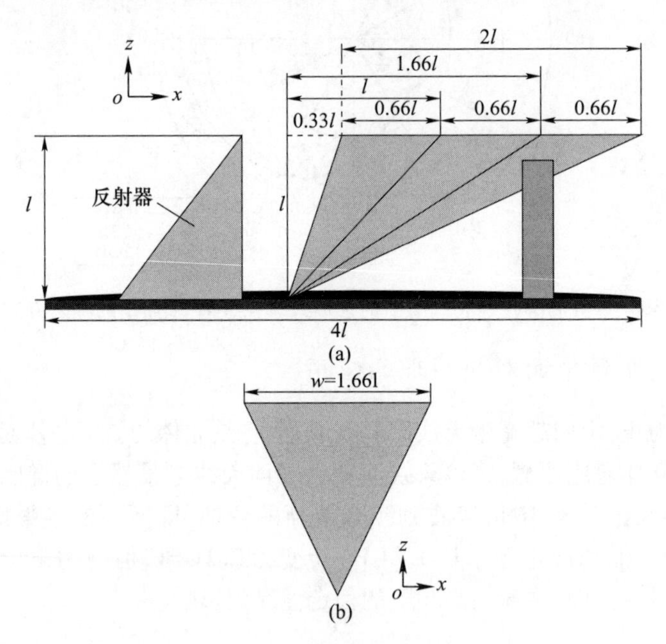

图 7.40　平面定向超宽带天线的几何分布

(a) 侧视图;(b) 等腰三角形的前视图[2]。

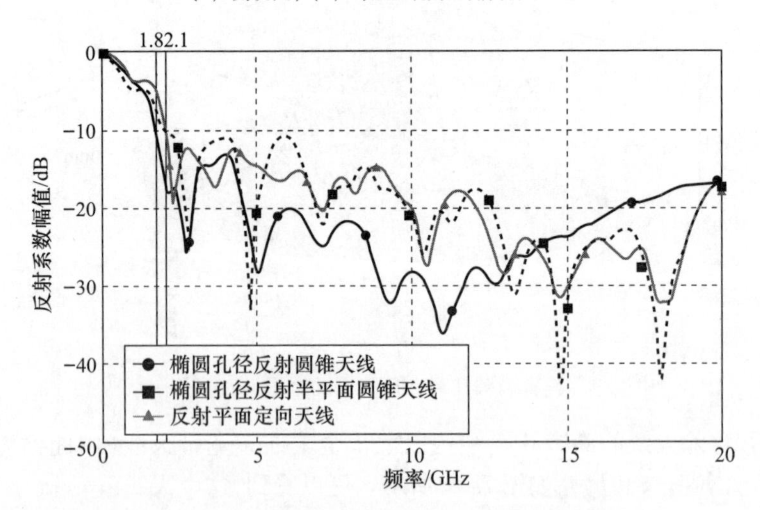

图 7.41　从体积到平面天线演化的反射系数幅值曲线[2]

7.7.4　设计方程

一旦辐射体完全平面化,就可以导出所需的低频截止频率的设计方程。如第 4 章所述,上述理论是基于平面单极子天线可以被视为具有非常宽的有效直径的圆柱形单极子天线的理论。因此,通过第 4 章中给出的计算实际输入阻抗的单极子长度方程,可获得低频截止频率,即

$$l = (0.24)\lambda F \tag{7.8}$$

式中:F 为等效长度比的术语。如第 4 章所述,F 用于通过表达式确定圆柱形单极子天线和平面单极子辐射体之间的等效面积,即

$$F = \frac{l}{r_{\mathrm{d}} + l} \tag{7.9}$$

式中:r_{d} 为圆柱单极子的半径,单位为 mm。然后,对于本节中提出的结构,设计过程包括使辐射体面积等于圆柱单极子面积(注意,平面超宽带天线的每个三角形代表天线总面积的 1/3)。换一种说法,有

$$2\pi r_{\mathrm{d}} l = \frac{1}{3}\left(\frac{\omega l\sqrt{2}}{2}\right) + \frac{1}{3}\left(\frac{\omega\ \sqrt{l^2 + \omega^2}}{2}\right) + \frac{1}{3}\left(\frac{lL}{2}\right) \tag{7.10}$$

假设 $L = 2l, w = 1.66l$,且在式(7.10)中进行替换,则可得

$$r_{\mathrm{d}} = 0.2l \tag{7.11}$$

将式(7.11)代入式(7.9)和式(7.8)中,可以得到所提出的平面定向超宽带天线的辐射体高度与所需的低频截止频率之间的关系为

$$f_{\mathrm{L}} = \frac{60}{l} \tag{7.12}$$

式中:f_{L} 为低频截止频率,单位为 GHz;l 的单位为 mm。可以看出,根据式(7.12),可以针对任何所需的低频截止频率设计天线的尺寸。下面对此表达式进行验证。

表 7.2　定向天线的参数[2]

频率/GHz	主轴增益/dB	3dB 波束宽度/(°)	前后比/dB
椭圆孔径反射圆锥天线			
3	5.1	98.3	-19.4
6	8.0	66.8	-14.9
9	7.0	103.6	-18.0
12	7.2	96.5	-20.2
15	7.8	73.9	-26.0
18	6.8	88.0	-18.0
椭圆孔径反射半平面圆锥天线			

续表

频率/GHz	主轴增益/dB	3dB 波束宽度/(°)	前后比/dB
3	4.6	114.5	-19.5
6	8.5	50.7	-28.0
9	7.7	87.9	-15.5
12	6.6	90.5	-15.8
15	7.1	66.4	-17.0
18	5.8	85.0	-15.0
平面定向天线			
3	5.3	98.6	-14.9
6	7.6	65.4	-18.0
9	7.8	66.1	-16.5
12	8.3	42.7	-18.0
15	6.6	66.9	-16.5
18	6.4	70.0	-15.5

7.7.5 实验结果

为了验证式(7.12),建立了两个原型。第一个原型为 2GHz 的低频截止频率设计。因此,通过应用式(7.12)和由此得出的所有关系,获得了图 7.42 中给出的尺寸。以类似的方式,第二个原型设计为 3GHz 的低频截止频率,其尺寸如图 7.43 所示。

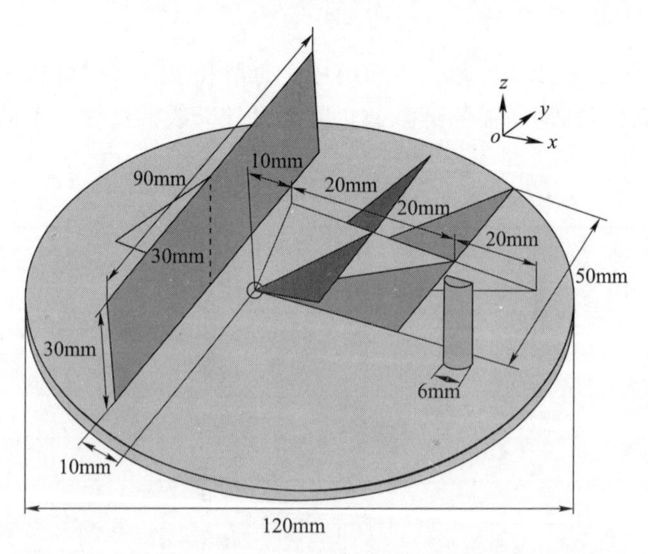

图 7.42 用于低频截止频率 2GHz 的平面定向超宽带天线[2]

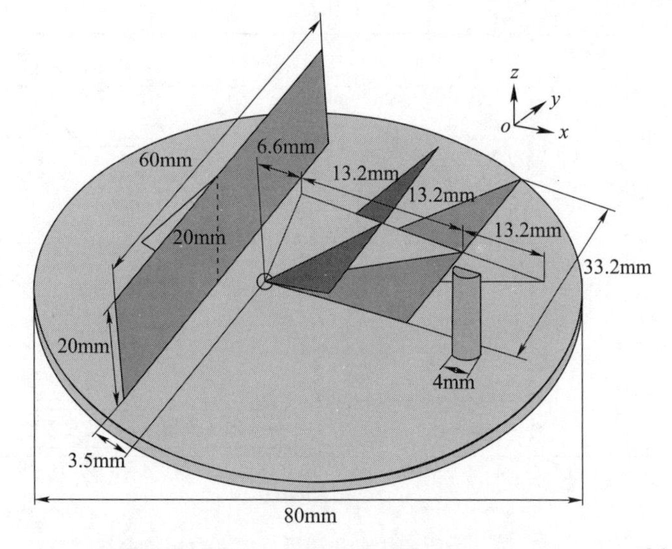

图7.43　低频截止频率为3GHz的平面定向超宽带天线的尺寸[2]

两个原型都是使用 Agilent NPA 系列矢量网络分析仪 E8362B 进行测量的，该分析仪校准至50Ω SMA 连接器。根据第一个原型的尺寸，仿真和测量的低频截止频率分别为2.09GHz 和2.19GHz，测量带宽为16.2GHz（图7.44）。关于第二个原型，仿真和测量的低频截止频率分别为2.91GHz 和2.8GHz，以及17GHz 的测量带宽（图7.45）。通过比较所有低频截止频率（期望频率、仿真频率和测量频率），我们可以注意到它们之间的差异小于10%，由此可以得出结论，导出的设计方程提供了一种合适的形式来确定在不同频率下运行的新设计的尺寸。

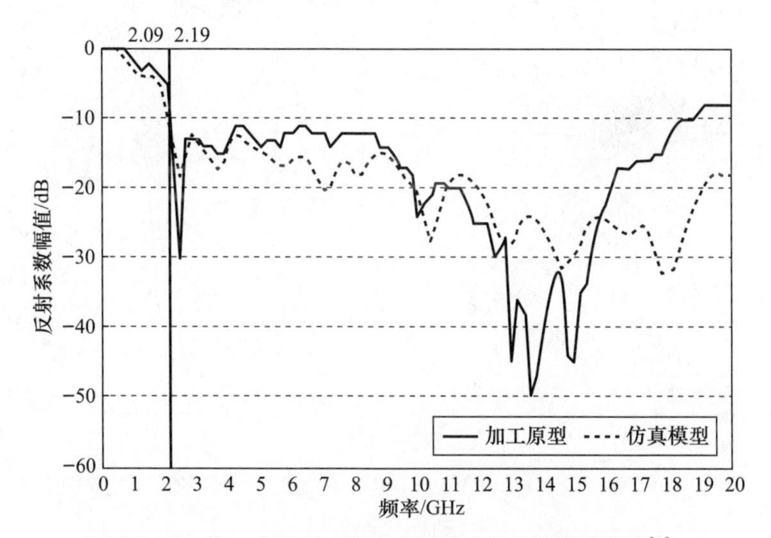

图7.44　第一个原型的仿真和测量反射系数幅值曲线[2]

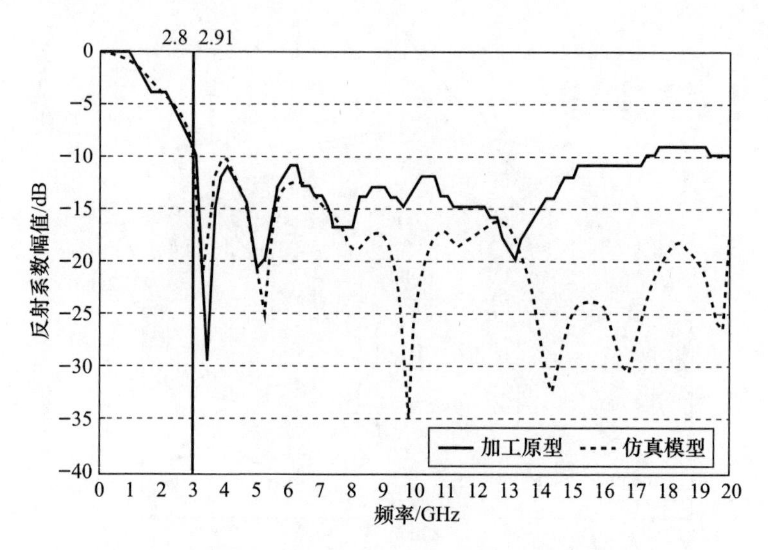

图 7.45 第二个原型仿真和测量反射系数幅值曲线[2]

最后,从辐射特性来看,本书所提出的设计方案是有意义的。图 7.46 和图 7.47分别给出了第一个原型和第二个原型仿真和测量的辐射方向图。两个原型辐射方向图的仿真和测量有很好的一致性。在这两种情况下,天线增益随频率的变化趋势相同。

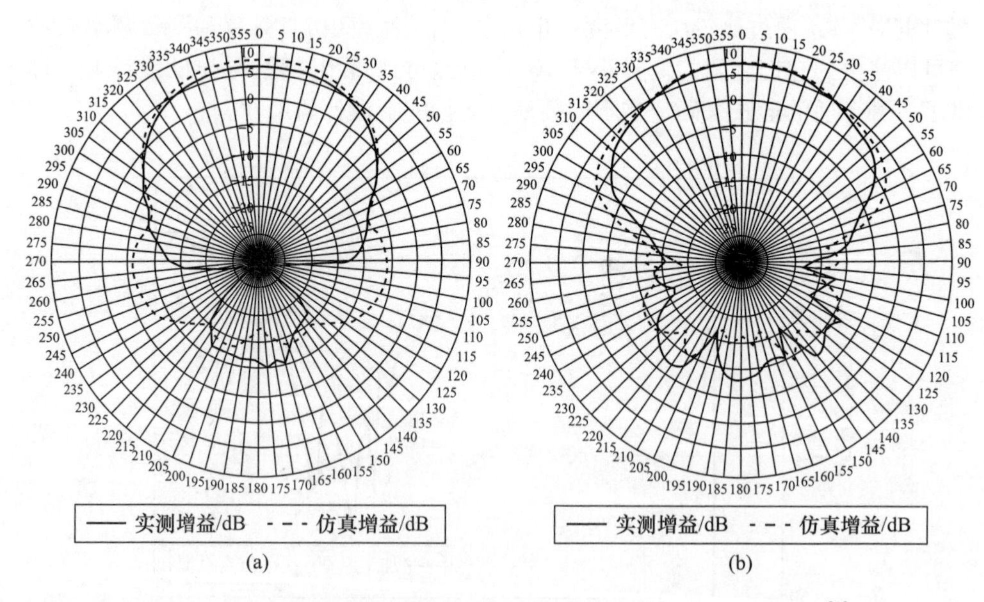

图 7.46 第一个原型在 5GHz 和 10GHz 的仿真和测量的辐射方向图[2]
(a) 5GHz; (b) 10GHz。

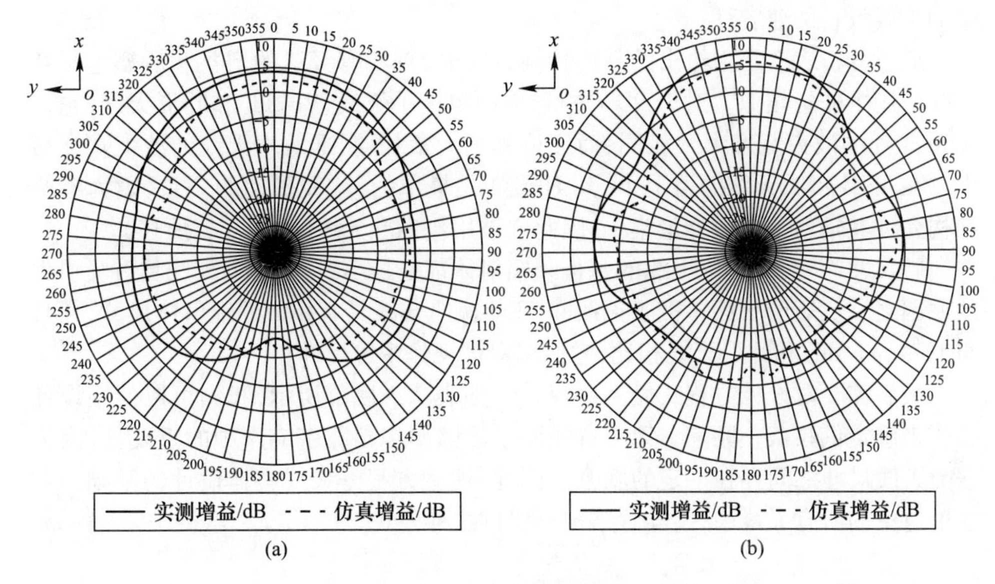

图7.47　第二个原型在5GHz和10GHz的仿真和测量的辐射方向图[2]
(a) 5GHz; (b) 10GHz。

7.8　不同定向超宽带天线的比较

本章分析了不同的超宽带定向天线,表7.3总结了它们的一些关键特性,以便进行比较(值得注意的是,在矩形平面单极子天线的情况下,只考虑单一结构)。这些天线的设计最初考虑了文献[7,11,14,25,28]中的原始尺寸,在这里进行了调整以获得最佳特性。为了进行公平的比较,这些结果是从仿真过程中得出的,因为只有矩形平面单极子天线和在7.7节(PDA)中的平面定向天线被做成实物。

首先回顾一下本书中经常提到的参数:带宽。具体来说,该参量与反射系数大小(即阻抗带宽)相关。可以认为,Vivaldi天线呈现最宽的带宽,尽管叶状天线出现类似的值,其次是矩形平面单极子天线。然而,请注意,由于计算限制,Vivaldi天线仿真频率高达30GHz,因此很难比较它的实际带宽(原则上比仿真带宽宽)。另一方面,又如不在FCC定义的f_L =9.1GHz和f_H =14.8GHz这种超宽带频段内,准八木天线表现出最窄的带宽。当然,其带宽满足超宽带带宽(BW >500MHz)的定义。就低频截止频率而言,Vivaldi和叶形天线都具有低于3.1GHz限制的值(尽管如7.7节所示,PDA可以用于设计任何的低频截止频率)。关于上截止频率,实质上所有的设计都超过FCC的10.6GHz上限。事实上,设备带宽比FCC规定的带宽宽,这一事实很有吸引力;然而,必须进行电磁兼容性分析,以保证共享公共频率的无线设备的兼容性。

通过分析表 7.3 中给出的其他特性，我们发现所有天线的增益和后瓣电平在实际应用中非常相似。对于 PDA，矩形平面单极子天线、Vivaldi 和叶形天线，它们在 3dB 处的波束宽度大致相同，而无论阵列元素如何，准八木天线的波束宽度最大。在 TEM 喇叭天线的情况下，其 HPBW 是最窄的，这和预期的一致，因为喇叭结构允许其辐射的电磁能量集中，因此它被用作标准天线（如第 3 章所述）。

就尺寸而言，准八木天线的基板和辐射体都是最小的，这是该天线具有吸引力的原因之一。矩形平面单极子天线和 TEM 喇叭天线具有相似的辐射体尺寸，并且与 PDA、Vivaldi 和叶形天线相比，它们可以被视作中等尺寸。

最后需要对设计方程式做一些评估。如表 7.3 底部所示，我们可以使用设计公式来确定低频截止频率。第 4 章强调了该频率在超宽带应用中的重要性，因为它与天线尺寸之间存在一定的联系。因此，这些方程是天线整体设计的基础。在这里讨论的所有天线中，仅叶状结构不提供这种公式。

表 7.3 超宽带定向天线的性能比较

特点	PDA *	RPMA	Vivaldi 天线	叶形天线	TEM 天线	八木天线
地板尺寸/mm^2	11310	2200	3600	2622	10000	240
辐射体尺寸/mm^2	3419	392	1600	1560	529	65
带宽/GHz	>17.9	23.4	30	27.63	11.84	5.1
下截止频率/GHz	2.08	6.6	3.0	2.37	7.68	9.71
上截止频率/GHz	>20	30	30	30	19.52	14.8
平均增益/dBi	6.99	5.18	6.21	5.62	5.4	5.32
平均前后比/dB	17.16	12.33	10.94	12.56	13.54	12.24
平均半功率波束宽度/(°)	69.08	75.88	82.82	79.97	55.08	101.46
设计公式 **	有	有	有	无	有	有

注：* 这些值是对应于第一原型的尺寸。

** 设计公式被用来确定低频截止频率。

参考文献

[1] M. A. Peyrot-Solis, G. M. Galvan-Tejada, and H. Jardón-Aguilar. Directional UWB planar antenna for operation in the 5–20 GHz band. In *17th International Zurich Symposium on Electromagnetic Compatibility*, pages 277–280, 2006.

[2] M. A. Peyrot-Solis, G. M. Galvan-Tejada, and H. Jardón-Aguilar. Proposal of a planar directional UWB antenna for any desired operational bandwidth. *International Journal of Antennas and Propagation*, 2014:1–12, 2014.

[3] H. Schantz. *The Art and Science of Ultra Wideband Antennas.* Artech House, Norwood, MA, 2005.

[4] E. Gazit. Improved design of the Vivaldi antenna. *IEE Proceedings*, 135(2):89–92, 1988.

[5] J. P. Weem, B. V. Notaros, and Z. Popovic. Broadband element array considerations for SKA. *Perspectives on Radio Astronomy Technologies for Large Antenna Arrays, Netherlands Foundation for Research in Astronomy*, pages 59–67, 1999.

[6] M. A. Peyrot-Solis, G. M. Galvan-Tejada, and H. Jardón-Aguliar. State of the art in ultra-wideband antennas. In *II International Conference on Electrical and Electronics Engineering (ICEEE)*, pages 101–105, 2005.

[7] The 2000 CAD benchmark unveiled. *Microwave Engineering Europe Magazine*, pages 55–56, 2000.

[8] S. G. Kim and K. Chang. Ultra wideband 8 to 40 GHz bran scanning phased array using antipodal exponentially-tapered slot antennas. In *2004 IEEE MTT-S International Microwave Symposium Digest*, pages 1757–1760, 2004.

[9] S. Wang, X. D. Chen, and C. G. Parini. Analysis of ultra wideband antipodal Vivaldi antenna design. In *Loughborough Antennas and Propagation Conference*, pages 129–132, 2007.

[10] K. V. Dotto, M. J. Yedlin, J. Y. Dauvignac, C. Pichot, P. Ratajczak, and P. Brachat. A new non-planar Vivaldi antenna. In *2005 IEEE Antennas and Propagation Society International Symposium*, volume 1A, pages 565–568, 2005.

[11] F. W. Yao, S. S. Zhong, and X. X. L. Liang. Experimental study of ultra-broadband patch antenna using a wedge-shaped air substrate. *Microwave and Optical Technology Letters*, 48(2):218–220, 2006.

[12] R. Ericsson. WP 2.3-1 wideband antenna radiators-TEM horn. Technical report, Swedish Defense Research Agency, 2004.

[13] K. H. Chung, S. H. Pyun, S. Y. Chung, and J. H. Choi. Design of a wideband TEM horn antenna. In *2003 IEEE International Symposium and Meeting on Antennas and Propagation and USNC/URSI National Radio Science*, pages 229–232, 2003.

[14] R. T. Lee and G. S. Smith. A design study for the basic TEM horn antenna. *IEEE Antennas and Propagation Magazine*, 46(1):86–92, 2004.

[15] R. T. Lee and G. S. Smith. A design study for the basic TEM horn antenna. In *2003 IEEE International Antennas and Porpagation Society International Symposium*, volume 1, pages 225–228, 2003.

[16] D. A. Kolokotronis, Y. Huang, and J. T. Zhang. Design of TEM horn antennas for impulse radar. In *1999 High Frequency Postgraduate Student Colloquium*, pages 120–126, 1999.

[17] S. Licul. *Ultra-wideband antenna characterization and measurement.* PhD thesis, Virginia Polytechnic Institute, USA, 2004.

[18] S. Herrero Arias and J. E. Fernández del Río. Optimización de la directividad de antenas quasi-Yagi sobre FR4 para aplicaciones WiFi. In *XX Simposio Nacional de la URSI (in Spanish)*, 2005.

[19] J. Huang and A. C. Densmore. Microstrip Yagi array antenna for mobile satellite vehicle application. *IEEE Transactions on Antennas and Propagation*, 39(7):1024–1030, 1991.

[20] W. R. Deal, N. Kaneda, J. Sor, Y. Qian, and T. Itoh. A new quasi-Yagi antenna for planar active antenna arrays. *IEEE Transactions on Microwave Theory and Techniques*, 48(6):910–918, 2000.

[21] L. C. Kretly and A. S. Ribeiro. A novel tilted dipole quasi-Yagi antenna designed for 3G and Bluetooth applications. In *Proceedings of the 2003 SBMO/IEEE MTT-S International Microwave and Optoelectronics Conference*, volume 1, pages 303–306, 2003.

[22] H. J. Song, M. E. Bialkowski, and P. Kabacik. Parameter study of a broadband uniplanar quasi-Yagi antenna. In *3th International Conference on Microwave, Radar and Wireless Communications*, volume 1, pages 166–169, 2000.

[23] N. Kaneda, Y. Qian, and T. Itoh. A broad-band microstrip-to-waveguide transition using quasi-Yagi antenna. *IEEE Transactions on Microwave Theory and Techniques*, 47(12):2562–2567, 1999.

[24] S. Y. Chen and P. Hsu. Broadband microstrip-fed modified quasi-Yagi antenna. In *IEEE/ACES International Conference on Wireless Communications and Applied Computational Electromagnetics*, pages 208–211, 2005.

[25] H. K. Kan, A. M. Abbosh, R. B. Waterhouse, and M. E. Bialkowski. Compact broadband coplanar waveguide-fed curved quasi-Yagi antenna. *IET Microwave Antenna Propagation*, 1(3):572–574, 2007.

[26] Y. Qian, W. R. Deal, N. Kaneda, and T. Itoh. A uniplanar quasi-Yagi antenna with bandwidth and low mutual coupling characteristics. In *IEEE Antennas and Propagation Society International Symposium*, pages 924–927, 1999.

[27] C. A. Balanis. *Antenna Theory: Analysis and Design.* John Wiley & Sons, 3rd edition, 2005.

[28] M. A. Peyrot-Solis. *Investigación y Desarrollo de Antenas de Banda Ultra Ancha (in Spanish)*. PhD thesis, Center for Research and Advanced Studies of IPN, Department of Electrical Engineering, Communications Section, Mexico, 2009.

[29] M. A. Peyrot-Solis, G. M. Galvan-Tejada, and H. Jardón-Aguilar. Proposal and development of two directional UWB monopole antennas. *Progress in Electromagnetics Research C*, 21:129–141, 2011.

[30] G. H. Brown and O. M. Woodward Jr. Exexperimental determined radiation characteristics of conical and triangular antennas. *RCA Review*, 13(4):425–452, 1952.

[31] M. A. Peyrot-Solis, G. M. Galvan-Tejada, and H. Jardón-Aguilar. A novel planar UWB monopole antenna formed on a printed circuit board. *Microwave and Optical Technology Letters*, 48(5):933–935, 2006.

第8章　超宽带天线的发展趋势和未解决的问题

8.1　目前的超宽带天线

自美国联邦通信委员会指定超宽带应用频段以来,已经过去了十多年。从那时起,这项技术不仅成为研究界的一个研究领域,也成为学术界和行业界的学习领域。此外,像在军事环境中开发的许多其他技术发展一样,超宽带设计现在也可用于民用实施。超宽带的重要性在大量各种各样的书籍、期刊论文和关于这个主题的会议等公开的文献中都可以找到。例如,在天线方面,我们可以参考一些专门讨论超宽带天线的基本原理和设计的书籍(如文献[1-3]),以及间接涉及超宽带天线相关原理的文献[4]。

在研究这些资料时可以看出,显然超宽带天线具有很多不同的设计方案,从早期的立体结构到最近的平面和平面化低剖面天线等。据报道,其中一些天线具有全向辐射特性,并且拥有高移动性和便携性的优势,因此它们有可能应用在新兴的超宽带通信中。同时,定向辐射天线引起了军事应用、频谱监测、成像和雷达等研究界的关注,尽管与全向辐射天线相比,它们的关注度较低。

在任何情况下,带宽都是天线的主要参数之一。实际上,这个术语构成了天线理论和设计中不同概念的基础。然而,在超宽带背景中,确定带宽的单一定义是困难的。一般而言,带宽通常被称为特定天线所呈现的阻抗匹配响应。然而,当我们讨论诸如超宽带天线等非谐振装置时,不能忽略其相位特性和辐射模式。

本书主要针对平面化和平面超宽带天线讨论了其设计要求:具有简单的结构、成本低廉;具有相对较小尺寸的天线;其在整个工作带宽内具有小于或等于-10dB的反射系数;在其主瓣方向上的增益大于2.5dBi;它们的工作频带比FCC为短距离超宽带通信分配的1GHz频段上限和下限带宽更宽。对于超宽带平面单极子天线,需要具有相对较小尺寸的全向和定向天线,不需要使用平衡-不平衡转换器,并且具有相对稳定的辐射模式。在特定应用需要超宽带带宽,但功率水平高于当前超宽带平面天线的情况下,需要进行新的设计。

8.2　阻抗匹配、相位线性和辐射模式

按照本书的指导原则,应该强调的是超宽带天线的设计涉及三个分析基准。首先,天线必须匹配,通过反射系数的大小进行评估。如前所述,通常 $|\Gamma|$ 值必须低于可以接受的临界值 $|\Gamma| < -10$dB 以达到所需的工作频率。在评估一些作者给出的结果时,必须注意,他们的天线可以在一定的带宽上工作,这与驻波比 VSWR = 2.5(甚至更高)相关,而不是 VSWR = 2,驻波比更大意味着更大的天线反射系数。

第二个性能参数是相位响应。如第 5 章所述,基本上不同的作者都有两种方法评估这一点。一种方法是基于天线反射系数,另一种是考虑天线传输函数。值得注意的是,有几位作者通过分析整个超宽带系统来得到某些天线的相位特性,根据接收到的脉冲特性,导出了传输函数。

最后一个参数是辐射方向图随着频率的变化。目的是在工作带宽内尽量保持辐射方向图形状、增益、前后辐射比(用于辐射的方向性)等参数不变。这个条件是一个硬约束,因为由于超宽带天线是非谐振器件,当它们在很宽的频率范围内工作时会引起电流分布随频率变化。这种情况会产生辐射方向图的变化,因此建议寻求天线的横波响应。现在,带宽的另一个定义与此参数相关,该参数是方向图的频不变特性。因此,给定的天线可以在特定带宽(例如 $|\Gamma| < -10$dB)中良好匹配,具有可接受的相位响应,但是其辐射图可以保持在较窄的带宽中。

因此,设计超宽带天线的最大挑战之一就是同时满足这三项性能要求。偶尔其中一个可以放宽(例如,如果天线不是以高速率传输数据,如在频谱监测中,相位相应能容忍一些非线性的情况),但最基本的,必须始终是匹配良好的天线。

8.3　定向超宽带天线

如已经看到的,在开放文献中很少提到定向超宽带天线。但是具有这种特性的天线的研究是重要的,它们不仅对于军事应用有意义,而且对于民用应用的雷达、成像和电信也是有意义的。

定向超宽带天线应用的一个例子是新兴领域的体域网,其性能将在 8.6 节中进行评估,以按顺序比较不同天线(全向和定向)的性能评估它们是否包含在这些网络中。在这个研究领域还有很多待定的工作。

超宽带定向天线的另一个应用是频谱监测。与该活动相关的任务之一称为测向(DF),将天线的辐射图集中在特定方向上,以检测可能的干扰源。本应用中使用了天线的方向图辐射特性。整个系统通常由多个天线组成,每个天线都负责特定的频率间隔。因此,如果单个天线能够覆盖更宽的频率跨度,则也可以实现测向超宽

带(DF - UWB)天线。因此,需要专门为此目的设计超宽带天线。这一领域的其中一个设计是第3章中介绍的TEM喇叭天线,并在第7章中进行了详细分析。当然,如果要使用喇叭天线进行频谱监测,可以通过第6章中描述的缩放原理进行改进。

8.4 超宽带天线阵列

如2.2.5节所述,基于天线阵列的结构是获得定向辐射模式的几种方法之一。然而,基于这些结构的一些天线,如流行的对数周期天线,是高度色散的(见5.5.1节),这会对超宽带天线的应用带来一些限制。超宽带阵列的一个例子是在第7章中研究的准八木天线。然而,该天线带宽非常窄,在此带宽内相位具有非线性特性。这种设计的优点是其剖面低,这使其适用于飞机当中。

天线阵列的另一个应用是实现分集机制,以减轻由户外和室内对象的不同散射引起的多径衰落效果。如果正在使用天线阵列来规划超宽带通信系统,则需要仔细研究产生一定响应的天线单元的相互作用,以及如何通过它们的结构来改善这种作用。

文献[5]对超宽带天线阵列进行了研究。特别地,经典窄带均匀线阵(参见第2章)在超宽带系统中有更多的应用。通常,波长由中心频率确定,阵列元件的间隔为λ/2。然而,正如Gentner等(在第4章中已经指出),不可能在超宽带系统中定义一个中心频率。因此,作者将超宽带频带的最低频率(在这种特殊情况下为3~6GHz)作为参考,并且发现均匀线阵的性能会随频率下降。因此,提出了一个七单元的非均匀直线阵列,单元间距为几何级数。结果不仅天线阵列性能优越,而且与传统的均匀线阵相比,尺寸减小了约23%。对于一些天线尺寸非常关键的应用来说,这一特性尤为重要。

在过去20年中,天线阵列发展的一个分支演变成多输入多输出(MIMO)技术,该技术已经成熟并被应用于多个通信系统。在文献[6]中,作者研究和比较了MIMO天线阵列在超宽带带宽中的应用,如高数据速率无线通信、高精度定位和雷达成像等。实质上,将均匀线阵与作者所提出的阵列进行比较,称为交错均匀矩形阵列。交错均匀矩形阵列的目标是减少元件之间的相互耦合,以便在超宽带带宽内保持辐射图的全向方向形状,从而可以减轻由于在室内环境中密集多径产生的影响。文献[6]中提出的天线在2.2~7.5GHz之间运行,增益约为3dBi。

8.5 干扰

毫无疑问,超宽带系统实用性的一个重要方面是它们的电磁兼容性,这是由于传输信号的频率范围非常广泛,因此它们与其他无线网络(如无线局域网)共享所有频带。有很多方法可以减轻超宽带系统和其他网络之间的干扰效应。首先,请记住,超宽带系统工作在能量超短脉冲的基础上,因此超宽带脉冲难以截获。换句话说,超宽带系统的工作特性使其自身抗干扰。然而,它们的电磁兼容性并不是完美的。为了向这些系统提供额外的保护,可以在设计天线时考虑一些因素,如在反射系数的幅度上实现缺口响应。几位作者已经研究了这种方法多年(参见第3章中讨论的共面波导馈电的平面宽带天线和分形调谐微带缝隙天线)。抗干扰的超宽带天线的设计是如此之多,许多研究工作可以在公开的文献中找到。例如,最近在文献[7]中探讨了基于介质谐振天线的不同的超宽带天线结构。由于这些无线网络与FCC分配的超宽带频带重叠,其中一个应用正是为了无线局域网中的干扰抑制。在这种情况下,设计了两个超宽带平面化介质谐振天线;一种在5.15~5.825GHz处产生陷波带;另一种是两个单独的带状天线,其引入5.15~5.35GHz和5.725~5.825GHz的陷波频带。

8.6 体域网

体域网(图8.1)使用无线网络监测人的一些身体功能。基本上,无论是进行日常体检,还是在紧急情况下,都会将一组传感器连接到身体的特定部位(例如,用于测量心电图的胸部,测量葡萄糖水平的手臂,以及用于测量血压的腕部、脚踝、膝盖和手臂等),通过这种方式,无论是例行体检,还是在患者需要立即护理的紧急情况下,都可以远距离监视患者。[8]即使是一个简单的摔倒,也可以通过一个针对独居者的运动模式识别系统进行监控。对于非医疗场景,体域网也吸引了娱乐和游戏行业(电脑游戏、舞蹈课程等)以及国防领域的关注[8]。在任何情况下,传感器需要收集的信息被发送到集线器,该集线器负责将信息转发到接入点,互联网连接允许将这些数据传送到最终目的地。图8.1给出了体域网示意图(针对医疗案例),图中标记了互联网连接。

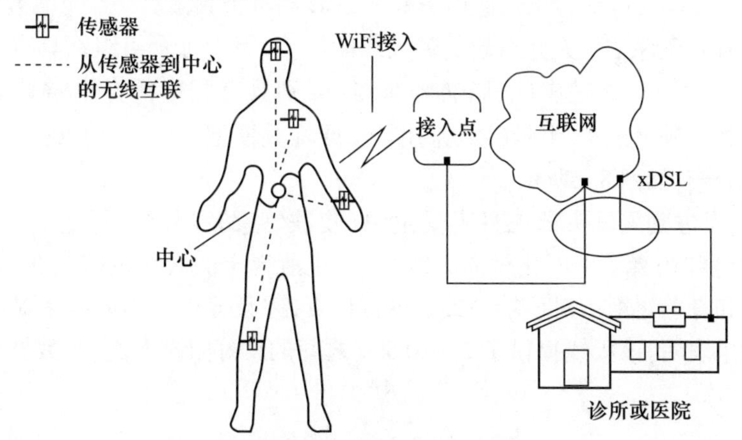

图8.1 体域网示意图

三种类型的链接构成了体域网的无线通道[9]:身体上链接、身体外链接和身体内链接。基本上它们与发射机和接收机设备的位置有关。对于身体上链接,发射机和接收机都安装在同一身体上,而对于身体外链接,两个终端不在同一个身体上。在身体内链接的情况下,只有一个终端嵌入在体内。

另一方面,无线体域网的运行覆盖了不同的频带(表 8.1)。使用微波频段的根本原因在于体域网需要相对较小的天线粘贴到身体或织物上。由于体域网的一些频带部分对应于 FCC 超宽带频谱,并且超宽带天线可以传输相对较低的功率电平,所以它们非常适用于无线体域网。

表 8.1 无线身体局域网频带

频率/MHz	服 务
402 ~ 405	医疗设备无线电通信服务
433.05 ~ 434.79	常规遥测
608 ~ 614, 1395 ~ 1400, 1427 ~ 1432	无线医疗遥测服务
868 ~ 870	常规遥测
902 ~ 928	工业、科学和医学
2400 ~ 2483.5	工业、科学和医学
5725 ~ 5850	工业、科学和医学
4200 ~ 4800, 7250 ~ 8500	超宽带

因此,最近的文献已经分析了体域网中使用的各种超宽带天线,从印刷电路板上形成的经典天线[10-15],基于铜、镍和银尼龙织物的纺织天线[16],具有正交极化的穿戴式低剖面天线[9],直到最近的双环形天线[17]。值得注意的是,文献[9-15]的建议设计为在 3 ~ 6GHz 的间隔内工作,而双环天线被考虑用于超宽带(7.25 ~ 10.25GHz),织物天线适用于整个 FCC 超宽带频段。

一些研究还评估了人体对超宽带天线的影响,因为每个组织都具有一定的电特性[12,14-15]。可以通过皮肤、脂肪和肌肉(分别具有相应的介电常数 ε_{r_s}、ε_{r_f} 和 ε_{r_m})来评估三种一般类型的组织,采用分层或堆叠模型可以对它们进行简单的建模和仿真分析,如图 8.2所示。

例如,考虑到人体头部三种不同组织(皮肤、脂肪和骨骼)的电特性,在文献[18]中设计和仿真了平面化全向天线①。文中所提出的天线被植入在皮肤之下,但在脂肪和骨骼之上。对该堆叠方案进行仿真,并且分析了不同频率对电常数的影响。结果表明,该天线提供了 3 ~ 10GHz 之间的良好阻抗匹配,其数据传输能力

① 请注意 Yazdandoost[18]并非完全采用图 8.2 所示的所有层,文献中包含了肌肉层,并遵循堆叠模型加入了骨骼层。

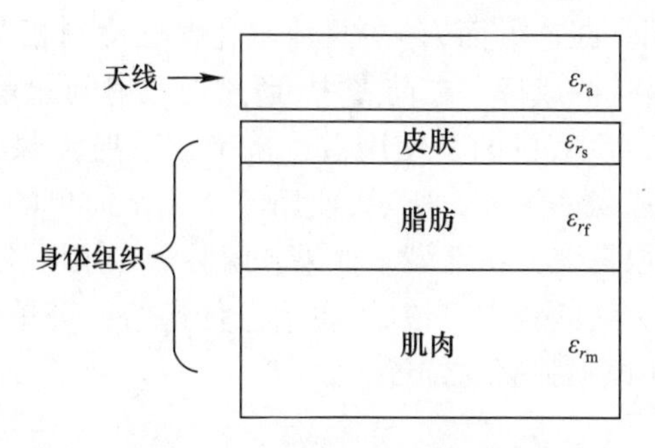

图8.2　用于仿真的主要组织的分层表示法

比目前402~340MHz频段的医疗植入物通信服务(MICS)更好。另外还给出了该天线具有幅射方向图不随频率变化的特性。

此外,取决于身体的电特性和组织厚度,天线的性能会受到人体的影响。因此,这些研究课题中的天线设计应考虑到这个基本要素。对于身体上天线的体域网应用,在文献[19]中分析了天线与人体之间的距离影响。分析了两个超宽带平面天线、环天线和偶极子天线,在1~12GHz间隔内改变上述距离进行仿真和测量。比较参数为反应系数的幅度,以自由空间环境作为参考。根据作者给出的结果,这两个天线都无法覆盖超宽带系统的整个频带,由于反射系数的幅度在较短的距离上表现出强烈的变化。然而,20mm可以被认为是天线性能相对稳定的可接受距离。在Wheelers幅射球半径方面也有一个有趣的分析,从中可以解释非常靠近身体的天线性能以及它们如何呈现带电小型天线的特性。

8.7　雷达:医学影像及其他

雷达技术已经发展了很多年,有着广泛的应用。超宽带天线设计也已经影响到了雷达系统,而关于这个问题的不同研究课题已经在世界各地展开。鉴于本主题的重要性和当前存在的问题,本节中讨论的第一个应用是医学成像。稍后再介绍其他超宽带雷达示例。

诸如微波成像之类的高分辨率技术为一些需要检测肿瘤的医学应用提供了一种有吸引力的解决方案,在微波和更高频率下,穿透组织是可行的。此外,与传统的X射线技术相比,微波成像治疗对患者的侵入性较小,而且也暴露于较低的辐射水平。相比之下,基于X射线的治疗意味着高剂量的电离辐射,这使其应用受到了限制。另一点是,在乳腺癌检测的特殊情况下,在X线频率下,当患者较年轻时,健康和患病组织之间差异性较小[20]。同时微波成像的穿透能力可以避免乳房压迫的疼痛。

由于最具代表性的案例是乳腺癌,因此这里介绍微波成像和在这种疾病背景下超宽带天线的应用。在这方面,存在两种与乳腺癌检测相关的主要技术[20]:微波断层扫描和基于雷达的成像。在前者中,通过逆散射问题重建乳房中的介电常数分布的图像。在后者中,目的是使用雷达来确定散射乳腺肿瘤的存在和位置。实质上,基于雷达的成像如图 8.3 所示,使用一个非常简单的方案描述了该过程:首先,发射微波信号以覆盖分析区域。如果乳腺肿瘤在该区域,则该目标就会反射部分能量,使得接收天线截获它。最后,将信息传递给处理单元,在处理单元中完成整个场景的重建并识别肿瘤的位置。①

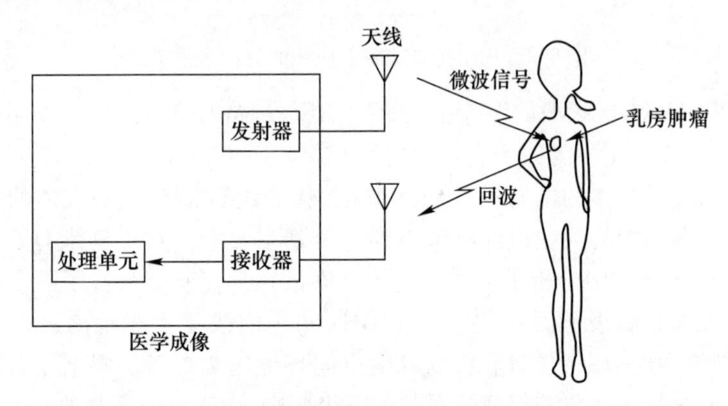

图 8.3　基于微波雷达的成像方案

自然,必须在有问题区域的不同位置执行多次的测量,以便具有足够的空间分辨率。上述内容与所谓的时空波束成形技术有关,这种技术基本原理是天线阵列和数字信号处理器的联合使用了(因此这个技术也被称为数字波束形成)。该技术已经变得非常成熟,已经实现了多种应用,包括用于乳腺癌检测的雷达成像。数字波束成形技术的主要优点是根据天线阵列的性能,如结构、天线单元类型、单元间距等,以及 DSP 上实现的源分离算法,可以一次识别多个目标。关于这个主题的细节超出了本书的范围,感兴趣的读者可以参考文献[21],对不同作者从不同角度研究的作品进行回顾。

关于用于乳腺癌检测(或其他一些类型的医学检测)成像的超宽带天线,值得一提的是在仿真中要注意的主题是如何根据介电特性对乳房(或人体的其他特定部位)进行建模,然后引入适当的人体模型(参见文献[20,22-23])。在文献[24]中,提出了一种工作频段约为1~8GHz的定向天线阵列,这种天线阵适用于人膀胱中乳腺癌和尿液检测的基于脉冲的检测系统。该天线采用不同介电常数的人体模型材料进行建模和仿真,以模拟人体组织。另一方面,Lai 等[22]研究并提出了

① 请注意图 8.3 中画出了分离的天线、发射机和接收机,实际情况中不一定是这样。这里是为了简化说明。

一系列具有非均匀乳房模型的实验结果。他们的实验使用高斯脉冲发生器(发射机)和实时示波器(接收机)在时域中进行。用于测试台的超宽带天线的宽度为3cm,高度为4cm,对于2.4~12GHz的阻抗带宽,增益为11dBi。根据他们的观察,当考虑较高介电常数时,应对检测小肿瘤(毫米尺寸)的硬件格外注意。

目前,基于超宽带天线的雷达成像评估的主要参数是脉冲的时间响应。为了具有高分辨率响应从而获得可靠的诊断应该实现脉冲的低失真。例如,文献[24]中提出的天线阵列实现了这种低失真,因此可用于医疗诊断。另一个例子是由文献[7]设计的用于乳腺癌检测的H形超宽带平面化介质谐振天线。作者表明,将介质谐振天线的应用于这种场景的优点是不需要匹配介质。这是因为介质谐振天线的介电常数非常接近于脂肪组织的介电常数。该天线的主要特点是:恒定增益、高效率,与FCC为超宽带分配的带宽非常接近,工作频率的群延迟为0.15ns。

下面再介绍超宽带雷达和他们的天线设计的几种不同的应用。首先,雷达技术的一个有趣的用途是所谓的探地雷达(GPR),检测埋在地下的小型和浅层物体、隐蔽的隧道、电缆、管道和地雷是其主要目标。这种雷达需要非常准确的时域和宽带频域响应。此外,还需要不随频率变化的相对恒定的定向辐射图。因此,在文献[25]中提出了用于探地雷达的定向平面化共面波导馈电天线,其工作频率介于0.4~3GHz。尽管这款天线不能覆盖FCC超宽带频段,但它确实达到大于500MHz的带宽,增益大约达到5~8.5dBi。

本节要讨论的最后一个应用是经典雷达在飞机上的使用。在这个课题中,在文献[26]中研究了由喇叭TEM天线和感应环形天线组成的组合结构应用,作为适用于安装在机载表面上的低剖面天线雷达。作为这种应用的结果,作者提出了一种称为电窄极低剖面的定向天线(ENVELOPE)。该天线的主要应用领域是雷达,这意味着需要定向辐射图,可以通过ENVELOPE结构实现。为了改善天线特性,对ENVELOPE天线进行了调谐。分析了基于圆形阵列的ENVELOPE结构的几个变体及其各种应用,结果表明这些变体天线的极化和辐射方向图都具有令人满意的结果。虽然所有这些天线都不在FCC为超宽带应用分配的频带中,频带范围大约1~3GHz,但它们呈现出超过一倍频程的带宽,这属于本书前面章节讨论过的超宽带定义之一。

8.8 USB适配器和接入点

通用串行总线(USB)技术在无线模式下的扩展近年来引起了人们的极大关注。USB技术主要应用于构成个人局域网的各种电子设备(例如,各种消费电子设备或个人计算机,家庭中用于共享视频、照片等的笔记本电脑)之间进行数据交换。然而,主要的限制是实现USB适配器尺寸的低剖面天线,这种天线可以工作在非常宽的带宽下工作,从而可以下载巨大的数据流。因此,通过超宽带技术实现的无线 USB 方法可以提供短距离和高数据通信。在这里可以引用两个设计实例,其中针对该应用探索了低剖面天线。首先,文献[27]中提出并设计了一种用于 USB 适配器应用的全向单极子天线,其工作频率为 2.8 ~ 13.3GHz。其次,在文献[28]中设计和研究了紧凑的 U 形平面化超宽带天线,其在 3 ~ 8GHz 之间的仿真阻抗带宽中呈现准全向辐射特性(尽管作者声称在自由空间覆盖了 3.1 ~ 10.6GHz 范围)。两者均具有适合 USB 尺寸的紧凑尺寸。

相比之下,文献[7]设计了一个相对较大的天线,可以将其应用于超宽带通信的接入点。该三维天线由地板上方的包裹结构构成。在这个应用中,它呈现出在整个工作带宽(大约 4 ~ 14GHz)具有准恒定增益的全向模式。也就是说,经典的全向覆盖特性可能适用于高数据速率的无线网络。

8.9 电磁计算问题

在文献[29]中讨论了需要多精度算法来解决计算电磁学问题,其中定义了五个问题类别:

(1) 生成适用于电磁理论的特殊数学函数。

(2) 解决电磁计算中的病态线性方程组。

(3) 大规模射频电路仿真。

(4) 电磁现象的全波仿真。

(5) 实验电磁理论。

另一个问题无疑是数值方法的稳定性,这永远是一个不仅对于电磁应用而且对所有知识领域都有意义的问题。特别是,Aksoy 和 Osakin[30] 提出了时域有限差分算法的稳定性分析(将在第 9 章中讨论),提出了其相对直接的实现方法并且具有良好的近似性。

超宽带天线在无线体域网的应用环境下,仿真应包括人体模型,以便分析人体各个组织对天线性能的影响。然而,正如 Cara 等所说[9],天线和人体模型尺寸之间的相对比例可能对计算资源有影响。

8.10 更宽的带宽

最后,需要注意的是,天线的带宽要比 FCC 所规定的超宽带应用范围要宽。其原因是单个天线可以覆盖宽范围的频率以进行频谱监测(8.3 节中讨论了超宽带定向天线可用来进行测向,而且超宽带全向天线可用于其他电磁频谱警报任务)。实现此功能的一种方法是使用第 6 章中给出的一些指导方针,其中引入了缩放因子，以便在与其原始结构对应的频带所不同的频带内设计天线。

自然地，当提出新的设计时，必须注意电磁兼容性分析，注意 FCC 频谱屏蔽，或者在带宽比监管机构更宽的情况下，应注意到天线可能对在公共频带内工作的系统或设备造成的干扰。

参考文献

[1] H. Schantz. *The Art and Science of Ultra Wideband Antennas.* Artech House, Norwood, MA, 2005.

[2] B. Allen, M. Dohler, E. E. Okon, W. Q. Malik A. K. Brown, and D. J. Eduards, editors. *Ultra-Wideband Antennas and Propagation for Communications, Radar and Imaging.* John Wiley & Sons, West Sussex, UK, 2007.

[3] D. Valderas, J. I. Sancho, D. Puente, C. Ling, and X. Chen. *Ultrawideband Antennas, Design and Applications.* Imperial College Press, London, UK, 2011.

[4] Z. N. Chen and M. Y. W. Chia. *Broadband Planar Antennas: Design and Applications.* Jonh Wiley & Sons, Sussex, England, 2006.

[5] P. K. Gentner, G. S. Hilton, M. A. Beach, and C. F. Mecklenbräuker. Characterisation of ultra-wideband antenna arrays with spacings following a geometric progression. *IET Communications*, 6(10):1179–1186, 2012.

[6] X.-S. Yang, J. Salmi, A. F. Molisch, S.-G. Qiu, and S. Sangodoyin. Trapezoidal monopole antenna and array for UWB-MIMO applications. In *2012 International Conference on Microwave and Millimeter Wave Technology*, volume 1, pages 1–4, 2012.

[7] A. A. Kishk, X. H. Wu., and S. Ryu. UWB antenna for wireless communication and detection application. In *2012 IEEE International Conference on Ultra-Wideband*, pages 72–76, 2012.

[8] M. Patel and J. Wang. Applications, challenges, and prospective in emerging body area networking technologies. *IEEE Wireless Communications*, 17(1):80–88, 2010.

[9] D. D. Cara, J. Trajkoviki, R. Torres-Sánchez, J.-F. Zürcher, and A. K. Skrivervik. A low profile UWB antenna for wearable applications: the tripoid kettle antenna (TKA). In *2013 7th European Conference on Antennas and Propagation*, pages 3257–3260, 2013.

[10] M. Klemm, I. Z. Kovacs, G. F. Pedersen, and G. Tröster. Comparison of directional and omni-directional UWB antennas for wireless body area network applications. In *18th International Conference on Applied Electromagnetics and Communications*, pages 1–4, 2005.

[11] A. Alomainy, Y. Hao, C. G. Parini, and P. S. Hall. Comparison between two different antennas for UWB on-body propagation measurements. *IEEE Antennas and Wireless Propagation Letters*, 4:31–34, 2005.

[12] T. S. P. See and Z. N. Chen. Experimental characterization of UWB antennas for on-body communications. *IEEE Transactions on Antennas and Propagation*, 57(4):866–874, 2009.

[13] G. Alpanis, C. Fumeaux, J. Frönlich, and R. Vahldieck. A truncated conical dielectric resonator antenna for body-area network applications. *IEEE Antennas and Wireless Letters*, 8:279–282, 2009.

[14] K. Y. Yazdandoost and K. Hamaguchi. Very small UWB antenna for WBAN applications. In *5th International Symposium on Medical Information & Communication Technology*, pages 70–73, 2011.

[15] L. Lizzi, G. Oliveri, F. Viani, and A. Massa. Synthesis and analysis of a monopole radiator for UWB body area networks. In *2011 IEEE-APS Topical Conference on Antennas and Propagation in Wireless Communications*, pages 78–81, 2011.

[16] M. Klemm and G. Troester. Textile UWB antennas for wireless body area networks. *IEEE Transactions on Antennas and Propagation*, 54(11):3192–3197, 2006.

[17] H. Goto and H. Iwasaki. A low profile monopole antenna with double finfer ring for BAN and PAN. In *2011 International Workshop on Antenna Technology*, pages 227–230, 2011.

[18] K. Y. Yazdandoost. UBW antenna for body implanted applications. In *Proceedings of the 42th European Microwave Conference*, pages 932–935, 2012.

[19] T Tuovinen, T. Kumpuniemi, K. Y. Yazdandoost, M. Hämäläinen, and J. Iinatti. Effect of the antenna-human body distance on the antenna matching in UWB WBAN applications. In *2013 7th International Symposium on Medical Information and Communication Technology*, pages 193–197, 2013.

[20] I. Ünal, B. Türetken, K. Sürmeli, and C. Canbay. An experimental microwave imaging system for breast tumor detection on layered phantom model. In *2011 XXXth URSI General Assembly and Scientific Symposium*, pages 1–4, 2011.

[21] S. Haykin and K. J. Ray Liu, editors. *Handbook on Array Processing and Sensor Networks*. Wiley-IEEE Press, 2009.

[22] J. C. Y. Lai, C. B. Soh, E. Gunawan, and K. S. Low. UWB microwave imaging for breast cancer detection – experiments with heterogeneous breast phantoms. *Progress in Electromagnetics Resarch M*, 16:19–29,

2011.

[23] M. A. Shahira Banu, S. Vanaja, and S. Poonguzhali. UWB microwave detection of breast cancer using SAR. In *2013 International Conference on Energy Efficient Technologies for Sustainability*, pages 113–118, 2013.

[24] X. Li, J. Yan, M. Jalilvand, and T. Zwick. A compact double-elliptical slot-antenna for medical applications. In *6th European Conference on Antennas and Propagation*, pages 36–3680, 2011.

[25] P. Cao, Y. Huang, and J. Zhang. A UWB monopole antenna for GPR application. In *6th European Conference on Antennas and Propagation*, pages 2837–2840, 2011.

[26] A. Elsherbini and K. Sarabandi. ENVELOPE antenna: a class of very low profile UWB directive antennas for radar and communication diversity applications. *IEEE Transactions on Antennas and Propagation*, 61(3):1055–1062, 2013.

[27] C.-M. Wu, Y.-L. Chen, and W.-C. Liu. A compact ultrawideband slot patch antenna for wireless USB dongle application. *IEEE Antennas and Wireless Propagation Letters*, 11:596–599, 2012.

[28] E. K. I. Hamad and A. H. Radwan. Compact UWB antenna for wireless personal area networks. In *2013 Saudi International Electronics, Communications and Photonics Conference*, pages 1–4, 2013.

[29] T. P. Stefański. Electromagnetic problems requiring high-precision computations. *IEEE Antennas and Propagation Magazine*, 55(2):344–353, 2013.

[30] S. Aksoy and M. B. Özakin. A new look at the stability analysis of the finite-difference time-domain method. *IEEE Antennas and Propagation Magazine*, 56(1):293–299, 2014.

第9章　电磁学数值方法

在第2章中我们介绍了一些天线的基本原理，它有助于读者理解和处理超宽带天线的问题，由于分析和解决天线问题的相关电磁方程十分复杂（无论是窄带、宽带还是超宽带），因此本章的主题是使用数值方法来研究天线，并为读者提供一些用于该目标的仿真软件包的背景知识。我们将在9.1节中看到，James Clerk Maxwell所提出的电磁理论，本质上可以由一组偏微分方程描述，有很多文献（包括会议文章）都描述了如何解决这类方程（以文献[1－5]为例）的方法。当然，本章的目的不是提出关于差分方程的论述，而是指出其中与麦克斯韦方程相关的部分，给出的附录B只适用于简单参考。最后还需要注意的是，通常像文献[6－11]中这样的全面论著中才会提到数值方法这一复杂的主题。由于这部分内容与本书的主题相关，所以在本章中给出了这些方法的简要阐述和背景说明。

9.1　麦克斯韦方程组

9.1.1　基本原理

众所周知，天线可以看作一种介质，通过这种介质，把传输线或波导中的导波能量转换成电磁（EM）能量辐射到空间。因此，我们可以认为任何天线都是一个电磁场的源。从另一方面来说，电磁场的源是一个随时间变化的电流密度（J），这个电流密度与一个同样随时间变化的电荷密度（ρ）有关。这两个量通过电流连续性方程或电荷守恒定律相互关联[12]，即

$$\nabla \cdot \boldsymbol{J} = -\frac{\partial \rho}{\partial t} \tag{9.1}$$

其中∇为微分算子（见附录A）。因此，天线分析的目标在于给出电场和磁场表达式，该表达式是关于场中的电荷和电流分布的函数。从这些表达式中，能够推导出一些重要的天线参数，如辐射能量密度。对电磁场（即电场和磁场）的分析是基于下列麦克斯韦方程组得出的：

$$\nabla \times \boldsymbol{E} + \mu_0 \frac{\partial \boldsymbol{H}}{\partial t} = 0 \tag{9.2}$$

$$\nabla\times \boldsymbol{H} - \varepsilon_0 \frac{\partial \boldsymbol{E}}{\partial t} = \boldsymbol{J} \tag{9.3}$$

$$\nabla\cdot \varepsilon_0 \boldsymbol{E} = \rho \tag{9.4}$$

$$\nabla\cdot \mu_0 \boldsymbol{H} = 0 \tag{9.5}$$

式中：$\boldsymbol{E}$ 为电场强度矢量；$\boldsymbol{H}$ 为磁场强度矢量；ε_0 为真空介电常数；μ_0 为真空磁导率。要注意这里的四个方程加上式(9.1)一起构成了完整的麦克斯韦方程组①。积分形式的麦克斯韦方程组到式(9.1)～式(9.5)的推导可以在一些教科书[12]中找到。学者们提出了麦克斯韦方程组的物理根源，式(9.4)和式(9.5)通常被认为是电场和磁场高斯定律，而式(9.2)表示法拉第电磁感应定律，式(9.3)代表安培定律。值得注意的是高斯定律中产生的 $\varepsilon_0\boldsymbol{E}$ 和 $\mu_0\boldsymbol{H}$ 与电场和磁场的通量密度有关，即

$$\boldsymbol{D} = \varepsilon_r \varepsilon_0 \boldsymbol{E} \tag{9.6}$$

$$\boldsymbol{B} = \mu_r \mu_0 \boldsymbol{H} \tag{9.7}$$

式中：$\varepsilon_r = \varepsilon/\varepsilon_0$ 且 $\mu_r = \mu/\mu_0$；ε 为介质的介电常数；μ 为介质的磁导率，若介质为真空，则 $\varepsilon_r = 1$ 且 $\mu_r = 1$。这里我们要注意到式(9.2)和式(9.3)展现了电场和磁场间的关系，这是电磁理论的基础之一。

从数学的角度上看，式(9.2)～式(9.5)代表了加上时间维度的三维空间内的一组偏微分方程。通常来说，它们的解只能在一些“个别”情况下解析出来。而实际上，电磁源在自由空间内不是孤立的，因此要考虑到它会与其他的材料(导体和电介质)产生相互作用。换句话说，材料与自由空间的边界必须包含于麦克斯韦方程组的求解过程中，因此，必须考虑建立一组有边界值的偏微分方程来求解。基于这个问题，方程组可能是非齐次的，这就需要通解问题。于是有人开始寻找麦克斯韦方程组的唯一解，然后用一些理论来支撑它。上述结论都由下面的唯一性定理得出[8]：

唯一性定理

在充满有耗介质的区域 $\boldsymbol{V}$ 中，谐波场($\boldsymbol{E}$,$\boldsymbol{H}$)由该区域的电流和以 $\boldsymbol{V}$ 为边界的闭合表面 S_c 上的电场或磁场的切向分量唯一确定。

9.1.2　标量势与矢量势

如果这些场是从所谓的势函数②推导出来的，而势函数又是从特定天线的电

① 实际上麦克斯韦在最开始提出的是一系列包含范围很广的20个方程，几年之后他才抽取出了这4个著名的方程。很多人对于麦克斯韦提出的理论中所建立的电磁场模型十分感兴趣，直到 Heaviside[13-14]提出如今的矢量记法之前，在19世纪末期产生和发展了很多不同的数学方法。

② 势函数指的是用来定义任何场分布的数学函数。

荷和电流分布推导出来的,那么推导 $\boldsymbol{E}$ 和 $\boldsymbol{H}$ 表达式的困难就大大减少了。由于电场和磁场的特性,前者具有标量势,后者具有矢量势。式(9.5)规定 $\boldsymbol{B}$ 总是无散的,即 $\nabla\cdot\boldsymbol{B}=0$,这就表明可以用一个势矢量来定义 $\boldsymbol{B}$,这个势矢量我们用 $\boldsymbol{A}$ 来表示,由矢量恒等式 $\nabla\cdot(\nabla\times\boldsymbol{A})\equiv 0$ 可得:

$$\boldsymbol{B}=\mu\boldsymbol{H}\equiv\nabla\times\boldsymbol{A} \tag{9.8}$$

注意,对于任何介质,式(9.8)都是适用的,因此使用的是 μ 而不是 μ_0。通过将式(9.8)代入式(9.2)中,可以得到

$$\nabla\times\boldsymbol{E}+\frac{\partial}{\partial t}(\nabla\times\boldsymbol{A})=0$$

或等价于

$$\nabla\times\left(\boldsymbol{E}+\frac{\partial\boldsymbol{A}}{\partial t}\right)=0 \tag{9.9}$$

式(9.9)表示 $(\boldsymbol{E}+\partial\boldsymbol{A}/\partial t)$ 的旋度始终处处为零。因此,这个因子可以用标量势来表示[12],即

$$\boldsymbol{E}+\frac{\partial\boldsymbol{A}}{\partial t}=-\nabla\varphi$$

或等价于:

$$\boldsymbol{E}=-\frac{\partial\boldsymbol{A}}{\partial t}-\nabla\varphi \tag{9.10}$$

9.1.3 波动方程

前面提到,式(9.2)和式(9.3)所表现出的电场与磁场的关系是电磁学的一个基础理论。事实上,正是这些方程的组合产生了我们所说的波动方程,因此它也适用于前面提到的势函数。将式(9.8)和式(9.10)代入式(9.3),再通过一些矢量恒等式计算,得到:

$$\nabla^2\boldsymbol{A}-\frac{1}{c^2}\frac{\partial^2\boldsymbol{A}}{\partial t^2}=-\mu\boldsymbol{J}_{\mathrm{f}}+\nabla\left(\nabla\cdot\boldsymbol{A}+\frac{1}{c^2}\frac{\partial\varphi}{\partial t}\right) \tag{9.11}$$

这里假设内部含有源的介质是线性的、均匀的、各向同性的和无耗的。因此,它的介电常数 ε 和磁导率 μ 都是常数,并且与光速有关,$c=1/\sqrt{\varepsilon\mu}$。用同样的方法,将式(9.10)代入式(9.4),可以得到:

$$\nabla^2\varphi+\frac{\partial}{\partial t}(\nabla\cdot\boldsymbol{A})=-\frac{\rho_f}{\varepsilon} \tag{9.12}$$

对于式(9.11)和式(9.12)来说,引入了自由电荷和自由电流,因此我们引入电荷和电流密度的下标(即 ρ_f 和 $\boldsymbol{J}_f$)。从这对互耦的二阶线性微分方程组出发,考虑到任何矢量的旋度和散度运算都相互独立,可以将式(9.11)进行简化。因此应有

$$\nabla \cdot \boldsymbol{A} = -\frac{1}{c^2}\frac{\partial \varphi}{\partial t} \tag{9.13}$$

这个表达式就是洛伦兹方程,将其代入式(9.11)和式(9.12),我们将得到下面解耦的线性二阶微分波动方程组:

$$\nabla^2 \boldsymbol{A} - \frac{1}{c^2}\frac{\partial^2 \boldsymbol{A}}{\partial t^2} = -\mu \boldsymbol{J}_f \tag{9.14}$$

$$\nabla^2 \varphi - \frac{1}{c^2}\frac{\partial^2 \varphi}{\partial t^2} = -\frac{\rho_f}{\varepsilon} \tag{9.15}$$

通过分析波动方程在正弦稳态下的单频解,并考虑一个时谐因子 $e^{j\omega t}$,其中 ω 为角频率,它们的解还可以简化。接下来我们把矢量势函数和标量势函数分别表示为

$$\boldsymbol{A}(x,y,z,t) = \Re[\underline{\boldsymbol{A}}(x,y,z)e^{j\omega t}] \tag{9.16}$$

$$\varphi(x,y,z,t) = \Re[\underline{\varphi}(x,y,z)e^{j\omega t}] \tag{9.17}$$

$\underline{\boldsymbol{A}}(x,y,z)$ 和 $\underline{\varphi}(x,y,z)$ 是它们在正弦稳态下的复振幅,$\Re[\cdot]$ 为式中的实部。因此,为了得到 $\boldsymbol{A}$ 和 φ 的频域解,将式(9.16)和式(9.17)代入式(9.14)和式(9.15),则有

$$\nabla^2 \underline{\boldsymbol{A}} = -\mu \underline{\boldsymbol{J}}_f \tag{9.18}$$

$$\nabla^2 \underline{\varphi} = -\frac{\underline{\rho}_f}{\varepsilon} \tag{9.19}$$

其中 $\underline{\boldsymbol{J}}_f$ 和 $\underline{\rho}_f$ 是 $\boldsymbol{J}_f$ 和 ρ_f 的复振幅。这些等式可以看作是泊松方程的矢量和标量形式,见附录C。对于某个观测点 P 上由已知的 $\underline{\boldsymbol{J}}_f$ 和 $\underline{\rho}_f$ 分布产生的场,可以由下式给出[12]:

$$\underline{\boldsymbol{A}}_{\mathrm{p}} = \frac{\mu}{4\pi}\int_V \frac{\underline{\boldsymbol{J}}_Q}{r_{QP}}\mathrm{d}V_Q \tag{9.20}$$

$$\underline{\varphi}_{\mathrm{p}} = \frac{1}{4\pi\varepsilon}\int_V \frac{\underline{\rho}_Q}{r_{QP}}\mathrm{d}V_Q \tag{9.21}$$

其中下标 Q 指 V 内的所有源点,r_{QP} 指从某一点 Q 到点 P 的距离。换句话说,$\boldsymbol{J}$ 和 ρ 可以在有限体积 V 内的任何位置。

如果源与时间相关,则一般解为[12]

$$\underline{\boldsymbol{A}}_P = \frac{\mu}{4\pi}\int_V \frac{\underline{\boldsymbol{J}}_Q e^{-j\beta_0 r_{QP}}}{\mathrm{r}_{QP}}\mathrm{d}V_Q \tag{9.22}$$

$$\underline{\varphi}_P = \frac{1}{4\pi\varepsilon}\int_V \frac{\underline{\rho}_Q e^{-j\beta_0 r_{QP}}}{r_{QP}}\mathrm{d}V_Q \tag{9.23}$$

其中 $\beta_0 = \omega\sqrt{\mu\varepsilon}$。一旦确定了 $\underline{\boldsymbol{A}}_P$ 和 $\underline{\rho}_P$，就能表示 $\boldsymbol{E}$ 和 $\boldsymbol{H}$ 的解了。

9.1.4 天线问题的本质

式(9.22)和式(9.23)的结果源自电磁偶极子，这些可以在公开的经典文献中找到。在通常情况下，我们关心的是真实的物理尺寸天线。“任何天线产生的总场都可以(至少原则上)认为是由天线上电流元的电偶极子所贡献的矢量积分得到[12]”。因此从数学角度和物理角度来看，电磁场解的关键是被研究单元的电流分布，它随边界条件而改变。正因如此，理解边界条件和电流分布的含义都是十分重要的，这些将在下面的章节中讲到。

9.2 边界条件

在这里，要注意麦克斯韦方程组的解受边界条件所约束，而天线几何形状能够决定边界条件。为了解释这个概念，我们假设一个在自由空间内体积为 V 的特定结构(由导体或导体和电介质的组合形成)，如图 9.1 所示，其中 ε_r 为该结构存在的相对介电常数，μ_r 为相对磁导率，假设电荷密度为 ρ，电流密度为 J 的源在自由空间。我们关心的不仅仅是解决因结构内束缚电荷在自由空间所产生的电场和磁场间的关系，还包括从一个区域(导体/介质)到另一个区域(自由空间)的边界上的电场和磁场间的关系。接下来，我们举一个例子，图 9.1 所示为一个体积为 V 的区域，在包围 V 的曲面上取一小面元 S，如图 9.2 所示，它是一个处于区域 R_1 和 R_2 之间的面。

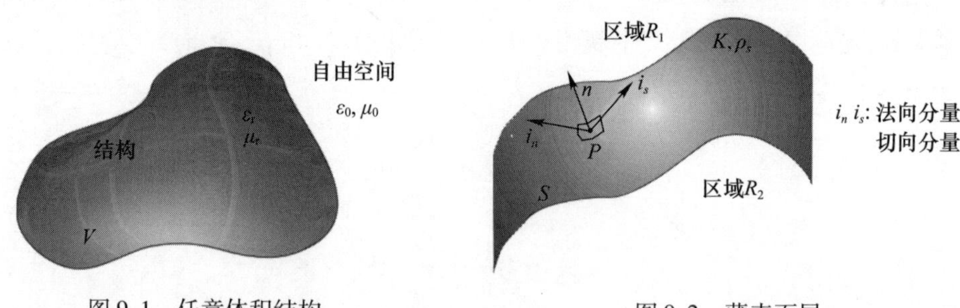

图 9.1 任意体积结构　　图 9.2 薄表面层

这个表面层具有一面电荷 ρ_s 和一面电流 $\boldsymbol{K}$，由于这些源的存在，使场分量表现出不连续性。

9.2.1 法向分量

在法向分量上，一方面，$\varepsilon_0\boldsymbol{E}$ 的垂直于表面的分量在该点不连续，且表面的面电荷等于 ρ_s。公式上有

$$\boldsymbol{n}\cdot\varepsilon_0(\boldsymbol{E}_1-\boldsymbol{E}_2)=\rho_s$$

其中 $\boldsymbol{E}_1$ 和 $\boldsymbol{E}_2$ 分别是图9.2中区域 R_1 和区域 R_2 内的电场。另一方面在自由空间中 $\mu_0\boldsymbol{H}$ 与面电荷和面电流表面垂直的分量总是连续的,这表明:

$$\boldsymbol{n}\cdot\mu_0(\boldsymbol{H}_1-\boldsymbol{H}_2)=0$$

其中 $\boldsymbol{H}_1$ 和 $\boldsymbol{H}_2$ 分别为图9.2中区域 R_1 和区域 R_2 内的磁场。

9.2.2 切向分量

同样的,表面上的任意点的 $\boldsymbol{E}$ 和 $\boldsymbol{H}$ 切向分量也存在连续性和不连续性。表面 S 上的连续性条件为

$$\boldsymbol{n}\times(\boldsymbol{E}_1-\boldsymbol{E}_2)=0$$

而与 S 相切的 $\boldsymbol{H}$ 分量在通过 S 面处表现出不连续性,它等于 K 与 $\boldsymbol{H}$ 切向分量垂直的部分。换句话说

$$\boldsymbol{n}\times(\boldsymbol{H}_1-\boldsymbol{H}_2)=\boldsymbol{K}$$

式中 $\boldsymbol{E}_1$、$\boldsymbol{E}_2$、$\boldsymbol{H}_1$ 和 $\boldsymbol{H}_2$ 的定义与9.2.1节中相同。

9.2.3 麦克斯韦方程组的边界值条件及唯一解

总的来说,边界条件将结构内部和外部的电场和磁场联系起来,因此它们为确定所研究系统的唯一场解提供了额外的表达式。这些条件为

$$\boldsymbol{n}\times(\boldsymbol{E}_1-\boldsymbol{E}_2)=0 \tag{9.24}$$

$$\boldsymbol{n}\times(\boldsymbol{H}_1-\boldsymbol{H}_2)=\boldsymbol{K} \tag{9.25}$$

$$\boldsymbol{n}\cdot\varepsilon_0(\boldsymbol{E}_1-\boldsymbol{E}_2)=\rho_s \tag{9.26}$$

$$\boldsymbol{n}\cdot\mu_0(\boldsymbol{H}_1-\boldsymbol{H}_2)=0 \tag{9.27}$$

$$\boldsymbol{n}\cdot(\boldsymbol{J}_1-\boldsymbol{J}_2)+\nabla_s\cdot\boldsymbol{K}=-\frac{\partial\rho_s}{\partial t} \tag{9.28}$$

9.2.4 辐射条件

目前为止,我们讲了两个或多个介质(可以是导体、电介质或自由空间)间的边界条件。然而,从理论上来说,电磁波可以在自由空间(被称为无界或开放区域)内不受限制地传播,因此无穷远处的边界只是数学上的表示。为了得到该问题的唯一解,我们必须指定一个具体的条件,称之为辐射条件。为此,我们假设所有自由空间内的源和散射体都位于离坐标系原点有限距离的地方。那么,电场和磁场必须满足

$$\lim_{r\to\infty}r\left[\nabla\times\begin{pmatrix}\boldsymbol{E}\\\boldsymbol{H}\end{pmatrix}+\mathrm{j}k_0\hat{r}\times\begin{pmatrix}\boldsymbol{E}\\\boldsymbol{H}\end{pmatrix}\right]=0 \tag{9.29}$$

该式被称为索末菲尔德(Sommerfeld)辐射条件,其中 $r=\sqrt{x^2+y^2+z^2}$, $k_0=$

$\omega\sqrt{\varepsilon_0\mu_0}$ 为自由空间内的波数。

9.3　天线的电流分布

到目前为止,我们阐述了解决天线问题的麦克斯韦方程组的背景,指出了研究天线的电流分布的重要性。如第 2 章中所述,天线可以被看作是一根、具有某些特殊性质的开路传输线,这意味着天线是电路的一个元件,因而它取决于自己的几何和电学特性,它存在某些电容、电感等,适用于电路理论的原理。从根本上来说,电流分布是一个描述其结构中电流的幅度和相位的函数,这个分布取决于材料、几何形状、天线的尺寸及馈电点。

为了说明天线结构对电流分布的依赖性,图 9.3 ~ 图 9.7 展示了 5 种基本的天线及其电流分布。除了图 9.7 中所示的之外,全部的仿真天线都是经典的窄带天线,采用 CST Microwave Studio 进行仿真,并且所有的结果都是在软件中设置理想电导体条件下得到的(对软件的简要介绍在第 9.5 节中给出)。电流分布图用灰度表示,其中最暗的色调表示最强的强度。

第一个例子中,如图 9.3 所示,给出一个工作在 1GHz 的单线单极天线的电流分布。这个天线安装在一个直径为 200mm,厚度为 4mm 的接地平面上,它的长度为 64.2mm,直径为 2.4mm。在地板中心采用同轴线进行馈电,基板的介电常数为 2.25。根据这个天线模型的工作频带,仿真带宽为 0.5 ~ 2GHz。图 9.3 中显示的电流分布大约在 0 ~ 20.8A/m 的范围内。我们可以看到,电流强度最强的地方集中在靠近接地平面上的馈电点上。

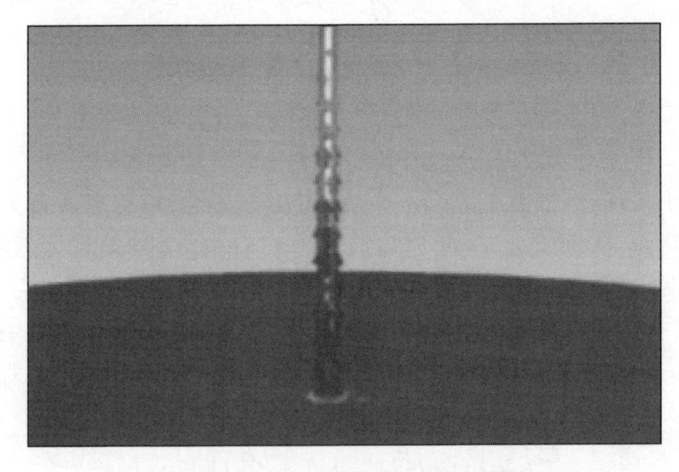

图 9.3　1GHz 线天线的电流分布

图 9.4 的例子对应于一个 1GHz 的矩形贴片,贴片长宽分别为 89.5mm 和

68.7mm,厚0.3mm,其基板厚3mm,宽156.6mm,长179mm,且 $\varepsilon_r = 4.6$。馈电线处开槽宽1.86mm,长27mm。

图9.4展示了这种天线的电流分布,数值大约为0~45.8A/m。根据贴片天线的特性,显然在辐射体中间区域的电流分布比较均匀,但是,正如预期的那样,天线的边缘处的电流强度会逐渐减弱。

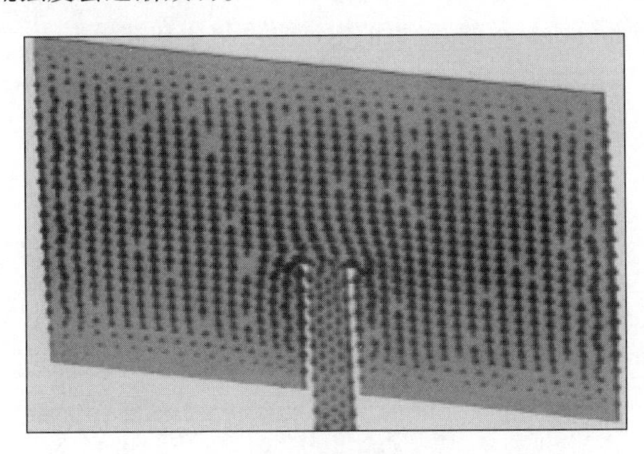

图9.4 1GHz矩形贴片的电流分布

图9.5的例子展示了一个更加复杂的结构:一个7振子的对数周期天线。它的具体尺寸由表9.1给出。其中所有的振子直径均为10mm,振子的长度从支架中心(直径为12mm,长692.64mm)开始计算。注意该表的最后一栏指的是第 i 个和第 $(i-1)$ 个振子之间的距离,其中 i 是振子的序号。两个振子之间的比例因子为0.7。仿真的频率范围为0.3~1GHz,图9.5显示的是频率为680MHz时的结果,其中电流大小约在0~24.4A/m之间。受限于天线的几何形状,显示这种结构下电流分布的区别比较困难。但我们可以看到,电流分布在最短的振子附近更强,而最长的振子上强度有所衰减。

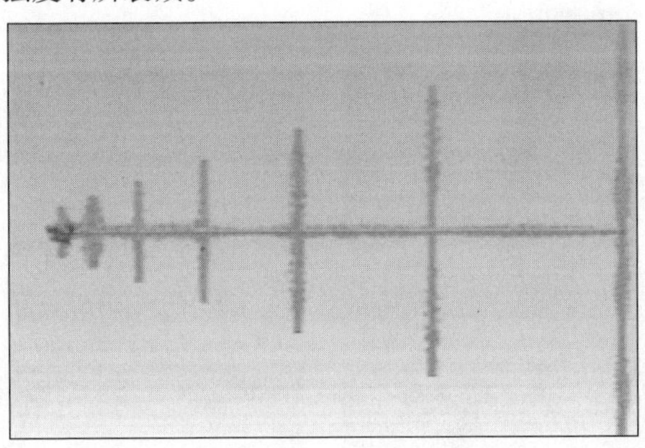

图9.5 7单元对数周期天线的电流分布

图9.6 中是一个增益为18dBi 的5GHz 的喇叭天线。它的尺寸如下:金属厚度为0.6mm;波导宽45.98mm,长22.33mm,高度为89.9mm;喇叭孔径距波导口180.6mm;喇叭孔径宽213.56mm,长164.68mm。该天线的仿真频率范围为2~8GHz,图9.6 给出了在5GHz 时的结果。在这幅图中,所描绘的范围约为0~2 A/m。有趣的是,我们可以间接地了解到波是如何通过天线的孔径传播的。正如这张图中最暗的部分所显示的,最大的电流强度集中在波导中。

图9.6 5GHz 喇叭天线的电流分布

最后的例子是一个超宽带平面单极子天线,如图9.7 所示。天线工作频段为2.6~15GHz,其尺寸基于一个直径为21.112mm 的圆。它安装在一个边长为84.44mm 的正方形地面上,距地面0.8mm,金属的厚度为0.028mm。该天线采用内径为0.563mm,外径为1.32mm 的同轴电缆馈电,它到地面的距离为1.68mm。基于该设备的超宽带特性,仿真区间必须设计在0~21GHz 之间。在3GHz、7GHz、11GHz 和15GHz 下得到的结果都显示在图9.7 中。在天线的最低频处,我们可以看到电流的分布更加均匀,而在高频处,电流的强度有所衰减。和其他例子一样,电流分布主要集中在馈电点。

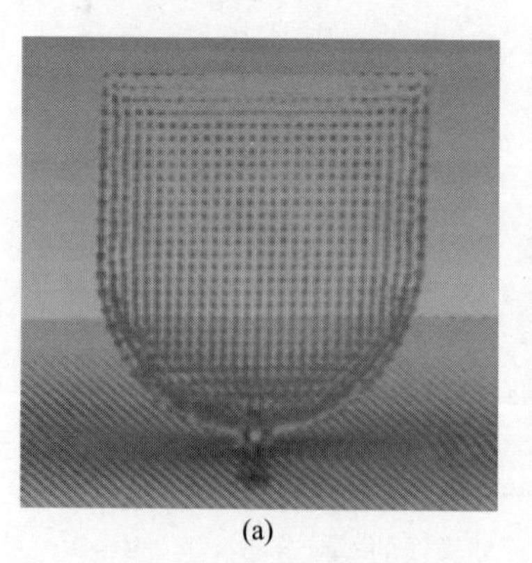

(a)

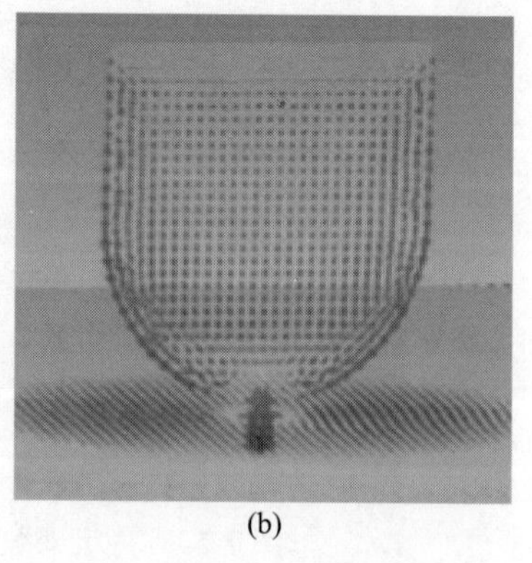

(b)

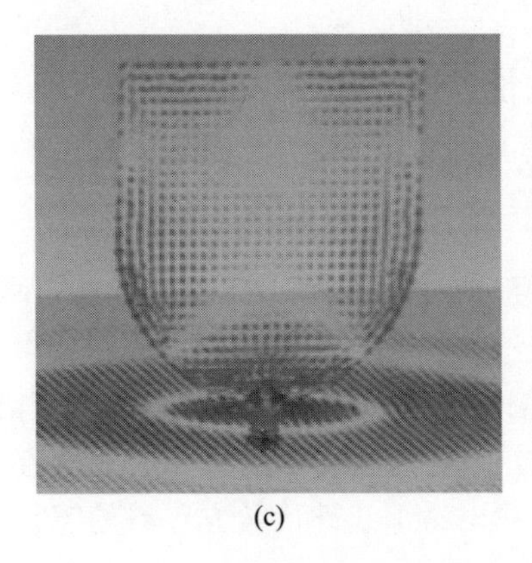
(c)

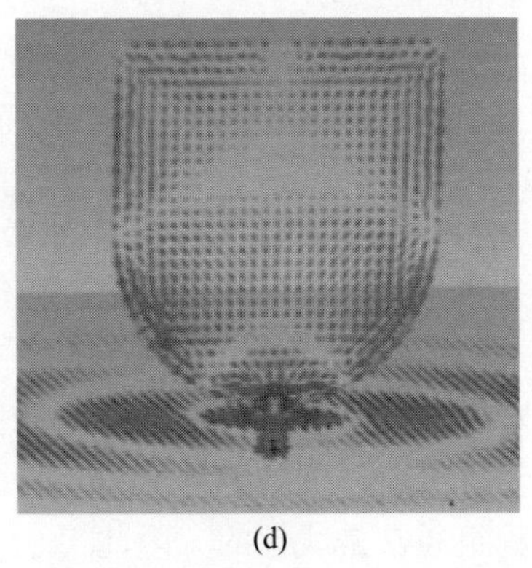
(d)

图9.7 超宽带平面单极子天线的电流分布
(a) 3GHz; (b) 7GHz; (c) 11GHz; (d) 15GHz。

表9.1 7单元对数周期天线尺寸

振子序号	振子长度	与第 $i-1$ 个振子的距离
1	375.0	—
2	262.5	235.5
3	183.75	164.85
4	128.62	115.39
5	90.03	80.77
6	63.02	56.54
7	44.11	39.58

多年来,为了确定不同天线的电流分布[15-20],人们以解析和实验的方法做了不同的研究。众所周知,天线中的电流通常取决于其自身在周围产生的电磁场。有几种情况下,总电流分布可以独立于电磁场的解而确定(如理想电偶极子天线和半波偶极子天线)。当推导出一些非常特殊的几何体的解析解时,这些解称为正则解,它是在波动方程可分离的坐标系下,曲面的一个坐标为常数的边界条件的情况下得到的[21]。

对于像对数周期天线和反射面天线[20]那样更复杂的天线结构,电流分布的求解也有一些相对简单的近似。此外,文献[12]中还提出了一种迭代法用于任意形状天线的求解。但是这是一种基于反复试验的方法,这种方法显然与实际工程条件不符。

无论何种情况,显然首先要解出天线的基本微分单元(节点、单元等),然后再解决整体结构上的问题。数值方法的目标就是将天线分解为基本单元,之后再把它们各自的解整合起来。

9.4 数值方法

9.4.1 电磁问题的计算机求解

正如从第9.1节中的麦克斯韦方程组(或波动方程)中看到的,未知函数通常是连续的,并具有连续的独立变量。

这意味着这组用于解释电磁问题的偏微分方程包含了无穷组解。当然,为了得到一组计算机能处理的方程组,必须对这些方程进行某种操作。在电磁学中,这个新的方程组通常是线性的。因此,为了找出这组线性代数方程组的解,一般采取下列三个步骤[6]:

(1) 预处理。这一步的目的是推导代数方程中的系数。

(2) 解代数方程组。

(3) 结果的后处理。

可以推断得出,每种数值方法的核心是如何将感兴趣的结构在计算机中求解,以及如何将无限域中给出的电磁问题转化为有限域(及其后验解)。这是通过不同的方式来完成的,比如通过有限基函数的线性组合到原域上的投影,通过差分多项式对场进行近似,以及用离散指数函数的代数表达式代替偏微分方程,等等。

9.4.2 求解区域和网格划分

正如我们已经说明过的,实际的任意天线上电流分布求解的第一个问题,就是确定天线的特性,即它的几何形状,天线的几何形状自然地给出了它的边界。在计算设备中,这种结构的定义就是所谓的求解域,它对应于要确定的场的区域。一旦指定了求解域,就必须将其剖分为基本单元,在此基础上根据其自身的特性以及与相邻单元的交互作用来计算电流。将域剖分为离散单元称为天线几何结构的网格化或离散化[8]。由第一个问题引出的第二个问题是单元的大小或间距(即分辨率),它显然将影响结果的准确度和计算速度。剖分单元的最大边长建议不大于$\lambda/10$[8]。

9.4.3 数值方法分类

根据不同数值方法运行的域,可以将数值方法分为两类[21]:

(1) 时域方法(TD):这些方法基于电磁问题的时域形式。

(2) 频域方法(FD):在这种情况下,电磁方程的解被限制在正弦稳态下。

另一种分类方法是根据电磁方程的类型[21]:

(1) 微分法:通过有限差分法,麦克斯韦方程(或波动方程)被离散化,从而产生一个代数方程组。基于实现差分的域，可分为时域有限差分（FDTD），或者频域有限差分（FDFD）。

（2）积分法：这个方法是基于等价定理[①]的应用，利用边界条件下等效电流的辐射积分来导出场。根据数值方法中用于限定边界条件的，分为矩量法和共轭梯度法。

（3）变分法：变分法是基于一个稳态泛函[②]的概念，特殊的函数可以使得泛函达到最大值或最小值。在电磁问题的特例中，泛函是电场和磁场的函数，当场函数恰好是方程的精确解时，泛函呈现最大值或最小值。将泛函转换为一个方程组从而将场离散化，并令其关于未知系数的导数为零。最早的变分法是瑞利－里兹法，它基于一个解的简单离散化。目前最通用的变分法是有限元法，它使用插值多项式同时逼近解和几何结构。

（4）高频法：这些方法通常适用于电大尺寸结构的天线，例如反射器。这是由于当需要离散的目标的单元尺寸不大于 $\lambda/10$ 时，会产生一个高阶的方程组，它需要更大的计算资源。为了解决这一限制性，就必须利用等效定理，仅在可估计或已知电场和磁场切向分量的表面上假设等效电流。对于剩余的无法得知等效电流的曲面，考虑为理想导体，所以，不是根据自由空间来确定等效电流，而是根据导体表面来确定。因此，在表面上反射的场和在边缘衍射的场可以用高频近似来确定。在这个方法中，衍射是局部考点的，以这样的方式，表面上的点之间不会产生相互作用。众所周知的射线追踪法就是基于这种方法。

求解天线中麦克斯韦方程组的方法各有优劣，人们为此展开了许多讨论，尤其是关于电磁学。在考虑的因素有收敛性、计算复杂性等。无论如何，对于工程中不同的问题很难采取同一种方法。然而，目前最流行的天线分析方法是有限差分法、有限元法和矩量法。

9.4.4　有限差分法

有限差分法是在麦克斯韦电磁理论形成之前发展起来的。尽管这种方法的基础源于 Taylor，但 Jacob Stirling 却被认为是有限差分法的真正创始人，他们将其应

---

① 等效原理指出，等效电流（非实电流）在自由空间的辐射场与实际问题的相同。

② 泛函是函数的一般形式，因而它与每个函数在数值上相关联。例如，假设（a，b）之间曲线的长度由以下函数 $f(x)$ 给出：

$$L[f(x)] = \int_a^b \sqrt{1 + \left(\frac{df}{dx}\right)^2}\,dx$$

这是泛函的一种特殊情况

$$I[f] = \int_a^b F\left(x,\ f, \frac{df}{dx}\right)dx$$

当泛函的变量为零时，它是平稳的，此时既不是最大值，也不是最小值。

用到不同领域之中[22]。一个多世纪后的1860年,基于他们的想法,Boole为了学术目的首先发表了这方面的论文[23]。Yee[24]在1966年第一次提出这种方法在电磁方向的研究。这种方法的基本思想是用一组有限差分方程组来取代偏微分方程。

假设$f(x)$是一个连续函数,如图9.8所示,其中x是连续变量。通过获取函数的某些离散值,我们称f_1、f_2、f_3在x处的离散值分别为x_0-h、x_0、x_0+h,我们可以将x_0处的一阶导数表示为

$$\left.\frac{\mathrm{d}f}{\mathrm{d}x}\right|_{x_0} \approx \frac{f_3-f_2}{h} \tag{9.30}$$

$$\left.\frac{\mathrm{d}f}{\mathrm{d}x}\right|_{x_0} \approx \frac{f_2-f_1}{h} \tag{9.31}$$

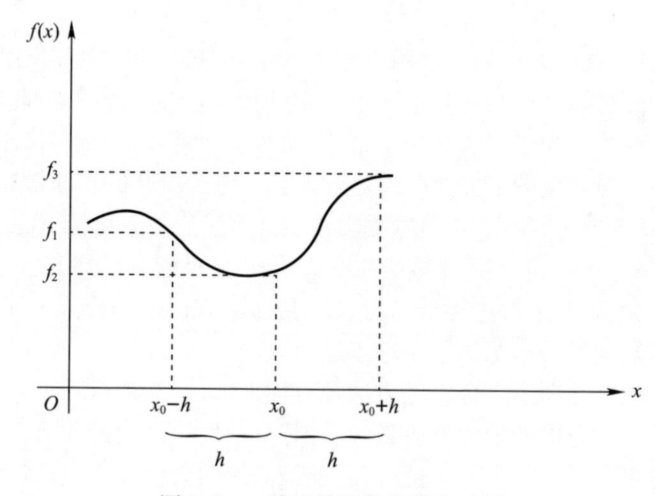

图9.8 一维连续函数离散点示例

$$\left.\frac{\mathrm{d}f}{\mathrm{d}x}\right|_{x_0} \approx \frac{f_3-f_1}{2h} \tag{9.32}$$

换句话说,我们在一个离散差分点上近似估计一个连续导数,其中h是与被估计点的(此处为x_0)距离。式(9.30)~式(9.32)给出了差分方程,分别称为前向差分、后向差分和中心差分。其中中心差分使用的最多,因为它产生的误差较小[6-7,25]。利用与x_0的距离为$h/2$的中心点使用中心差分,得到下面的一阶导数结果:

$$\left.\frac{\mathrm{d}f}{\mathrm{d}x}\right|_{x_0+h/2} = \frac{f_3-f_2}{h}$$

$$\left.\frac{\mathrm{d}f}{\mathrm{d}x}\right|_{x_0-h/2} = \frac{f_2-f_1}{h}$$

则x_0处的二阶导数可以表示为

$$\left.\frac{\mathrm{d}^2 f}{\mathrm{d}x^2}\right|_{x_0}=\frac{\left.\frac{\mathrm{d}f}{\mathrm{d}x}\right|_{x_0+h/2}-\left.\frac{\mathrm{d}f}{\mathrm{d}x}\right|_{x_0-h/2}}{h}=\frac{f_3-2f_2+f_1}{h^2} \tag{9.33}$$

就像我们之前的操作，现在用 ϕ 代替 f 作为标量势。由图 9.9 可知，ϕ 是独立变量 x 和 y 的函数，再次采用像式(9.33)中一样的中心差分，得到二阶导数为

$$\nabla^2\phi=\frac{\partial^2\phi}{\partial x^2}+\frac{\partial^2\phi}{\partial y^2}=\frac{\phi_1+\phi_2+\phi_3+\phi_4-4\phi_0}{h^2} \tag{9.34}$$

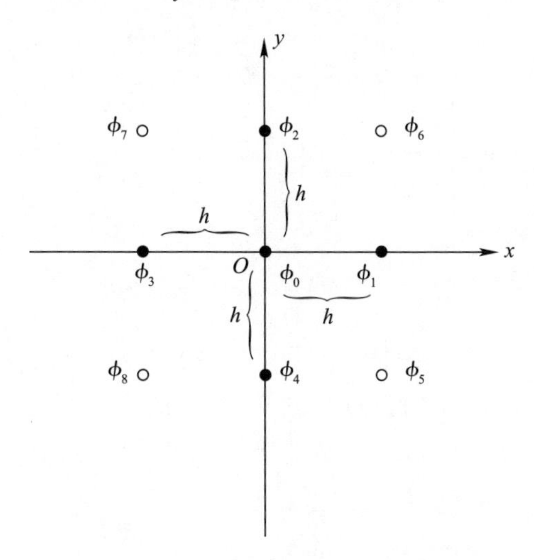

图 9.9　二维差分方程的节点阵列

注意到图 9.9 中描绘了 5 个黑点和 4 个白点，这是为了表示一组围绕并包含问题节点的一组节点，此处的问题节点为 ϕ_0。尽管差分计算可以有诸多个节点，但只考虑那些黑色的节点，因为它们离 ϕ_0 的距离相同。因此，式(9.34)是一个等间隔五点差分方程。那么，对于泊松方程(见附录 C)

$$\frac{\phi_1+\phi_2+\phi_3+\phi_4-4\phi_0}{h^2}=-\frac{\rho}{\varepsilon} \tag{9.35}$$

接下来，需要对式(9.35)进行有限差分求解，流程可以概括为：

(1) 定义求解域和合适的网格。这意味着，对于给定的电荷分布 $\rho(x,y)$，有限差分法可以解出 ϕ 在网格节点处的离散数值，而不是使用连续函数 $\phi(x,y)$。

(2) 在每一个网格节点应用本书中式(9.33)给出的差分公式。上述步骤针对 n 个未知节点电势产生 n 个方程。

(3) 遵循不同的经典方法求解方程组[26]。

除此之外，还需考虑一些因素，例如间距大小 h；根据应用可能会使用非均匀网格以及边界条件[25]。以图 9.10 为参考，我们对这些边界条件做出一些解释。

在图中形成了一个由两个边界约束的矩形网格,边界上节点的值 ϕ 已知,记为 $\phi_{B_1,i}$ 和 $\phi_{B_2,i}$,其中 $i=1,2,\cdots,N,B_1,B_2$ 表示分别在边界条件 1 和条件 2 上。

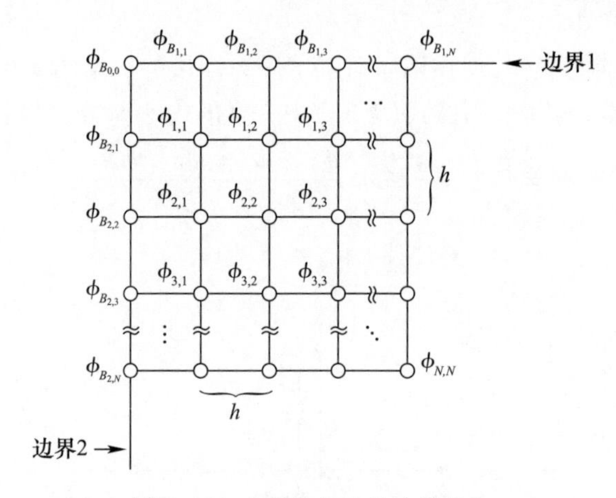

图 9.10　有限差分法的边界条件

首先考虑狄利克雷边界条件①,将图 9.9 中的五点阵列转移到图 9.10 的通用网格上,使图 9.9 中 ϕ_0 对应的节点与图 9.10 中的 $\phi_{1,1}$ 重合。在此种情况下,图 9.9 中节点 ϕ_2 和 ϕ_3 分别取 ϕ 在边界 1 和边界 2 的已知值,即 $\phi_{B_{1,1}}$ 和 $\phi_{B_{2,1}}$,而 $\phi_1=\phi_{1,2}$,且 $\phi_4=\phi_{2,1}$。因此,差分方程变为

$$\frac{\phi_{1,2}+\phi_{2,1}+\phi_{B_{1,1}}+\phi_{B_{2,1}}-4\phi_{1,1}}{h^2}=F(x_0,y_0)$$

式中 $F(x_0,y_0)$ 为在点 (x_0,y_0) 的已知估计分布。

在诺伊曼边界条件[6]下,边界上变量的值未知而它的法向导数是给定的。为了解决这种情况,我们在边界外考虑一组虚拟节点,如图 9.11 所示。它描述了如图 9.10所示同样的网格节点,但加上了一些外部虚拟节点,边界 1 上节点取值为 $\phi_{o_{1,1}},\phi_{o_{1,2}},\cdots,\phi_{o_{1,N}}$,边界 2 上节点取值为 $\phi_{o_{2,1}},\phi_{o_{2,2}},\cdots,\phi_{o_{2,N}}$。注意到外部节点所有值的下标都来自外部。

现在假设边界 1 上的未知值尚需求解。以图 9.9 的五点阵列作为基础,取中心节点为图 9.11 中的 $\phi_{B_{1,1}}$,差分方程变为

$$\frac{\phi_{O_{1,1}}+\phi_{B_{0,0}}+\phi_{1,1}+\phi_{B_{1,2}}-4\phi_{B_{1,1}}}{h^2}=F(x_0,y_0)$$

其中角上 ϕ 的值由平均值给出

① 当差分方程受到问题中感兴趣的区域边界上一个已知变量值(如 ϕ)的限制时,它就是我们所说的狄利克雷边界条件[6]。

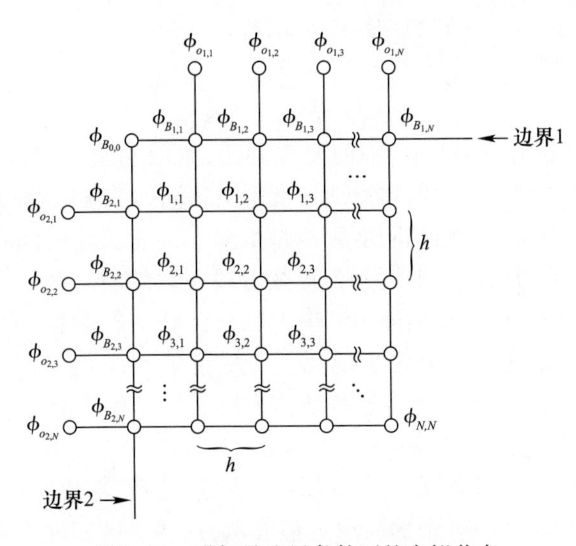

图 9.11　诺伊曼边界条件下的虚拟节点

$$\phi_{B_{0,0}} = \frac{\phi_{B_{1,1}} + \phi_{B_{2,1}}}{2}$$

从此例中的差分方程可以看出,外部节点可用来组成边界上的五点阵列。当然,这些虚拟节点的值不应该当作额外的未知数来求解,它们必须与边界内的值有关。以上的这种关系可以由式(9.32)给出的中心差分所描述。因此,以对应于 $\phi_{o_{1,1}}$ 的节点为例:

$$\frac{\phi_{O_{1,1}} - \phi_{1,1}}{2h} = \left.\frac{\partial \phi}{\partial x}\right|_{\phi_{B_{1,1}}}$$

上式为边界 1 上的导数公式。因此利用该关系采用迭代法求解

$$\phi_{O_{1,1}} = \phi_{1,1} + 2h \left.\frac{\partial \phi}{\partial x}\right|_{\phi_{B_{1,1}}}$$

我们可以在 Yee 的论文[24]中找到关于应用这种方法解麦克斯韦方程组的详细发展历程,他做出了一些假设来简化问题,从而方便比较数值结果和解析方法。通常情况下,有限差分方法相对简单,这使它适合于许多应用,如不同几何形状的微带传输线[25],波导及屏蔽平板电容[6]。文献[27]中叙述了时域有限差分法的相关软件的开发情况。此方法对于封闭区域简单易用,可以清楚地定义区域中的网格。相反,对于开放区域,将会出现无限个离散点,想要解决它们显然是不现实的。在这种情况下,一种解决方案是将求解域限制在有限的空间中,然后扩展它[6]。当然,应该根据结果的收敛性谨慎使用这种方法。

有限差分方法的另一特性是它基于矩形网格,提供了矩形边界的直接解。如果待解决问题的边界为曲线,可以采用阶梯法求解,其中在边界内外的一组阶梯状

节点可以分开考虑,再将它们的结果取平均数。

9.4.5 有限元法

如 Huebner 等人在文献[10]中简要提到的,有限元法(FEM)源自 20 世纪中期数学家、物理学家和工程师们独立地发现解决不同的数学问题的方法,如连续力学的边界值问题,壳式航天结构刚度影响系数等。最受关注的问题之一是结构分析,它将一个特定结构从数学上划分为连续分段函数的域。每一个函数都与一个不重叠的子域或单元有关,必须逐个解决然后整合成一个整体。在通常情况下,有限元法的实质就是把区域剖分为小单元[8]。尽管单元这个术语已经被使用了好多年,但直到 1960 年,Clough 才为这种数值方法命名为有限元法[28]。

1. 剖分单元:有限元法的基础

有限元法的一般原理是,在一个区域(可能是大的和复杂的)中要估算的函数可以用子区域(即求解区域)中的简单近似表示,这些子区域称为有限元。在二维的情况下,这些剖分单元都是多边形的,通常是三角形和四边形,并且可以将它们进行组合(见图 9.12(a))。三角形是研究重点,因为它们可以转变成更多不规则的形状,如图 9.12(b)所示。对于三维结构,剖分单元可以是四面体、三棱柱或矩形块,四面体是最简单且适合任意体积的形状。

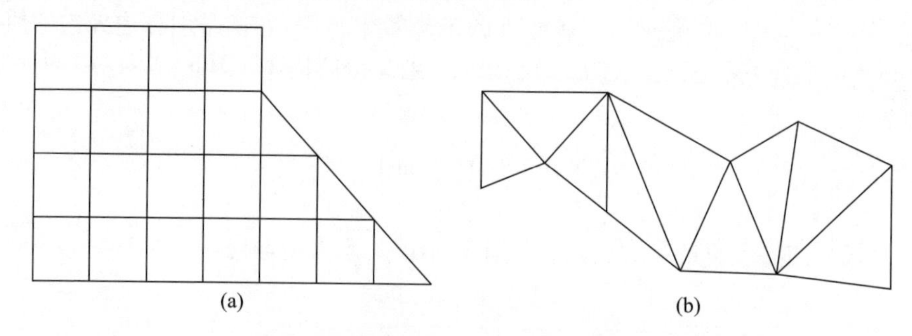

图 9.12 用于剖分二维区域单元的示例
(a) 三角形 - 正方形组合区域; (b) 不规则区域转化为三角域。

与之前提到的有限差分法相比,前者对描述问题的方程采取逐点逼近的方式,而在有限元法中则采用分段逼近的方法。以第 3 章给出的郁金香形单极子天线为例,从图 9.13 中可以清楚看到这两种逼近方法的区别。总的来说,使用有限差分法可能会出现更多的误差。

可以观察到,有限元法基于数值方法的一般操作原理,即求解域或连续体的离散化①。感兴趣的读者可以参考文献[10],其中有关于如何选择剖分单元类型的

---

① “连续体指的是具有某一特性的物质(固体、液体或气体)或发生特定现象的空间区域”[10]。

详细叙述。无论剖分单元是哪种类型，它们都由边缘包围，依次由节点相连接。下面以图9.12(b)中的阵列以及图9.14中被标记的剖分单元、节点和一些边缘为基础来描述以上例子。可以看出，9个三角形剖分单元包含11个节点，其中节点面的编号被包含在圆内。在此图中，用符号$\hat{e}_{i,j}$标记剖分单元5的每个边缘，其中i,j为相邻节点号（当然每个剖分单元都有边，但我们只显示一个剖分单元以避免图形重叠）。另一方面，如9.4.3节中所提到的，有限元法对应于变分法①，这意味着被定义的是泛函（在求解电磁场问题时它是电场和磁场的函数）而不是函数。因此，待求解的方程组不是以场变量的形式、而是以积分型泛函形式给出。然后在每个剖分单元上表示这个函数，当相邻单元的边重叠时，必须确保，从一个剖分单元到另一个剖分单元的场保持连续性。

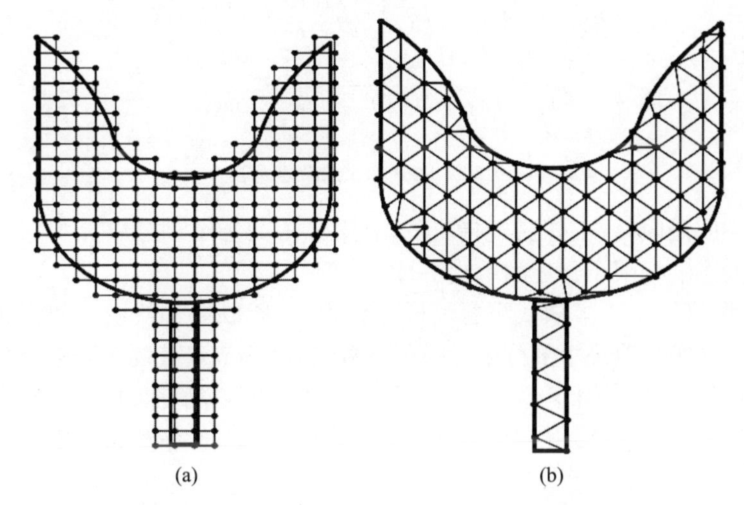

图9.13　郁金香形单极子天线求解域划分的图形比较

(a) 采用逐点逼近（有限差分法）；(b) 采用分段逼近（有限元法）。

2. 插值函数

到目前为止，我们简要介绍了有限元法原理的第一部分，它与求解区域的单元划分有关。现在通过“简单”的近似来解释被分析函数的形式的相关概念。这些函数被称为形状函数、基函数和插值函数，它们由上述节点和边上指定节点的场变量值定义（有些作者称为结点），如图9.14所示。

假设剖分单元的棱边和中心都可以有节点，场变量的节点值加上插值函数（统一命为单元模型）提供了剖分单元内部场的必要信息。形状函数必须具有如下性质[8]。

---

① 除变分原理外，也可以采用其他方法来表示单个剖分单元的属性，接下来会说明。

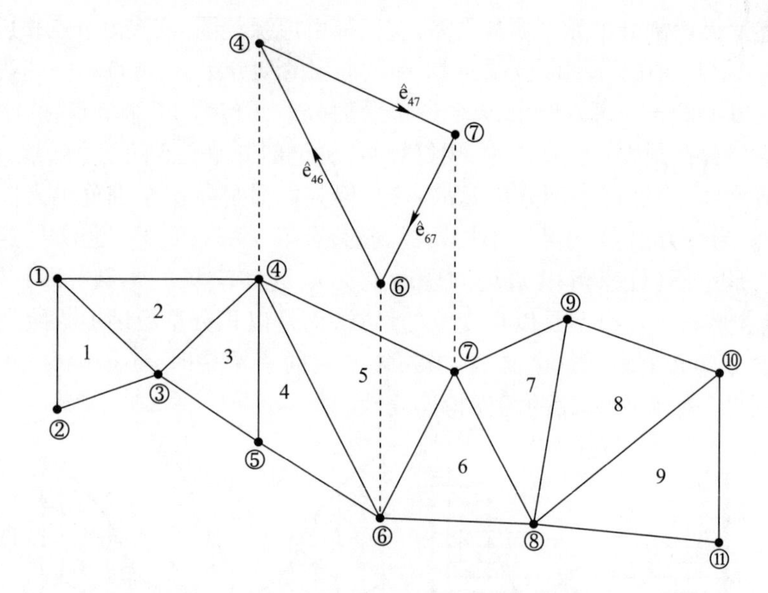

图 9.14 剖分单元的节点和边

(1) 空间局限性:正如已经指出的,有限元法的每个剖分单元都定义了基函数。它们的影响仅限于邻近的单元。

(2) 逼近阶:由于多项式更容易微分和积分,所以通常使用它们作为插值函数。多项式的级数取决于剖分单元的节点数量、每个节点处的未知数个数以及剖分单元的边界条件。因此,逼近时的阶数取决于多项式的完备性。一般都需要找到合适的展开多项式,使得在与剖分单元形状相关的未知量最少的情况下产生最高的逼近阶。

(3) 连续性:这个术语指的是导数的连续性,在这种情况下,具有 n 阶连续导数的函数称为 C^n 连续。在大部分电磁问题中都会使用 C^0 连续的函数。

1) 节点基函数

节点基函数指的是那些限制在一个单元内且与它的每个节点都相关的局部基函数。这些函数可以用 $\varphi_e^i(x,y)$ 表示,其中上标 i 代表剖分单元的数目,而下标 e 表示局部节点数量。因此,由节点系数的加权得到形状函数,再对形状函数进行线性组合就可以得到逼近函数,我们称为 u_e^i。换句话说,对于一个含有 p 个节点的二维剖分单元 e 有

$$\tilde{\phi}^e(x,y) = \sum_{i=1}^{p} u_i^e \varphi_i^e(x,y) \tag{9.36}$$

式(9.36)必须对所有 u_e^i 都成立,因而 $\varphi_e^i(x,y)$ 对于剖分单元内 i 阶节点和剩余节点必须统一,其中剩余节点均为 0。

$$\varphi_i^e(x_i^e,y_i^e) = 1,\ \varphi_i^e(x_j^e,y_j^e) = 0 \quad \forall i \neq j \tag{9.37}$$

2）边缘基函数

与节点基函数相比，边缘基函数的自由度与有限元网格的边和面有关。考虑一个如图9.15所示的矩形二维剖分单元，其中心位于点（x_c^e, y_c^e）处，长为h_x^e，高为h_y^e，假设矩形的每一边都给出了一个恒定的切向场分量，则剖分单元内的场可以展开为[29]

$$\boldsymbol{E}_x^e = \frac{1}{h_y^e}\left(y_c^e + \frac{h_y^e}{2} - y\right)\boldsymbol{E}_{x1}^e + \frac{1}{h_y^e}\left(y - y_c^e + \frac{h_y^e}{2}\right)\boldsymbol{E}_{x2}^e \tag{9.38}$$

$$\boldsymbol{E}_y^e = \frac{1}{h_x^e}\left(x_c^e + \frac{h_x^e}{2} - x\right)\boldsymbol{E}_{y1}^e + \frac{1}{h_x^e}\left(x - x_c^e + \frac{h_x^e}{2}\right)\boldsymbol{E}_{y2}^e \tag{9.39}$$

式中：$\boldsymbol{E}_{x1}^e$和$\boldsymbol{E}_{x2}^e$分别为沿边$\hat{e}_{12}$和$\hat{e}_{34}$上$\boldsymbol{E}_x$的场分量；$\boldsymbol{E}_{y1}^e$和$\boldsymbol{E}_{y2}^e$分别为沿边$\hat{e}_{14}$和$\hat{e}_{23}$上$\boldsymbol{E}_y$的场分量。现在，整个场由每个切向场分量共同给出，由沿第i边上的$\boldsymbol{E}_i^e$表示。因此，对于矩形的例子有

$$\boldsymbol{E}^e = \sum_{i=1}^{4} N_i^e \boldsymbol{E}_i^e \tag{9.40}$$

其中N_i^e由矢量基函数分别给出，对于每条边，有

$$N_1^e = \frac{1}{h_y^e}\left(y_c^e + \frac{h_y^e}{2} - y\right)\hat{x} \tag{9.41}$$

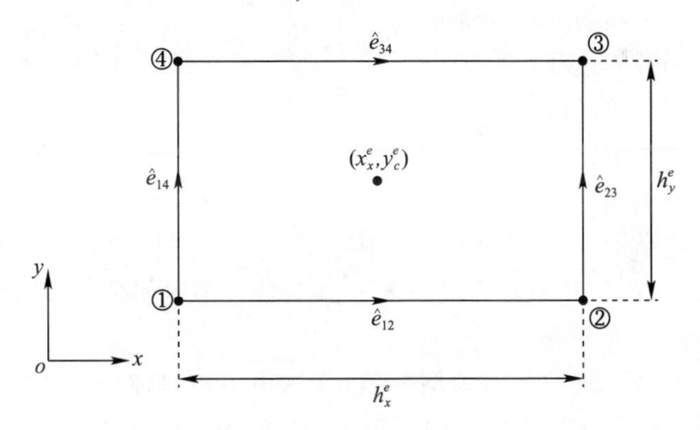

图9.15 矩形剖分单元的边

$$N_2^e = \frac{1}{h_y^e}\left(y - y_c^e + \frac{h_y^e}{2}\right)\hat{x} \tag{9.42}$$

$$N_3^e = \frac{1}{h_x^e}\left(x_c^e + \frac{h_x^e}{2} - x\right)\hat{y} \tag{9.43}$$

$$N_4^e = \frac{1}{h_x^e}\left(x - x_c^e + \frac{h_x^e}{2}\right)\hat{y} \tag{9.44}$$

如图9.15所示，边1、边2、边3和边4分别记为$\hat{e}_{12}$、$\hat{e}_{34}$、$\hat{e}_{14}$和$\hat{e}_{23}$。

值得注意的是，这些基函数只在第 i 边上具有一个切向分量，而在其他的边上没有切向分量。正是这个特性保证了所有剖分单元边缘切向场的连续性。此外，每个基函数在剖分单元内都满足散度条件 $\nabla\cdot N_i^e$，因此它们适用于表示无源区域内的矢量场[29]。

正如文献[8,29]所指出的，节点基函数可用于标量势、力学等标量性质的问题。然而，它们在求解像电磁学等矢量性质的问题时存在一些缺点，因此，引入边缘基函数更为方便。例如，保证节点基函数在三个空间分量上的连续性，与之相反，边缘基函数只在切向分量上保证连续性，这就可以解决了不连续材质边界问题。另一方面，用节点基函数在材料界面、导电表面和几何转角处实施强制边界条件时，必须特别小心[8]。

3. 有限元法

根据剖分单元模型的说明，可以通过矩阵方程表示剖分单元的性质。有三种方法可以达到如上目的[10]：直接法、变分法以及加权残差法。直接法这一术语来源于结构分析中的直接刚度法，它只适合于相对简单的问题（简单的剖分单元形状）。关于变分法，已经指出、它是基于稳态泛函的，其中某些函数使泛函达到最大值或最小值。最后，当没有可用的泛函时，加权残差法直接对问题建立方程进行分析，避免变分。总之，有限元法的基本步骤可以概括如下[10,29]：

（1）域或连续体的离散或微分；

（2）插值函数的选择；

（3）确定剖分单元特性；

（4）构造方程组；

（5）求解方程组。

考虑到上述结构，可以从文献[30]中获得一些一般性的准则。令 $L\phi = f$，作为待求解的微分方程，其中 L 为微分算子，f 为源或激励函数，ϕ 为区域 Ω 中需要确定的未知函数。则有：

（1）首先是将区域 Ω 分解为剖分单元（这里不再具体分析，因为关于剖分单元的内容之前已经详述过了）。

（2）然后用有限个基函数的展开来对解进行近似，可得

$$\phi \approx \sum_{i=1}^{n} \phi_i g_i \tag{9.45}$$

其中 ϕ_i 是乘以基函数或插值函数 g_i 的未知系数。关于插值函数的选择，如前所述，通常使用多项式作为插值函数，它的阶数取决于剖分单元的节点数、每个节点的未知量和剖分单元的边界条件（有关如何选择插值函数的详细叙述见文献[10,29]）。

（3）一旦选择好了剖分单元及其插值函数，就可以定义剖分单元的性质了。

这里选择加权残差法实现这一目标。

（4）下一步是构造余项 $r = L\phi - f$，并使它尽可能小。一般来说，它的值不会是零，但通过使加权平均值为0，可使其处于所谓的弱义下。那么，必须选择加权函数 w_i 来加权余项 r，其中 $i = 1,2,\cdots,n$。数字 n 取决于未知数的系数。当加权函数和基函数完全相同时，即 $w_i = g_i$，这一过程称为 Galerkin 法，我们将在后面叙述。

（5）最后，将加权余项设为零并求解未知 ϕ_i，即求解方程组：

$$\langle w_i, r\rangle = \int_\Omega w_i r \mathrm{d}\Omega = 0 \tag{9.46}$$

为了从数值上说明有限元法，我们以确定剖分单元的性质为基础。从变分法入手，比较瑞利-里兹法和有限元法；然后采用加权残差法，并分析 Galerkin 法和有限元法的区别。关于直接法这里没有给出相关例子，感兴趣的读者可以查阅文献[10]。

4. Rayleigh - Ritz 法与有限元法

该方法首先由 Rayleigh 提出，后由 Ritz 改进[6]，它遵循之前所说明的一般准则的第一步，其中函数由已知函数的线性组合近似，用式(9.45)表示，其解包括确定组合中的参数。利用变分原理来确定剖分单元性质时，将线性组合代入到一个泛函中，通过对每个参数的微分来确定它是最大值还是最小值。接下来作为例子，我们考虑如下泛函：

$$I(f) = \int_0^1 \left[\left(\frac{\mathrm{d}f(x)}{\mathrm{d}x}\right)^2 + f^2(x)\right]\mathrm{d}x \tag{9.47}$$

式中：$f(0) = 0$；$f(1) = 1$。满足边界条件且不需要最小化泛函的第一个函数为

$$f(x) = x \tag{9.48}$$

然后，可以给出如下的一组函数

$$\sum_{j=1}^{N} \alpha_j (x - x^{j+1}) \tag{9.49}$$

以上可用来改进式(9.48)，方式如下

$$f(x) = x + \sum_{j=1}^{N} \alpha_j (x - x^{j+1}) \tag{9.50}$$

式中参数 α_j 待确定。式(9.50)可以写为

$$f(x) = f_0(x) + \sum_{j=1}^{N} \alpha_j f_j(x) \tag{9.51}$$

式中 $f_j(x)$ 满足齐次边界条件：

$$f_j(0) = 0, f_j(1) = 0$$

将式(9.51)代入到式(9.47)，展开二项式并分组后，得：

$$I(f)=\int_0^1\left[\left(\frac{\mathrm{d}f_0(x)}{\mathrm{d}x}\right)^2+f_0^2(x)\right]\mathrm{d}x+2\alpha_j\sum_{j=1}^{N}\int_0^1\left[\left(\frac{\mathrm{d}f_0(x)}{\mathrm{d}x}\right)\left(\frac{\mathrm{d}f_j(x)}{\mathrm{d}x}\right)+f_0(x)f_j(x)\right]\mathrm{d}x$$
$$+\sum_{j=1}^{N}\sum_{k=1}^{N}\alpha_j\alpha_k\int_0^1\left[\left(\frac{\mathrm{d}f_j(x)}{\mathrm{d}x}\right)\left(\frac{\mathrm{d}f_k(x)}{\mathrm{d}x}\right)+f_j(x)f_k(x)\right]\mathrm{d}x \tag{9.52}$$

其关于 α_j 的微分结果为[6]

$$\sum_{k=1}^{N}a_k\int_0^1\left[\left(\frac{\mathrm{d}f_j(x)}{\mathrm{d}x}\right)\left(\frac{\mathrm{d}f_k(x)}{\mathrm{d}x}\right)+f_j(x)f_k(x)\right]\mathrm{d}x$$
$$=-\int_0^1\left[\left(\frac{\mathrm{d}f_0(x)}{\mathrm{d}x}\right)\left(\frac{\mathrm{d}f_j(x)}{\mathrm{d}x}\right)+f_0(x)f_j(x)\right]\mathrm{d}x \tag{9.53}$$

为了得到 N 个线性代数方程,设上式等于零。方程组的解对应于参数 α_k,因此,函数的近似解使泛函平稳化,这也是变分法的原则。

如文献[6]中所示,现在举一个例子来说明一维区域中的有限元法,其中由式(9.47)给出的泛函取最小值。将(0,1)区间划分成四个一维子区间(或剖分单元),如图9.16所示,这些一维子区间可以被表示为

$$f_k=f(0.25k)$$

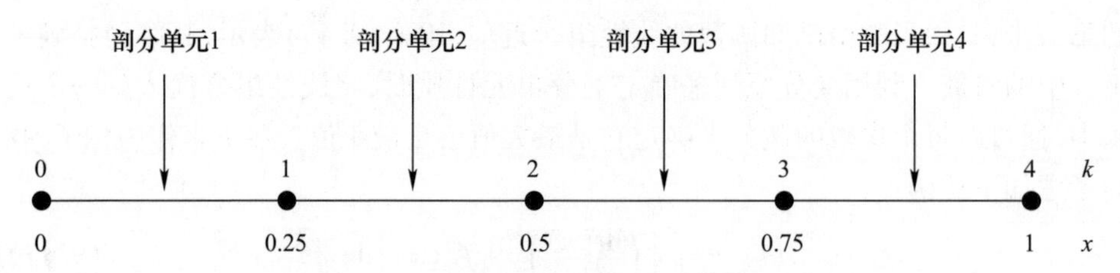

图9.16　(0,1)区间划分为四个等间隔的子区间

然后,我们假设下面的函数近似泛函

$$f(x)=f_{k-1}+4(f_k-f_{k-1})\left[x-\frac{1}{4}(k-1)\right]$$

代入式(9.47)得

$$I(f)=\int_0^1\left(\frac{\mathrm{d}}{\mathrm{d}x}\left[f_{k-1}+4(f_k-f_{k-1})\left[x-\frac{1}{4}(k-1)\right]\right]\right)^2\mathrm{d}x+$$
$$\int_0^1\left(f_{k-1}+4(f_k-f_{k-1})\left[x-\frac{1}{4}(k-1)\right]\right)^2\mathrm{d}x$$
$$=16\,(f_k-f_{k-1})^2\int_0^1\mathrm{d}x+f_{k-1}^2\int_0^1\mathrm{d}x+8f_{k-1}(f_k-f_{k-1})\int_0^1\left[x-\frac{1}{4}(k-1)\right]\mathrm{d}x+$$
$$16(f_k-f_{k-1})^2\int_0^1\left[x-\frac{1}{4}(k-1)\right]^2\mathrm{d}x$$

则每个子区间的积分估计值为

$$I(f) = 4f_1^2 + 4(f_2 - f_1)^2 + 4(f_3 - f_2)^2 + 4(1 - f_3)^2 + \frac{1}{12}(2f_1^2 + f_1 f_2 + 2f_2^2 + f_2 f_3 + 2f_3^2 + f_3 + 1)$$

$$= \frac{49}{6}(f_1^2 + f_2^2 + f_3^2) - \frac{95}{12}(f_1 f_2 + f_2 f_3 + f_3) + \frac{49}{12}$$

将 $I(f)$ 相对于 f_1, f_2 和 f_3 的导数设为零,得到下面的代数方程组

$$\frac{49}{3}f_1 - \frac{95}{12}f_2 = 0$$

$$\frac{49}{3}f_2 - \frac{95}{12}(f_1 + f_3) = 0$$

$$\frac{49}{3}f_3 - \frac{95}{12}(f_2 + 1) = 0$$

其解约为

$$f_1 = 0.21$$

$$f_2 = 0.44$$

$$f_3 = 0.70$$

这个结果与解析解很接近。可以看到,瑞利－里兹法与有限元法(在其变分法中)使用相同形式来逼近解,都是通过某些函数的线性组合使得泛函平稳化。然而,主要的区别是有限元法的,这些函数不是定义在整个区域内,而是定义在子区间内,这是该方法的核心。瑞利－里兹法是一个整体域方法,有限元法则被应用于离散局部区域,这通常比整体域的方法简单。因此,有限元法可视为瑞利－里兹法的一种特例。

5. Galerkin 法背景下的有限元法

如前所述,基于加权残差法的另一种方法可以用于有限元法中以确定剖分单元的性质。这类方法的一个例子是由 Galerkin 所提出的。

令 $\tilde{\phi}$ 为如下微分方程的近似解:

$$\mathrm{L}\phi = f \tag{9.54}$$

式中:如前所述, L 为微分算子, f 为源或激发函数, ϕ 为特定区域 Ω 内待定的未知函数。将式(9.54)中的 $\dot{\phi}$ 由 $\tilde{\phi}$ 取代,得到下面的余项结果:

$$r = \mathrm{L}\tilde{\phi} - f \tag{9.55}$$

它可以不必等于零。当式(9.55)在区域 Ω 中的所有点都趋向最小值时, $\tilde{\phi}$ 可以达到良好的近似。它可以由下式得到:

$$R_i = \int_\Omega w_i r \mathrm{d}\Omega = 0 \tag{9.56}$$

式中：R_i 为加权余项积分；w_i 为加权函数。假设 $\tilde{\phi}$ 可以像式(9.45)中那样近似，得

$$\tilde{\phi} = \sum_{i=1}^{n} \phi_i g_i \tag{9.57}$$

式中：ϕ_i 为未知常量系数；g_i 为选择的插值函数。式(9.57)也可以被表示为

$$\tilde{\phi} = \{\phi\}^{\mathrm{T}}\{g\} = \{g\}^{\mathrm{T}}\{\phi\} \tag{9.58}$$

式中：$\{\cdot\}$ 指的是一个列向量；上标 T 表示向量的转置。

将式(9.58)代入式(9.55)中，继而得到式(9.56)，其中 $w_i = g_i$（对应于 Galerkin法），并且得到最精确的解[29]，解为

$$R_i = \int_{\Omega} g_i [\mathrm{L}\{\phi\}^{\mathrm{T}}\{g\} - f] \mathrm{d}\Omega = 0 \tag{9.59}$$

根据文献[29]中描述的一维例子，取附录 C 中给出的泊松方程，它可以描述两块无限大平行平板间的静电势，其中一块平板位于 $x = 0$ 处，电位为 $\phi = 0\mathrm{V}$；另一块位于 $x = 1\mathrm{m}$ 处，电位为 $\phi = 1\mathrm{V}$，其中在板之间考虑一个常量 ε，并给出一个变化的电荷密度：

$$\rho(x) = -(x+1)\varepsilon \tag{9.60}$$

泊松方程为

$$\frac{\mathrm{d}^2\phi}{\mathrm{d}x^2} = x + 1, \ 0 < x < 1 \tag{9.61}$$

边界条件为

$$\phi|_{x=0} = 0 \tag{9.62}$$

$$\phi|_{x=1} = 1 \tag{9.63}$$

接下来在由式(9.61)～式(9.63)所定义的问题中应用加权残差法，精确解为

$$\phi(x) = \frac{1}{6}x^3 + \frac{1}{2}x^2 + \frac{1}{3}x \tag{9.64}$$

首先，取式(9.55)到式(9.61)中的余项，也用 ϕ 取代近似的 $\tilde{\phi}$，可得

$$r = \frac{\mathrm{d}^2\tilde{\phi}}{\mathrm{d}x^2} - x - 1 \tag{9.65}$$

从中得到加权余项积分为

$$R_i = \int_0^1 w_i \left(\frac{\mathrm{d}^2\tilde{\phi}}{\mathrm{d}x^2} - x - 1 \right) = 0 \tag{9.66}$$

假设 $\tilde{\phi}$ 的多项式展开式为：

$$\tilde{\phi}(x) = c_1 + c_2 x + c_3 x^2 + c_4 x^3 \tag{9.67}$$

给定边界条件式(9.62)和式(9.63)，其中 $c_1 = 0$ 且 $c_2 = 1 - c_3 - c_4$，展开

式(9.67)被化简为一个只有两个未知系数的表达式：

$$\tilde{\phi}(x) = x + c_3(x^2 - x) + c_4(x^3 - x) \tag{9.68}$$

因此，根据 Galerkin 法可知，我们需要两个加权函数 $w_1 = x^2 - x$ 和 $w_2 = x^3 - x$。使用这些加权函数并代入式(9.68)到式(9.66)中去，得到两个方程：

$$\frac{1}{2}c_4 + \frac{1}{3}c_3 - \frac{1}{4} = 0 \tag{9.69}$$

$$\frac{4}{5}c_4 + \frac{1}{2}c_3 - \frac{23}{60} = 0 \tag{9.70}$$

其解为 $c_3 = 1/2$ 和 $c_4 = 1/6$，将其代入式(9.68)后与式(9.64)给出的精确解相一致。解析和数值结果的一致性说明求解的问题较为简单，正是由于这个特殊性使得它可以用一个完备的基函数来表示；否则，只能得到一个近似解。此外，正如本章开头所指出的那样，通常情况下我们很难得到解析解，这要视问题的复杂程度而定。

本例中说明的另一个方面是，在 Galerkin 方法中定义检验函数的重要性，该定义在整个求解区域中都有效。当无法在整个域中直接定义检验函数时，为了方便，可以将整个域细分为小的子域，并在每个子域上定义检验函数，这也是有限元法的核心。对于式(9.61)～式(9.63)描述的无限平行板的例子，就是在有限元法中将域进行了划分。考虑这样一个例子：将一个一维域(0,1)均匀划分为三个子域。(x_1,x_2)、(x_2,x_3) 和 (x_3,x_4)，其中$x_1 = 0$且 $x_4 = 0$ 为边界条件，其他两个点位于 $x_2 = 1/3$ 和 $x_3 = 2/3$ 处。$\phi(x)$ 在每个区间上线性变化

$$\tilde{\phi}(x) = \phi_i \frac{x_{i+1} - x}{x_{i+1} - x_i} + \phi_{i+1} \frac{x - x_i}{x_{i+1} - x_i} \tag{9.71}$$

它是关于 $x_i \leqslant x \leqslant x_{i+1}$ 的函数展开式，其中 $i = 1,2,3$。通过观察式(9.71)，很明显未知常数 ϕ_i 代表 $\phi(x)$ 在 $x = x_i$ 时的值。此外，问题的边界条件表明 $\phi_1 = 0$ 且 $\phi_4 = 1$，因此只需求解 ϕ_2 和 ϕ_3。根据 Galerkin 法的准则，选择式(9.71)给出的函数展开式作为加权函数，即

$$w_i = \begin{cases} \dfrac{x - x_{i-1}}{x_i - x_{i-1}}, x_{i-1} \leqslant x < x_i \\ \\ \dfrac{x_{i+1} - x}{x_{i+1} - x_i}, x_i \leqslant x \leqslant x_{i+1} \end{cases} \tag{9.72}$$

现在，通过观察式(9.71)给出的近似公式，发现它只能被微分一次，因此有必要减少微分的阶数以便于将 $\tilde{\phi}$ 代入式(9.66)中。上述过程可以通过分部积分来完成，这将导致一个求导运算转移到加权函数中，从而：

$$\int_{x_{i-1}}^{x_{i+1}} w_i \left(\frac{d^2 \tilde{\phi}}{dx^2}\right) dx = w_i \frac{d\tilde{\phi}}{dx}\bigg|_{x_{i-1}}^{x_{i+1}} - \int_{x_{i-1}}^{x_{i+1}} \frac{dw_i}{dx}\frac{d\tilde{\phi}}{dx} dx \tag{9.73}$$

将这个结果代入到式(9.66)中,由于 ω_i 在 x_{i-1} 和 x_{i+1} 处不存在,积分余项为

$$\int_{x_{i-1}}^{x_{i+1}} \frac{\mathrm{d}w_i}{\mathrm{d}x}\frac{\mathrm{d}\tilde{\phi}}{\mathrm{d}x}\mathrm{d}x + \int_{x_{i-1}}^{x_{i+1}}(x+1)w_i\mathrm{d}x = 0 \tag{9.74}$$

将式(9.71)中的 $\tilde{\phi}$ 和式(9.72)中给出的加权函数代入式(9.74),得到如下两个方程:

$$6\phi_2 - 3\phi_3 + \frac{4}{9} = 0 \tag{9.75}$$

$$-3\phi_2 + 6\phi_3 + \frac{22}{9} = 0 \tag{9.76}$$

其解为 $\phi_2 = 14/81$, $\phi_3 = 40/81$。然后通过这个解可以得到所有 x_i 的值(注意 x_1 和 x_4 是由边界条件确定的),并且 $\phi(x)$ 在任意 x 点上的值都可以通过式(9.71)插值得到。数值解和式(9.64)给出的精确解差异很小,它主要集中在与 x_i 的精确值不同的点上。

对于简单一维问题,采用加权残差法下的有限元法和变分里兹-瑞利法这两种方法得到的解是非常接近的。而区域的划分会导致有限元法中每个子域上试验函数不同。如前所述,域的划分对于二维、三维,或者有着高度不规则边界条件的结构尤其重要,因为这些结构中的试验函数会变得十分复杂甚至不存在。

9.4.6 矩量法

1. 简介

下面介绍的是本章所讨论的最后一种方法,其中引用了文献[31]中的一些内容,该作者认为矩量法(MoM)更偏向于一个概念,而不是一种方法。实际上,这相当于将一个线性函数方程转化成线性矩阵方程(即从一个无限维函数空间到有限维子空间的投影),Hilbert 陈述了其数学基础,并在 20 世纪 20 年代将它用于量子力学之中。20 世纪 30 年代发表的一些关于矩量法应用的早期文献可以在 Kantorovich 和 Akilov 的《近似方法的一般理论》一书中找到[32]。二战中计算机的发展为实现用矩量法解决烦琐问题提供了可能,例如巨型线性方程组的求解,矩阵求逆等。在 1960 年,研究者们开始运用矩量法来求解电磁学问题。把矩量法应用于电磁学的早期工作归功于 Harrington,他第一个发表了论文[33],之后还出版了一本关于这个问题的书[34]。几年后,矩量法越来越普及,甚至开始用于本科课程[35]和一些教科书,比如参考文献[7]。

2. 数学原理

从本质上说,对于一个给定问题的微分-积分方程(例如麦克斯韦方程组所描述的),可以表示为一个无限维的泛函方程。例如:

$$\mathrm{L}f = g \tag{9.77}$$

式中：L为与微分、积分方程相关的线性算子；g 为与源有关的已知函数(例如入射场)；f 为未知待定函数(例如感应电流分布)。为了得到有限维子空间上的投影，用一组有限基函数 f_j 的线性组合来表示 f。换句话说，f 由一系列在L域[①]中的函数 $f_1,f_2,f_3,\cdots$ 所展开：

$$f \approx \sum_j \alpha_j f_j \tag{9.78}$$

因此 f_j 也被称作展开函数。在式(9.78)中，α_j 是 f 的离散样本，因此它们代表待求解数值问题的未知量。为了让式(9.78)更精确，基函数 f_j 必须在L的域中，使算子的微分和边界条件得以满足。

通过将式(9.78)代入式(9.77)，并利用L的线性特性，得到

$$\sum_j \alpha_j \mathrm{L} f_j \approx g \tag{9.79}$$

在L的定义域内定义一组有限的加权函数或试验函数 w_j，而这个定义域取决于函数 g 的域。通过对每个加权函数的展开式应用内积操作(通常是一个积分)，并利用它的线性特性，可以得到关于基函数系数的一组有限方程组。把 $\langle f,g\rangle$ 当作适合于这个问题的内积，将它代入到式(9.79)，可得

$$\sum_j \alpha_j \langle \omega_i , \mathrm{L} f_j \rangle = \langle w_i , g \rangle \tag{9.80}$$

式中：$i = 1,2,3,\cdots$。然后求解这组方程来得到 f 的解，如果式(9.78)中的和是无穷的并构成一组完备的基函数，那么 f 是精确的；反之，则 f 是近似的。式(9.80)给出的方程组可以用矩阵形式表示为

$$L_{ij}\alpha_j = g_i \tag{9.81}$$

其中

$$L_{ij} = \begin{bmatrix} \langle w_1 , \mathrm{L} f_1 \rangle & \langle w_1 , \mathrm{L} f_2 \rangle & \cdots \\ \langle w_2 , \mathrm{L} f_1 \rangle & \langle w_2 , \mathrm{L} f_2 \rangle & \cdots \\ \vdots & \vdots & \ddots \end{bmatrix} \tag{9.82}$$

$$\boldsymbol{\alpha}_j = \begin{bmatrix} \alpha_1 \\ \alpha_2 \\ \vdots \end{bmatrix} \tag{9.83}$$

$$\boldsymbol{g}_i = \begin{bmatrix} \langle w_1 , g \rangle \\ \langle w_2 , g \rangle \\ \vdots \end{bmatrix} \tag{9.84}$$

如果矩阵 $\boldsymbol{L}$ 是非奇异的，那么它的逆矩阵 $\boldsymbol{L}^{-1}$ 存在，则 $\boldsymbol{\alpha}_j$ 为

① L作用域为函数 f。

$$\boldsymbol{\alpha}_j = \boldsymbol{L}_{ij}^{-1}\boldsymbol{g}_i \tag{9.85}$$

且 f 的解由式(9.78)给出。

现在对式(9.78)采用有限逼近法,假设 f_N 为

$$f_N = \sum_j^N \boldsymbol{\alpha}_j f_j \tag{9.86}$$

从而有

$$g_N = \sum_j^N \boldsymbol{\alpha}_j \mathrm{L} f_j \tag{9.87}$$

则边界条件或余项中的误差为

$$R = g - g_N = g - \sum_j^N \boldsymbol{\alpha}_j \mathrm{L} f_j \tag{9.88}$$

3. 任意离散三维表面的基函数

有时天线的电磁分析必须在其安装环境下进行,如那些嵌入在飞机、船舶或卫星内部的天线这将产生非常复杂的结构。现在有专门用于离散任意曲面和生成用于分析的剖分网格的商业软件。这些程序都基于基函数,它们的简要描述如下[21]。

(1) 线网建模:这种技术最为古老,发展于20世纪60年代中期。简言之就是表面等效电流的辐射近似于物体表面的线电流辐射。该技术在确定远场参数方面具有很好的效果。然而,它不适用于近场参数,这极大地限制了这种方法的应用。以第7章中所讨论的圆形口径圆锥天线为基础来模拟平面定向超宽带天线,如图9.17所示,我们这里以它为例来说明导线网格模型。

(2) Rao - Wilton - Glisson 三角形:Rao、Wilton 和 Glisson 在1982年开发了一种基于三角面片的建模技术[36],在生成的网格上定义了一种特殊的基函数。换句话说,其思想是使用如图9.18所示的三角形来构造任意表面。

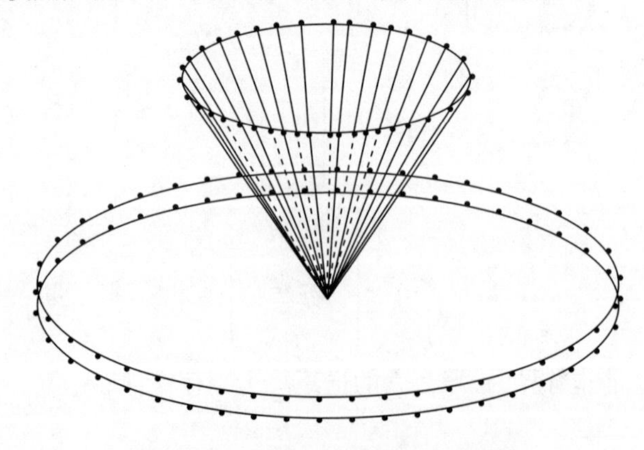

图9.17　通过电流线网对曲面建模

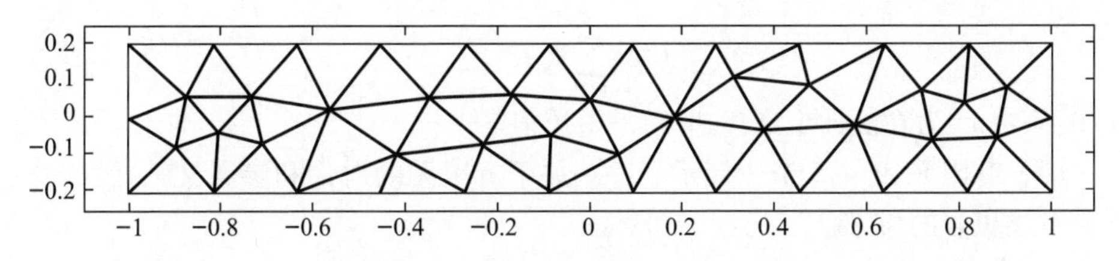

图 9.18　74 个三角形网格构成的曲面

为避免三角形面元网格内产生电荷奇异点，保持分量 $\boldsymbol{J}$ 在三角形边的法向上的连续性是很重要的，假设基函数在它们内部是连续的。因此，Rao - Wilton - Glisson(RWG)基函数被定义为与两个三角形 T_n^+ 和 T_n^- 所共有的边 ℓ_n 相关的矢量函数 $\boldsymbol{f}_n$（图 9.19）。

$$\boldsymbol{f}_n(\boldsymbol{r}) = \begin{cases} \dfrac{\ell_n}{2A_n^+}\rho_n^+ & ,\boldsymbol{r} \in T_n^+ \\ \dfrac{\ell_n}{2A_n^-}\rho_n^-, & \boldsymbol{r} \in T_n^- \\ 0, & \text{其他} \end{cases} \tag{9.89}$$

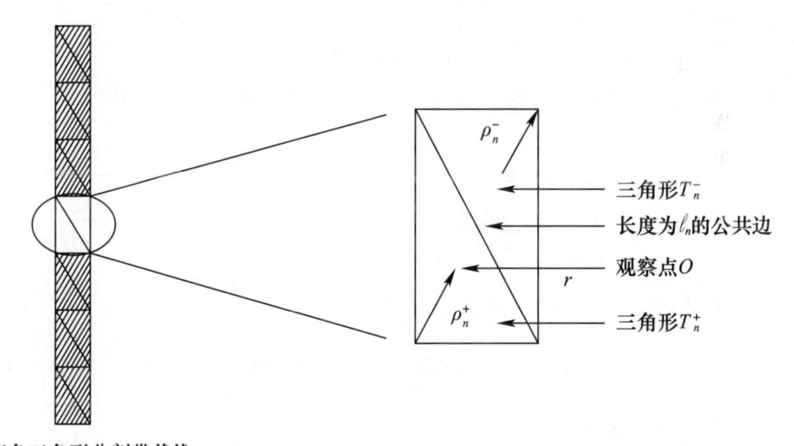

图 9.19　带状线上的边缘单元

其中 $\boldsymbol{r}$ 是从观测点 O 到任意一个三角形 $T_n^\pm$ 的矢量。$\rho^\pm$ 是相对于 $T_n^\pm$ 的自由顶点定义的位置矢量。注意 ρ^+ 是从 T_n^+ 的自由顶点指向 $\boldsymbol{r}$，ρ^- 是从 $\boldsymbol{r}$ 指向 T_n^- 的自由顶点。按照 Rao 等人[36]所提出的关于正电流参考方向选择的最初规定，结果就是这样的（从 T_n^+ 到 T_n^-）。由式(9.89)所产生的特性可以在文献[36]中找到，由此，结构表面上由 N 个边缘单元（即每对三角形具有公共边）所形成的总电流为

$$J \cong \sum_{n=1}^{N} I_n \boldsymbol{f}_n(\boldsymbol{r}) \tag{9.90}$$

式中：系数 I_n 为在法向上通过边 ℓ_n 的电流值。

（3）有限元：9.4.5 节中展示了一些关于有限元的讨论和参考文献，因此这里不再叙述更多的细节。

4. 矩量法步骤。

Harrington 在文献[37]中总结了矩量法的步骤，可以用几句话叙述：

（1）定义一个适合于该问题的内积。

（2）选择一组展开函数通过线性组合近似未知量。

（3）选择一组检验函数来定义一个子空间，其内部的近似解是有效的。

（4）令每个试验函数的近似解的内积等于相对应的严格解的内积。

（5）结果为一组用于确定近似解系数的线性方程。

5. 示例

本节介绍文献[34]中提到的一个简单的例子。考虑问题：

$$-\frac{\mathrm{d}^2 f}{\mathrm{d}x^2} = 1 + 4x^2 \tag{9.91}$$

其边界条件为

$$f(0) = f(1) = 0 \tag{9.92}$$

在这个问题中，源显然为 $g = 1 + 4x^2$，并且它有如下解析解：

$$f(x) = \frac{5x}{6} - \frac{x^2}{2} - \frac{x^4}{3} \tag{9.93}$$

接下来用矩量法确定数值解。首先，选择一个有限的幂级数解：

$$f_j = x - x^{j+1} \tag{9.94}$$

式中：$j = 1, 2, \cdots, N$，这样一来，式(9.78)变为

$$f = \sum_{j=1}^{N} \alpha_j (x - x^{j+1}) \tag{9.95}$$

假设采用 Galerkin 法：

$$w_j = f_j = x - x^{j+1} \tag{9.96}$$

那么，这个问题的一个合适的内积为

$$\langle f, g \rangle = \int_0^1 f(x) g(x) \mathrm{d}x \tag{9.97}$$

因此，通过把式(9.97)代入式(9.82)～式(9.84)，并令 $\mathrm{L} = -\mathrm{d}^2/\mathrm{d}x^2$，结果为

$$L_{ij} = \langle w_i, \mathrm{L}f_j \rangle = \frac{ij}{i + j + 1} \tag{9.98}$$

$$g_i = \langle w_i, g \rangle = \frac{i(3i + 8)}{2(i + 2)(i + 4)} \tag{9.99}$$

接下来，α_j 由式(9.85)给出，因此 f 可以在任意给定的 N 下用式(9.95)来估计。当 $N = 1,2,3$ 时逐次逼近，根据式(9.81)分别构成如下矩阵方程：

$$\left[\frac{1}{3}\right][\alpha_1] = \left[\frac{11}{30}\right]$$

$$\begin{bmatrix} \frac{1}{3} & \frac{1}{2} \\ \frac{1}{2} & \frac{4}{5} \end{bmatrix}\begin{bmatrix} \alpha_1 \\ \alpha_2 \end{bmatrix} = \begin{bmatrix} \frac{11}{30} \\ \frac{7}{12} \end{bmatrix}$$

$$\begin{bmatrix} \frac{1}{3} & \frac{1}{2} & \frac{3}{5} \\ \frac{1}{2} & \frac{4}{5} & 1 \\ \frac{3}{5} & 1 & \frac{9}{7} \end{bmatrix}\begin{bmatrix} \alpha_1 \\ \alpha_2 \\ \alpha_3 \end{bmatrix} = \begin{bmatrix} \frac{11}{30} \\ \frac{7}{12} \\ \frac{51}{70} \end{bmatrix}$$

如前所述，α_j 的解可以由式(9.85)直接得到。表 9.2 列出了随 N 增加时 α_j 的逐次逼近。

表 9.2　α_j 的解

N	α_1	α_2	α_3
1	11/10	—	—
2	1/10	2/3	—
3	1/2	0	1/3

通过把这些值代入式(9.95)，可以画出图 9.20 所示的数值解，其中包括了用于比较的解析解。可以看出，$N = 3$ 时的数值解与解析解相同，因此它们是完全重叠的。

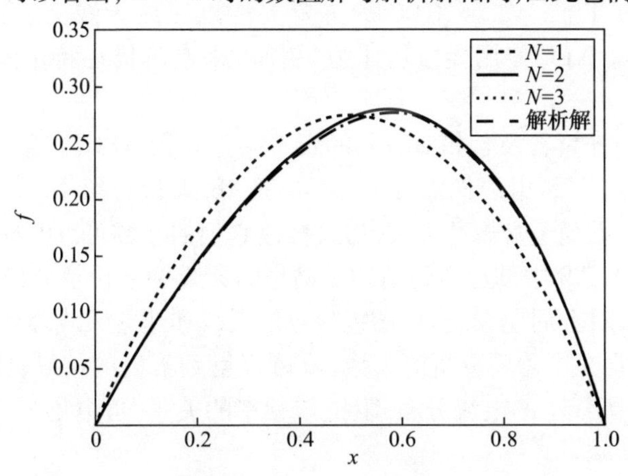

图 9.20　用矩量法逐次逼近

9.5 相关软件

9.4 节简要介绍了目前最流行的数值方法。在本章末尾的参考文献中可以看到,每种方法不仅仅只列一章,而且应该用一整本书来介绍。这表明如果用以上任何一种方法编程来解决具体问题的话,必须考虑各种不同的细节,由于有些内容超出了本书的范围而没有被提及。然而,为了提供基本理念,已经介绍了基本概念并解释了一些概括性的内容。另一方面,人们不仅可以在这些方法的应用方面找到一些著作,还能看到软件架构方面[38-40]、开源软件方面[27]或是一些 MATLAB 实现方面[41-42]的讨论。迄今为止,已经开发出了基于各种不同数值方法的商业软件。下文将简要介绍一些软件来说明它们的潜力和运算所遵循的数学基础。

9.5.1 NEC

在 Harrington 的书[34]出版后,20 世纪 60 年代末 70 年代初人们开发出了一些计算机程序[43]。由于这种演进和人们对舰载通信应用的关注,1977 年美国劳伦斯利物莫国家实验室发明了电磁场数值计算软件(NEC)。作为天线建模程序(AMP)的改进,它在导线部分采用了电场积分方程(EFIE),曲面部分使用了磁场积分方程(MFIE)①。因此,它的理念是覆盖更广的频率范围并使用渐进技术按波长从小到大对不同结构进行仿真。NEC 的最初版本是基于电流样条模型的。后续的 NEC 版本具有如下特征[43]:NEC2 为地面上线缆引入了索末菲尔德积分和插值以及数值格林函数;NEC3 通过索末菲尔德解改进了它求解地下电线以及穿地电线的能力;NEC4 提高了低频端的求解精度,可以求解绝缘线以及可以改变其半径。如今,NEC 的主要关注点在线天线上,可以仿真电大尺寸目标,如船舶。NEC 使用矩量法作为“引擎”来求解描述特定问题的积分 - 微分方程。

NEC 的一个非常普及且相对较新的版本叫作超级 NEC,它是一个与 MATLAB 一同工作的软件,因此用户们需要安装 MATLAB 来让超级 NEC 与它交互工作。这个程序包含一系列最常规的天线,通过修改它们的参数可以实现特定的新设计。它还能够从 MATLAB 中创建新的结构。典型的天线例子包括偶极子天线、单极子天线、八木天线、对数周期天线等,还包含分形天线和建立天线阵列。

总之,一旦定义了需要分析的天线,就可以得到不同的结果,比如辐射方向图(二维或三维)、天线上的电流分布、阻抗与频率的关系、近电场与近磁场、效率等。

---

① 关于 EFIE 和 MFIE 的描述以及应用 EFIE 的一些文献,请参见文献[36]。

为了进行计算,超级 NEC 使用了 EFIE,它是通过矩量法求解的。

9.5.2 HFSS

20 世纪 80 年代在卡耐基梅隆大学开发的高频结构仿真软件(HFSS)是基于有限元法的。目前它不仅用作天线设计,还用于传输线、滤波器等其他器件的设计。Ansys 公司的 HFSS 软件,允许用户选择合适的求解器来分析电磁学问题。HFSS 的特征为①:

(1) EM 求解技术;
(2) HFSS 界面;
(3) 电路仿真扩展;
(4) 先进的有限天线阵列仿真;
(5) 自适应网格剖分;
(6) 剖分网格技术;
(7) 高性能计算;
(8) 先进的宽带 SPICE 模型生成;
(9) 优化和数据分析。

9.5.3 CST

计算机仿真技术工具套件(CST)[44]是一款专门仿真电磁结构的通用软件,其数值核心是基于有限积分法(FIT)的。如文献[45]中所提到的,FIT 是由 Weiland 在 1977 年开发的一种麦克斯韦方程组的空间离散方案。在这种方案下定义了一个有限计算域,它必须自然地包含待解决问题的所有注意事项。和所有数值方法一样,FIT 的根本问题之一是网格的创建。组成网格的小单元称为网格单元,网格单元可以是四面体或六面体的,所有的单元都完全吻合。

正如 Demenko 等人在文献[46]中所阐释的,有限积分法(FIT)和有限元法(FEM)是等价的。在他们的文章中,作者指出两个方法之间的差异取决于空间的离散方式和方程系数的设置方式②。此外,在文献[46]中显示有限积分方程组可以被视为有限元方程的特殊情况。然后,假设两种方法等效,那么一切都可由有限元法来说明,本节将不再描述有限积分法的更多细节,感兴趣的读者可以查阅文献[45]和其他参考文献。

CST 提供了仿真 3D 结构的可能性,它可以给出辐射方向图、反射系数(幅度和相位)、电流分布以及瞬态分析等。目前,CST 由以下模块构成[44]:

---

① www. ansys. com。

② 有限积分法离散空间的形式相当于包含 8 个节点和 12 条边的六面体的有限元法剖分单元。

（1）CST 微波工作室；

（2）CST 电磁工作室；

（3）CST 粒子工作室；

（4）CST 线缆工作室；

（5）CST 印制电路板工作室；

（6）CST 多物理场工作室；

（7）CST 设计工作室。

本书展示了几种不同的仿真，这些仿真使用 CST 微波工作室实现。这是因为不论是在瞬态还是时谐波状态，它都能够覆盖高频范围，这对于超宽带仿真是非常重要的。该模块由三个求解器依次组成，其中涉及高频电磁场问题：瞬态求解器、频率求解器和本征模求解器（更多细节见文献[44]）。

本书给出了反射系数的幅度和相位的仿真结果，这两个值分别反映出第 6 章和第 7 章中所讨论天线的阻抗匹配和相位线性度。使用 CST 微波工作室仿真得到的另一个重要参数是辐射方向图。如第 2 章中所阐释的，可以根据这个结果来确定方向图带宽，即辐射方向图在一定频率范围内的变化。这些结果对于本书中的超宽带天线的定义，以及全向和定向天线的区分，都是至关重要的。

为了说明 CST 微波工作室仿真得到的另一个参数，我们以第 6 章和第 7 章中讨论的 5 种超宽带天线设计为例。两个全向天线（双正交和平面矩形）和三个定向天线（叶形，准八木和矩形平面单极子天线）上产生的电流分布如图 9.21 ~ 图 9.25所示。这些结构的参数和尺寸可以在它们所对应的章节找到。在所有的情况下，瞬态求解器可用于每个波长下的不同线值①。所有仿真的边界条件都设置为自由空间，这表明仿真器在边界上引入了完美匹配的吸波材料。这是为了保证边界看起来是一个开放的空间。

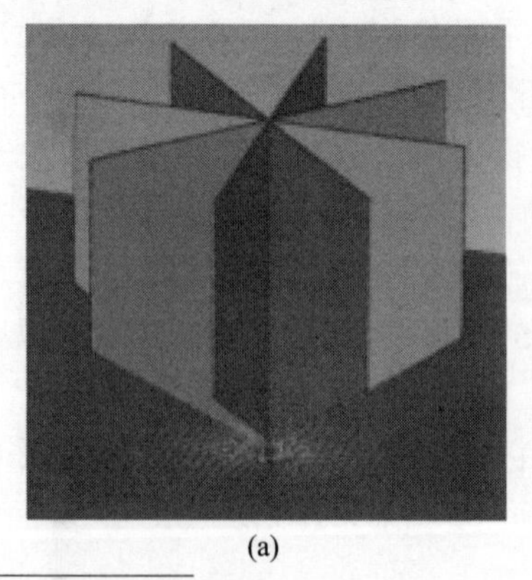
(a)

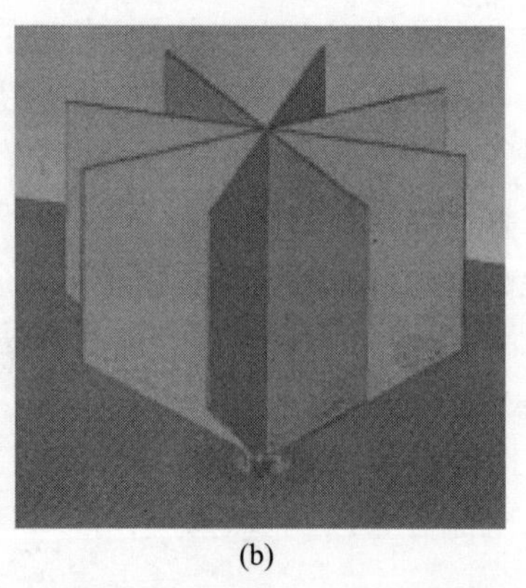
(b)

① 该参数设置了场的空间分辨率（即采样率）。例如，设置为 10 表示沿一个坐标轴传播的电磁波至少被采样 10 次。

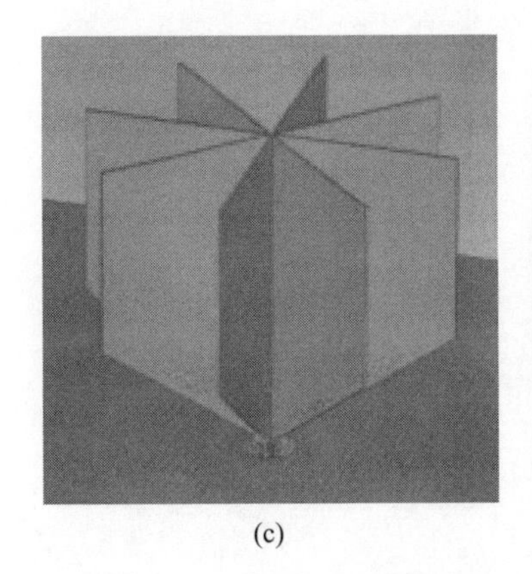

(c)

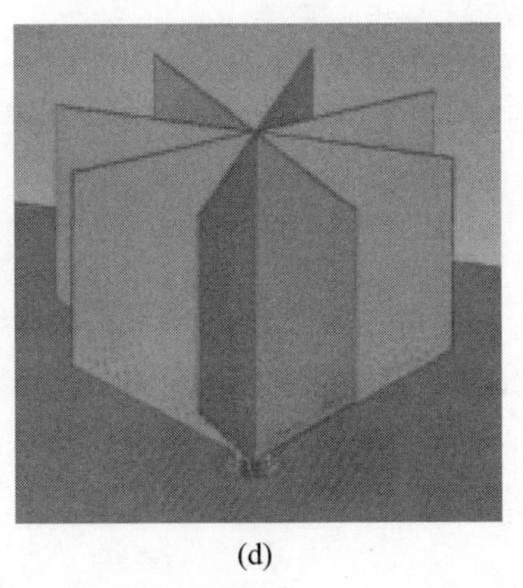

(d)

图9.21 双正交超宽带天线的电流分布
(a) 5GHz; (b) 10GHz; (c) 15GHz; (d) 20GHz。

第一个例子是双正交天线,设置精度为每波长划分线数等于10。电流分布如图9.21所示,范围在0~46.7A/m内。对于平面型单极子超宽带天线,将每波长划分线数设置为15,电流分布如图9.22所示在0~77.6A/m范围内,叶状超宽带天线的背景是定向天线,设置每波长划分线数为10,它的电流分布的范围在0~25.4A/m内(图9.23)。接下来的例子是准八木超宽带天线,它的参数设置为每波长划分线数为17。这类天线的电流分布的范围在0~146A/m内,如图9.24所示。最后,图9.25显示了矩形平面单极子天线的电流分布,它使用每波长划分线数为17的设置进行仿真,其范围在0~48.8A/m内。

要注意定向天线的电流分布,正如预期的那样,它会对辐射方向图产生影响。因此,根据电流分布的变化可以看出,电流的平滑或突变为表现为频率的变化(第7章)。如本书中不同章节所指出的,在任何超宽带天线中,都必须对这种性质进行宽频率范围的评估(可以通过仿真或测量的方法实现)。

(a)

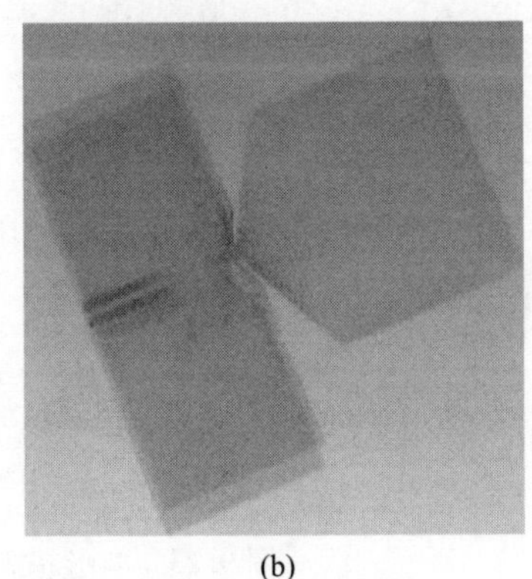

(b)

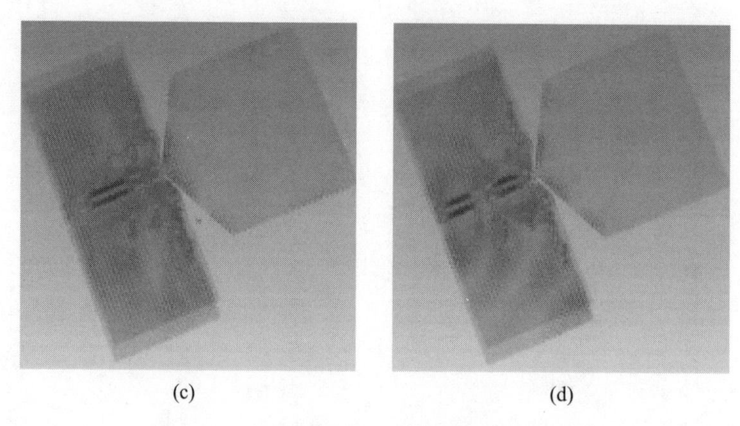

图 9.22 平面型单极超宽带天线的电流分布

(a) 5GHz；(b) 7.5GHz；(c) 10GHz；(d) 15GHz。

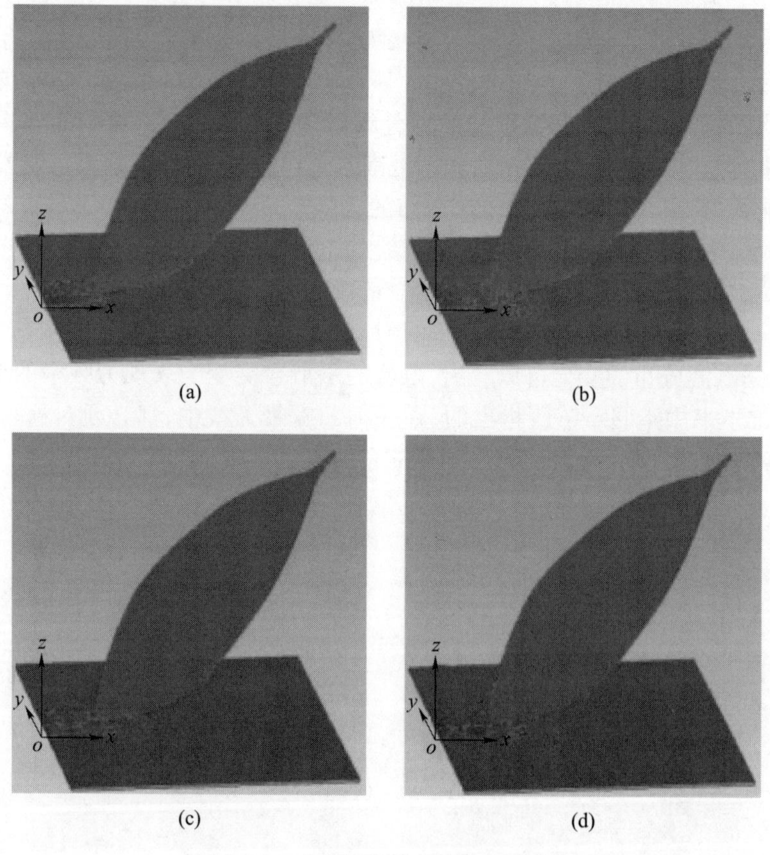

图 9.23 叶形超宽带天线的电流分布

(a) 5GHz；(b) 10GHz；(c) 15GHz；(d) 20GHz。

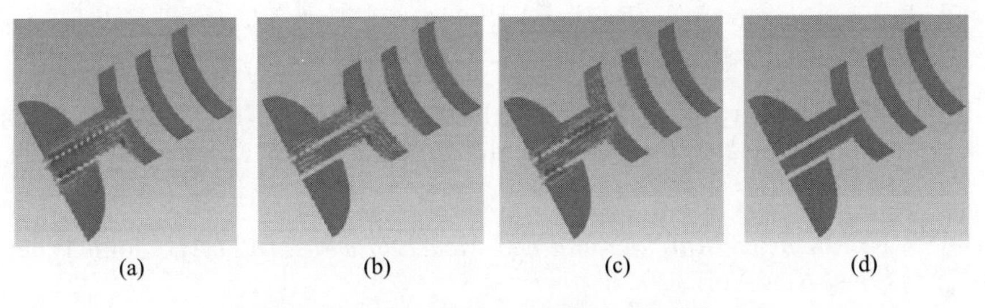

图 9.24 准八木超宽带天线的电流分布

(a) 5GHz; (b) 10GHz; (c) 15GHz; (d) 20GHz。

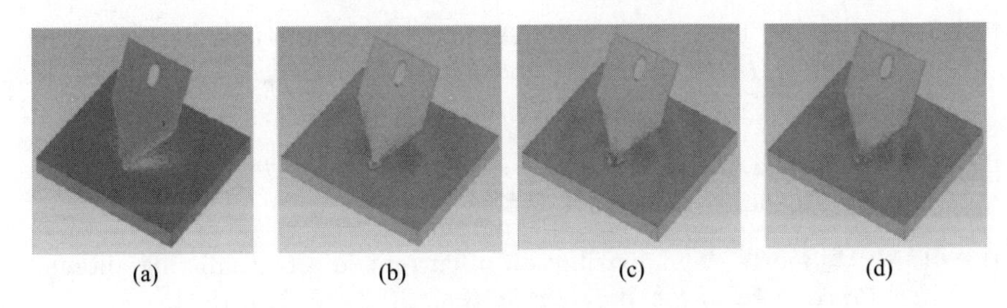

图 9.25 矩形平面单极子天线的电流分布

(a) 5GHz; (b) 10GHz; (c) 15GHz; (d) 20GHz。

参考文献

[1] P. Franklin. *Differential Equations for Electric Engineers.* John Wiley & Sons, New York, 1933.

[2] R. P. Agnew. *Differential Equations.* McGraw-Hill, New York, 1942.

[3] W. E. Boyce and R. C. DiPrima. *Elementary Differential Equations and Boundary Value Problems.* John Wiley & Sons, New York, 1965.

[4] E. D. Rainville. *Elementary Differential Equations.* Macmillan, New York, 5th edition, 1974.

[5] F. Sauvigny. *Partial Differential Equations 1 Foundations and Integral Representations.* Springer, London, 2nd edition, 2012.

[6] R. C. Booton, Jr. *Computational Methods for Electromagnetics and Microwaves.* John Wiley & Sons, New York, 1992.

[7] K. Umashankar and A. Taflove. *Computational Electromagnetics.* Artech House, Norwood, MA, 1993.

[8] J. L. Volakis, A. Chatterjee, and L. C. Kempel. *Finite Element Method for Electromagnetics: Antennas, Microwave Circuit, and Scattering Applications.* Wiley & IEEE Press, 1998.

[9] A. F. Peterson, S. L. Ray, and R. Mittra. *Computational Methods for Electromagnetics.* IEEE Press, New York, 1998.

[10] K. H. Huebner, D. L. Dewhirst, D. E. Smith, and T. G. Byrom. *The Finite Element Method for Engineers.* John Wiley & Sons, New York, 2001.

[11] S. N. Makarov. *Antenna and EM Modeling with MATLAB.* John Wiley & Sons, New York, 2002.

[12] L. M. Magid. *Electromagnetic Fields, Energy, and Waves.* John Wiley & Sons, 1972.

[13] J. W. Arthur. The evolution of the Maxwell's equations from 1862 to the present day. *IEEE Antennas and Propagation Magazine*, 55(3):61–81, June 2013.

[14] A. Sommerfeld. *Eelctrodynamics – Lectures on Theoretical Physics*, volume III. Academic Press Inc., 1952.

[15] R. M. Wilmotte. The distribution of current in a transmitting antenna. *IEE Proceedings of the Wireless Section*, 3(8):136–146, 1928.

[16] L. La Paz and G. A. Miller. Optimum current distribution on vertical antennas. *Proceedings of the IRE*, 31(5):214–232, 1943.

[17] T. Morita. Current distribution on transmitting and receiving antennas. *Proceedings of the IRE*, 38(8):898–904, 1950.

[18] E. Hankui and T. Harada. Estimation of high-frequency current distribution on an antenna. In *1998 IEEE International Symposium on Electromagnetic Compatibility*, volume 2, pages 673–678, Denver, Colorado, USA, 1998. IEEE.

[19] J. Sosa-Pedroza, J. L. López-Bonilla, and V. Barrera-Figueroa. La ecuación generalizada de Pocklington para antenas de alambre de forma arbitraria (in Spanish). *Científica*, 9(2):83–86, 2005.

[20] C. A. Balanis. *Antenna Theory: Analysis and Design.* John Wiley & Sons, 3rd edition, 2005.

[21] A. Cardama-Aznar, L. Jofre-Roca, J. M. Rius, J. Romeu-Robert, and S. Blanch-Boris. *Antenas (In Spanish).* Alfaomega, 2004.

[22] C. Jordan. *Calculus of Finite Differences.* Chelsea Publishing Company, New York, 1965.

[23] G. Boole. *Calculus of Finite Differences.* Chelsea Publishing Company, New York, 5th edition, 1970.

[24] K. S. Yee. Numerical solution of initial boundary value problems involving

Maxwell's equations in isotropic media. *IEEE Transactions on Antennas and Propagation*, AP–14(3):302–307, 1966.

[25] M. F. Iskander, M. D. Morrison, W. C. Datwyler, and M. S. Hamilton. A new course on computational methods in electromagnetics. *IEEE Transactions on Education*, 31(2):101–115, 1988.

[26] S. C. Chapra and R. P. Canale. *Numerical Methods for Engineers.* McGraw-Hill, New York, 2nd edition, 1988.

[27] I. R. Çapoğlu, A. Taflove, and V. Backman. Angora: a free software package for finite-difference time-domain electromagnetic simulation. *IEEE Antennas and Propagation Magazine*, 55(4):80–93, 2013.

[28] R. W. Clough. The finite element method after twenty-five years: a personal view. *Computer & Structures*, 12:361–370, 1980.

[29] J. Jin. *The Finite Element Method in Electromagnetics.* John Wiley & Sons, New York, 2nd edition, 2002.

[30] A. Bondeson, T. Rylander, and P. Ingelström. *Computational Electromagnetics.* Springer, New York, 2005.

[31] R. F. Harrington. Origin and development of the method of moments for field computation. *IEEE Antennas and Propagation Magazine*, 32(3):31–36, June 1990.

[32] L. V. Kantorovich and G. P. Akilov. *Functional Analysis in Normed Spaces.* MacMillan, New York, 1964.

[33] R. F. Harrington. Matrix methods for field problems. *Proceedings of the IEEE*, 55(2):136–146, February 1967.

[34] R. F. Harrington. *Field Computation by Moment Method.* Macmillan, New York, 1968.

[35] L. L. Tsai and C. E. Smith. Moment methods in electromagnetics for undergraduates. *IEEE Transactions on Education*, E–21(1):14–22, February 1978.

[36] S. M. Rao, D. R. Wilton, and A. W. Glisson. Electromagnetic scattering by surfaces of arbitrary shape. *IEEE Transactions on Antennas and Propagation*, AP-30(3):409–418, 1982.

[37] R. F. Harrington. The method of moments – a personal review. In *IEEE Antennas and Propagation Society International Symposium*, volume 3, pages 1639–1640, 2000.

[38] L. Carísio Fernandes and A. J. Martins Soares. Software architecture for the design of electromagnetic simulators. *IEEE Antennas and Propaga-*

tion Magazine, 55(1):155–168, 2013.

[39] T. P. Stefański. Electromagnetic problems requiring high-precision computations. *IEEE Antennas and Propagation Magazine*, 55(2):344–353, 2013.

[40] S. Aksoy and M. B. Özakin. A new look at the stability analysis of the finite-difference time-domain method. *IEEE Antennas and Propagation Magazine*, 56(1):293–299, 2014.

[41] S. Makarov. MoM antenna simulations with MATLAB : RWG basis functions. *IEEE Antennas and Propagation Magazine*, 43:100–107, 2001.

[42] G. Toroglğu and L. Sevgi. Finite-difference time domain (FDTD) MATLAB code for first- and second-order EM differential equations. *IEEE Antennas and Propagation Magazine*, 56(2):221–239, 2014.

[43] G. J. Burke, E. K. Miller, and A. J. Poggio. The numerical electromagnetics code (NEC)–a brief history. In *IEEE Antennas and Propagation Society International Symposium*, volume 3, pages 2871–2874. IEEE, 2004.

[44] *CST STUDIO SUITE 2006 Advanced Topics*. www.cst.com, 2006.

[45] M. Clemens and T. Weiland. Discrete electromagnetism with the finite integration technique. *Progress in Electromagnetics Resarch, PIER*, 32:65–87, 2001.

[46] A. Demenko, K. Sykulski, and R. Wojciechowski. On the equivalence of the finite element technique and finite integration formulations. *IEEE Transactions on Magnetics*, 46(8):3169–3172, 2010.

附录A 纳普拉(Nabla):差分运算符

对于任意 a、b、c 坐标,纳普拉差分运算符由下式给出:

$$\nabla = \left(\boldsymbol{i}_a \frac{\partial}{\partial a} + \boldsymbol{i}_b \frac{\partial}{\partial b} + \boldsymbol{i}_c \frac{\partial}{\partial c}\right) \tag{A.1}$$

式中:$\boldsymbol{i}_a$、$\boldsymbol{i}_b$ 和 $\boldsymbol{i}_c$ 为相应坐标轴的单位向量。然后

$$\nabla^2 = \nabla \cdot \nabla = \left(\frac{\partial^2}{\partial a^2} + \frac{\partial^2}{\partial b^2} + \frac{\partial^2}{\partial c^2}\right) \tag{A.2}$$

A.1 笛卡儿坐标系

设任意标量场为 U,向量场为 A。在 x、y、z 组成的笛卡儿坐标系中,设 $\boldsymbol{i}_x$、$\boldsymbol{i}_y$ 和 $\boldsymbol{i}_z$ 为一组单位向量,则有

$$\nabla U = \mathrm{grad}U = \boldsymbol{i}_x \frac{\partial U}{\partial x} + \boldsymbol{i}_y \frac{\partial U}{\partial y} + \boldsymbol{i}_z \frac{\partial U}{\partial z} \tag{A.3}$$

$$\nabla \cdot \boldsymbol{A} = \mathrm{div}\boldsymbol{A} = \frac{\partial A_x}{\partial x} + \frac{\partial A_y}{\partial y} + \frac{\partial A_z}{\partial z} \tag{A.4}$$

$$\nabla \times \boldsymbol{A} = \mathrm{curl}\boldsymbol{A} = \boldsymbol{i}_x\left(\frac{\partial A_z}{\partial y} - \frac{\partial A_y}{\partial z}\right) + \boldsymbol{i}_y\left(\frac{\partial A_x}{\partial z} - \frac{\partial A_z}{\partial x}\right) + \boldsymbol{i}_z\left(\frac{\partial A_y}{\partial x} - \frac{\partial A_x}{\partial y}\right) \tag{A.5}$$

$$\nabla^2 U = \mathrm{Lap}U = \frac{\partial^2 U}{\partial x^2} + \frac{\partial^2 U}{\partial y^2} + \frac{\partial^2 U}{\partial z^2} \tag{A.6}$$

A.2 圆柱坐标系

设任意标量场为 U,向量场为 A。在 r、φ 和 z 组成的圆柱坐标系中,设 $\boldsymbol{i}_r$、$\boldsymbol{i}_\varphi$ 和 $\boldsymbol{i}_z$ 为一组单位向量,则有

$$\nabla U = \mathrm{grad}U = \boldsymbol{i}_r \frac{\partial U}{\partial r} + \boldsymbol{i}_\varphi \frac{\partial U}{\partial \varphi} + \boldsymbol{i}_z \frac{\partial U}{\partial z} \tag{A.7}$$

[①]

$$\nabla \cdot \boldsymbol{A} = \mathrm{div}\boldsymbol{A} = \frac{1}{r}\frac{\partial}{\partial r}(rA_r) + \frac{1}{r}\frac{\partial A_\varphi}{\partial \varphi} + \frac{\partial A_z}{\partial z} \tag{A.8}$$

---

① 原书错写为 $\partial\theta$。

$$\nabla\times\boldsymbol{A}=\mathrm{curl}\boldsymbol{A}=\boldsymbol{i}_r\left(\frac{1}{r}\frac{\partial A_z}{\partial\varphi}-\frac{\partial A_\varphi}{\partial z}\right)+\boldsymbol{i}_\varphi\left(\frac{\partial A_r}{\partial z}-\frac{\partial A_z}{\partial r}\right)+\boldsymbol{i}_z\left[\frac{1}{r}\frac{\partial}{\partial r}(rA_\varphi)-\frac{1}{r}\frac{\partial A_r}{\partial\varphi}\right] \tag{A.9}$$

$$\nabla^2 U=\mathrm{Lap}U=\frac{1}{r}\frac{\partial}{\partial r}\left(r\frac{\partial U}{\partial r}\right)+\frac{1}{r^2}\frac{\partial^2 U}{\partial\varphi^2}+\frac{\partial^2 U}{\partial z^2} \tag{A.10}$$

A.3 球坐标系

设任意标量场为 U,向量场为 $\boldsymbol{A}$。在 r、θ 和 φ 组成的球坐标系中,设 $\boldsymbol{i}_r$、$\boldsymbol{i}_\theta$ 和 $\boldsymbol{i}_\varphi$ 为一组单位向量,则有

$$\nabla U=\mathrm{grad}U=\boldsymbol{i}_r\frac{\partial U}{\partial r}+\boldsymbol{i}_\theta\frac{1}{r}\frac{\partial U}{\partial\theta}+\boldsymbol{i}_\varphi\frac{1}{r\sin\theta}\frac{\partial U}{\partial\varphi} \tag{A.11}$$

$$\nabla\cdot\boldsymbol{A}=\mathrm{div}\boldsymbol{A}=\frac{1}{r^2}\frac{\partial}{\partial r}(r^2A_r)+\frac{1}{r\sin\theta}\frac{\partial}{\partial\theta}(\sin\theta A_\theta)+\frac{1}{r\sin\theta}\frac{\partial A_\varphi}{\partial\varphi} \tag{A.12}$$

$$\begin{aligned}\nabla\times A=\mathrm{curl}A=&\boldsymbol{i}_r\left[\frac{1}{r\sin\theta}\frac{\partial}{\partial\theta}(\sin\theta A_\varphi)-\frac{1}{r\sin\theta}\frac{\partial A_\theta}{\partial\varphi}\right]+\\&\boldsymbol{i}_\theta\left[\frac{1}{r\sin\theta}\frac{\partial A_r}{\partial\varphi}-\frac{1}{r}\frac{\partial}{\partial r}(rA_\varphi)\right]+\boldsymbol{i}_\varphi\left[\frac{1}{r}\frac{\partial}{\partial r}(rA_\theta)-\frac{1}{r}\frac{\partial A_r}{\partial\theta}\right]\end{aligned} \tag{A.13}$$

$$\nabla^2 U=\mathrm{Lap}U=\frac{1}{r^2}\frac{\partial}{\partial r}\left(r^2\frac{\partial U}{\partial r}\right)+\frac{1}{r^2\sin\theta}\frac{\partial}{\partial\theta}\left(\sin\theta\frac{\partial U}{\partial\theta}\right)+\frac{1}{r^2\sin^2\theta}\frac{\partial^2 U}{\partial\varphi^2} \tag{A.14}$$

附录 B　一些与微分方程相关的概念

B.1　一　般　性

微分方程用于将一个量的变化表示为另一个量(或多个量)的函数。当微分方程出现一个或多个只依赖于一个参数的变量时,可以称之为常微分方程,否则称之为偏微分方程。例如:

$$m\frac{\mathrm{d}^2x}{\mathrm{d}t^2}=F \tag{B.1}$$

$$\frac{\partial^2u}{\partial x^2}+\frac{\partial^2u}{\partial y^2}=F \tag{B.2}$$

式(B.1)为受力 F 作用下的粒子位置 $x(t)$ 的牛顿定律,由此我们可以看到距离 x 随时间 t 的变化(即速度),并且式(B.1)中没有任何其他自变量。因此,这个方程是一个常微分方程。

另一方面,式(B.2)对应于拉普拉斯方程或隐函数方程,将 u 表示为两个空间变量的函数,这意味着 $u=u(x,y)$,因此它是偏微分方程。

B.2　阶　　数

常微分或偏微分方程的阶数是出现在方程中的高阶导数的阶数。例如,式(B.1)是二阶常微分方程。

B.3　微分方程系统

当一个问题由一个以上的微分方程(可以是常微分或偏微分方程和任意阶微分方程)描述时,我们可以说这是一个微分方程组。一个典型的例子是由麦克斯韦建立的偏微分方程组,我们会在第 9 章中给出:

$$\nabla\times\boldsymbol{E}+\mu_0\frac{\partial\boldsymbol{H}}{\partial t}=0 \tag{B.3}$$

$$\nabla\times\boldsymbol{H}-\varepsilon_0\frac{\partial\boldsymbol{E}}{\partial t}=\boldsymbol{J} \tag{B.4}$$

$$\nabla \cdot \varepsilon_0 \boldsymbol{E} = \rho \tag{B.5}$$

$$\nabla \cdot \mu_0 \boldsymbol{H} = 0 \tag{B.6}$$

式中:$\boldsymbol{E}$ 为电场强度,$\boldsymbol{H}$ 为磁场强度;ε_0 为真空中的介电常数;μ_0 为真空中的磁导率。电磁能量的源是一个随时间变化的电流密度($\boldsymbol{J}$),这个电流密度与一个同样随时间变化的电荷密度(ρ)有关。最后,∇ 是微分算子。

B.4 初始值和边界条件

在微分方程领域,定义问题的条件是关键。根据问题的物理性质,微分方程的解需要满足一定的条件。有两个可能的条件:初始和边界值条件。为了解释前者,我们假设有一阶常微分方程:

$$\frac{\mathrm{d}y}{\mathrm{d}x} + ay = 0 \tag{B.7}$$

式中 a 为一个常数。式(B.7)的一个解为

$$y = c\mathrm{e}^{-ax} \tag{B.8}$$

其中 c 为任意常数,因此实际上式(B.8)代表了式(B.7)的无穷多个解。对于 $a = 1$,根据式(B.8)可以画出曲线,如图 B.1 所示。由此可见,在 c 上有一系列参数化的曲线,它被称为式(B.7)的积分曲线。

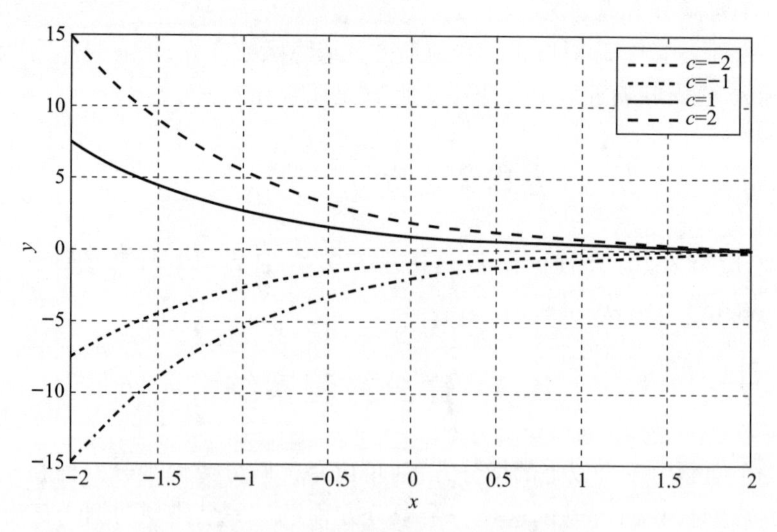

图 B.1 当 $a = 1$ 时式(B.8)的曲线

因此,每一条积分曲线都是微分方程相应解的几何表示。如果特定解是在一个点上指定的,比如说在 (x_0, y_0) 上,那么

$$y(x_0) = y_0 \tag{B.9}$$

这被称为初始条件,并且与等式(B.8)一起构成所谓的初始值问题。值得一提的是,术语初始条件通常是指初始时间下的值,即时间是自变量。

相反,当区域 R 中某个问题的微分方程在 R 的边界上受到几个条件的约束时,这些条件被称为边界值条件,因此存在边界值问题。这些条件描述了被分析物体的边界。在麦克斯韦方程组中,两个区域 R_1 和 R_2 之间的薄层表面上的边界条件为

$$\boldsymbol{n} \times (\boldsymbol{E}_1 - \boldsymbol{E}_2) = 0 \tag{B.10}$$

$$\boldsymbol{n} \times (\boldsymbol{H}_1 - \boldsymbol{H}_2) = \boldsymbol{K} \tag{B.11}$$

$$\boldsymbol{n} \cdot \varepsilon_0 (\boldsymbol{E}_1 - \boldsymbol{E}_2) = \rho_S \tag{B.12}$$

$$\boldsymbol{n} \cdot \mu_0 (\boldsymbol{H}_1 - \boldsymbol{H}_2) = 0 \tag{B.13}$$

$$\boldsymbol{n} \cdot (\boldsymbol{J}_1 - \boldsymbol{J}_2) + \nabla_S \cdot \boldsymbol{K} = -\frac{\partial \rho_S}{\partial t} \tag{B.14}$$

这涉及结构内部和周围环境中的电场和磁场。对于式(B.10)~式(B.14),$\boldsymbol{n}$ 为垂直于表面的向量,$\boldsymbol{K}$ 为表面电流密度,下标 1 和 2 表示两个区域。

B.5 存在性和唯一性

第一个问题是微分方程是否有解,即讨论这个方程解的存在性。这里可以通过物理问题的数学公式来说明。如果此数学公式可以表述为一个微分方程,那么就应该存在一个解。

另一方面,还存在微分方程解的唯一性问题。或者换句话说,微分方程的解是唯一的还是可能存在其他的解?可以看出,这个问题与上述初始值或边界值条件有关(例如,如果式(B.7)初始条件为 $y(0) = 2$,则通过在等式(B.8)中替换 $x = 0$ 和 $y = 2$ 给出特定的解,得出 $c = 2$,则可以确定唯一的解)。因此,应该有一个定理在数学上阐明对这个问题的回答。这就是所谓的存在唯一性定理,就初始条件而言,可以表述为如下形式:

存在性和唯一性定理

设$f(x,y)$ 和 $\partial f(x,y)/\partial y$ 是 x 定义域为 $|x-x_0|\leqslant a$, y 定义域为 $|y-y_0|=b$ 的连续函数。则只有一个定义在 $|x-x_0|\leqslant h\leqslant a$ 的函数 $y=y(x)$ 满足如下微分方程:

$$\frac{\mathrm{d}y}{\mathrm{d}x}=f(x,y)$$

也满足初始条件:

$$y(x_0)=y_0$$

当然,这个定理也可以应用于一个边值问题上,这样可以更好的解决具体问题。

附录 C 泊松方程和拉普拉斯方程

C.1 泊 松 方 程

假设在有限体积 V 的有限区域中已知任意静电荷分布,其电荷分布由体积、表面、线或点电荷密度给出。从基本的静态电场定律来看,众所周知,静态电场 $\boldsymbol{E}$ 在任何地方都必须为保守场,这意味着

$$\nabla \times \boldsymbol{E} = \boldsymbol{0} \tag{C.1}$$

并且在每个点给出它与体电荷密度 ρ 的关系

$$\nabla \cdot \boldsymbol{E} = \frac{\rho}{\varepsilon_0} \tag{C.2}$$

式中:ε_0 为真空介电常数。由于等式(C.1)中规定的静电场的保守性质,它总是可以用标量电势 ϕ 的梯度表示,其方式如下:

$$\boldsymbol{E} = -\nabla\phi \tag{C.3}$$

因此,将等式(C.3)代入等式(C.2),结果为

$$\nabla^2\phi = -\frac{\rho}{\varepsilon_0} \tag{C.4}$$

等式(C.4)被称为泊松方程。

C.2 拉普拉斯方程

如果在式(C.4)中 $\rho = 0$,有

$$\nabla^2\phi = 0 \tag{C.5}$$

式(C.5)称为拉普拉斯方程。

版权声明

超宽带天线:设计、方法和性能

Ultra Wideband Antennas: Design, Methodologies and Performance by Giselle M. Galvan - Tejada(ISBN: 978 - 1 - 4822 - 0650 - 0).